现代数学基础

71 黎曼几何选讲

■ 伍鸿熙　陈维桓　著

高等教育出版社·北京

内容简介

　　本书主要讲述大范围黎曼几何的研究中具有重要意义的五个专题．内容包括：Hodge 理论，和乐群，非紧非负曲率流形的结构，Gauss-Bonnet 定理，黎曼流形的收敛性等．本书反映了大范围黎曼几何研究的概貌，有些内容是首次以讲义的形式作系统的讲解．例如，详细给出 Hodge 定理的一个完备的初等证明；比较全面地综述和乐群理论的过去和现状，以及在当代几何研究中的应用；剖析了陈省身关于 Gauss-Bonnet 定理的内在证明；介绍了 Gromov 关于黎曼流形收敛性的理论，把读者带进大范围黎曼几何的最新领域．

　　本书叙述条理清楚，推理严谨，富有启发性．本书还特别注重介绍黎曼几何的历史背景、基本思想以及各专题之间的内在联系．

　　本书可作为综合大学、师范院校数学系高年级学生选修课教材和研究生教材，也是广大数学工作者了解大范围黎曼几何课题的重要参考书．

黎曼几何选讲
Liman Jihe Xuanjiang

图书在版编目 (CIP) 数据

黎曼几何选讲 / 伍鸿熙，陈维桓著 . — 北京 : 高等教育出版社 , 2020.11
ISBN 978-7-04-054884-6
Ⅰ . ①黎… Ⅱ . ①伍… ②陈… Ⅲ . ①黎曼几何—研究 Ⅳ . ①O186.12
中国版本图书馆 CIP 数据核字 (2020) 第 153824 号

策划编辑　和　静	责任编辑　和　静	封面设计　赵　阳
版式设计　张　杰	责任校对　陈　杨	责任印制　耿　轩

出版发行　高等教育出版社
社址　北京市西城区德外大街 4 号
邮政编码　100120
购书热线　010-58581118
咨询电话　400-810-0598
网址　http://www.hep.edu.cn
　　　http://www.hep.com.cn
网上订购　http://www.hepmall.com.cn
　　　http://www.hepmall.com
　　　http://www.hepmall.cn
印刷　人卫印务 (北京) 有限公司

开本　787mm×1092mm　1/16
印张　14
字数　230 千字
版次　2020 年 11 月第 1 版
印次　2020 年 11 月第 1 次印刷
定价　69.00 元

再 版 说 明

　　在二十六年前, 北京大学出版社出版了本书的第一版. 现在, 高等教育出版社愿意再次出版此书, 使我们感到十分欣慰. 本书对于数学专业研究生而言是经典的基础性材料, 因此这次出版没有作什么大的变动, 只是在个别的地方作了一些订正和解释性的说明. 希望本书的再版对数学专业研究生了解黎曼几何的某些专题有一些帮助.

伍鸿熙　　陈维桓

2019 年 10 月

前 记

在本书出版之际, 请允许我把这本书酝酿和写作的过程作一番介绍, 这对读者更好地了解本书也许是有帮助的.

本书的第一作者伍鸿熙是美国加州大学伯克利分校数学系教授. 他的专长包括黎曼几何、复几何和复分析. 难能可贵的是他热心于祖国数学事业的振兴, 特别关心国内青年数学家的培养工作. 十多年来, 他数次回国讲学, 每次讲学都提供了丰富的材料和信息, 供国内同行继续讨论和研究. 本书已是他在国内正式出版的第三本书①.

为了强化国内数学专业研究生的培养工作, 提高研究生数学课程的教学水平, 在陈省身教授等著名美籍华人数学家的倡导和组织下, 从 1984 年暑期开始举办数学系研究生暑期教学中心的活动. 伍鸿熙教授应邀在 1984 年第一期暑期教学中心 (设在北京大学) 开设 "微分几何" 课程, 这个课程是大范围黎曼几何的引论, 其讲稿就是已经出版的《黎曼几何初步》. 这个课程深受同学们的欢迎和喜爱, 并且上述讲义的正式出版对国内的微分几何教学工作已经产生了重大的

---

①伍鸿熙教授在国内正式出版的另外两本书是:

伍鸿熙, 吕以辇, 陈志华, 紧黎曼曲面引论, 高等教育出版社, 2016.

伍鸿熙, 沈纯理, 虞言林, 黎曼几何初步, 高等教育出版社, 2014.

另外, 伍鸿熙教授在北京第一次双微会议上的系列讲座《微分几何中的 Bochner 技巧》的中译本 (石赫译) 刊登在数学进展第 10 卷 (1981) 和第 11 卷 (1982) 上. 这本讲义已经由作者充实, 作为英文专著出版:

伍鸿熙, 微分几何中的 Bochner 技巧, 高等教育出版社, 2017.

影响. 同学们的学习热情使伍鸿熙教授大受鼓舞. 他感到, 由于暑期中心的课时的限制, 不可能对于大范围黎曼几何的一些课题作充分的阐述和讨论, 因此希望有机会在国内比较深入地再讲几个专题. 正是在这种考虑下, 他不辞辛苦在 1985 年再度回国讲学, 在北京大学用了三周时间讲了五个专题, 他的讲稿就是本书的前身.

从本书的目录可以知道, 伍鸿熙教授的讲座所涉及的面是十分广泛的, 每一个专题都是大范围黎曼几何中非常重要的一个方面, 而在它们之间又有深刻的联系. 例如, Hodge 理论开启了流形上大范围分析的最光辉的篇章, 陈省身的关于 Gauss-Bonnet 定理的内在证明开创了大范围微分几何的新纪元, 对微分几何的发展有着不可磨灭的功绩. 本书的第一章和第四章分别就黎曼几何的这两大理论作了相当完整的叙述. 第三章所讨论的黎曼流形的结构曾经是 20 世纪 70 年代微分几何的一个中心课题, 至今仍然是非常活跃的一个方面. 第五章则是讨论 Gromov 近年来所提出的黎曼度量的收敛性定理, 它们的研究方兴未艾, 而且在微分几何研究中已经有广泛的应用. 特别要提及的是第二章. 和乐群曾经是被寄予厚望的重要概念, 由于 Berger 的工作认识到和乐群的可能的类型是极其有限的, 于是它的重要性减弱了, 几乎没有现存的文献对和乐群理论作过系统的介绍. 但是, 和乐群的概念和理论在当前一些重要的研究工作中起着不可缺少的作用, 因此伍鸿熙教授花了相当大的气力增补了原讲稿的第二章, 希望它成为和乐群的最系统、最详尽的引论. 应该指出的是, 在第二章的增补稿几乎完成八成的时候, A. Besse 的专著 *Einstein Manifolds* 出版了, 其中对于和乐群的过去、现状和应用首次作了系统的介绍, 这未免使第二章的价值受到影响. 但是把两者对比之后会感到, 它们实在是相得益彰、相辅相成的.

我很高兴能够作为协作者为本书的问世尽微薄之劳. 更为庆幸的是, 我能作为本书的第一个读者从中汲取丰富的营养. 我们希望这本书能为广大的青年读者揭示黎曼几何的瑰丽的一角, 更希望能够以此吸引有志者来开拓其中的新天地.

最后, 我们感谢责任编辑刘勇同志为本书的出版付出的辛勤劳动, 同时感谢北京大学出版社的同志们对于几何教材的建设给予的长期的、一贯的支持.

陈维桓

1988 年 6 月于北京大学

序

在 1985 年夏天, 我有幸在北京大学讲了近一个月的课. 这本书是根据这个课的讲义编写而成的.

粗略地说, 第三、四、五这三章基本上就是我当时的讲稿. 但是单从第一、二章的长短, 读者就立刻可以看到这两章的材料远远不是在一两个月内所能讲完的. 第一章所讨论的 Hodge 理论, 当时因为时间所限, 我没法将主要定理的证明解释详尽. 回到美国后, 我对这个证明进行了仔细加工, 现在读起来就比较完整了. 但是改动得最厉害的是第二章 (和乐群). 这一章是我花了相当多时间完全重写的. 这是书内最长的一章, 同时也可以说是这本书最重要的一章. 在这一章内我有机会向读者介绍一下和乐群理论在过去五十年来的历史. 多多少少这也反映了几何学本身在过去五十年来的进展. 在阐述这段历史的过程中, 我向读者介绍了几何学内相当多的基本理论 (对称空间、殆复流形、Kähler 几何, 等等). 希望有了这个历史背景, 读者会对这些似乎互不相关的题目有更深的了解. 同时我也希望读者能够在这一章内找到一些在别的地方找不到的资料.

对于这本书的内容, 我想再加两个按语. 首先, 第一章可以说是几何学内线性分析的一个初步介绍. 我故意不用广义函数或傅里叶级数, 而只用 Sobolev 空间来给 Hodge 定理作一个完备的初等证明. 这是一个尝试. 虽然在某些地方这个证明变得略为累赘, 但是利害相比之下, 我还是觉得值得这样做. 其次, 在挑选书内这五个不同的题目时, 我没有想到这些题目之间是否有任何联系的问题. 而事实上是有的. 例如, de Rham 分解定理在第二、三章内都占有一个重要的位置.

又例如 Gauss-Bonnet 定理不但是第四章的题目, 而且在第一章内也很自然地出现了. 所以将这五章收集成书, 倒是顺理成章了.

我很幸运由陈维桓同志将我的初稿整理一遍才付印. 他的来信所提出的很多问题, 使我立刻知道这本书的可读性是会经过他的努力而大大提高的. 他改掉了原稿内很多的小错漏, 将有些证明的铺叙方式合理化, 改善了很多生硬的句子, 同时也负起了定稿和付印方面的所有责任. 我非常感谢他对这本书的贡献.

这是一本选讲, 而不是一本初等的读物. 所以, 一方面, 在编写时我没有受到一定要介绍所有必须介绍的题目的压力. 事实上目前微分几何是一门很大的学问. 在五十年前, 数学家们基本上已放弃了作数学界全才的希望. 因为在那时数学本身已发展得太快, 而且包含的内容已太广. 时至今日, 是否有一个几何学家敢自称几何学全才实在是很成疑问. 所以选讲就是清楚地说明, 我只想挑几个有意思的题目向读者作一个小介绍. 另一方面, 如果时间和学识容许我这样做, 我是很希望利用选讲, 来向读者作一个几何学上非线性分析的入门性讲述的. 很遗憾我不能这样做. 目前好像还没有这方面的一本好书. 读者如果有兴趣, 则只好自己去读原始的文献.

这本书的另一个特点就是比较注重技巧性以外的全面观点, 而忽略定理本身详细的证明. 并不是说这本书没有证明任何一个定理. 相反地, 很多容易被初学者忽略的小地方, 我是特别加工说得详尽的 (例如第三章内定理 1 的证明). 但是对比之下, 书内被证明的定理, 是远比书内所提及而没有证明的定理来得少. 这里所牵涉的一个想法就是, 一个初学者到了某个阶段, 了解怎样去用一个定理有时是远比懂得怎样证明这个定理来得重要. 我有一个感觉, 就是国内的数学教育有时过分注重证明内每一步的逻辑性, 而忽略了很多其他同样重要的问题. 例如: 从直观上去理解为什么这个定理是正确的? 为什么这个定理是重要的? 为什么需要这个定理? 这个定理的要点在哪里? 正因为这本书少给证明, 所以我才有机会对这种问题作一个粗浅的讨论. 也许这是对目前数学教育的一个小贡献.

伍鸿熙

1988 年 12 月 20 日于加州伯克利

目　录

第一章　Hodge 理论

在阐述 Hodge 定理之前, 我们先复习一下 de Rham 定理 (参看 [R]). 设 M 是紧致的 n 维微分流形, $A^p(M)$ 是 M 上所有的光滑 p-形式构成的向量空间. 命 $A^*(M) = \bigoplus_{p=0}^{n} A^p(M)$, 这是 M 上的外微分代数. 在这个代数上, 我们有外微分运算 $\mathrm{d} : A^*(M) \to A^*(M)$, 使得 $\mathrm{d}(A^p(M)) \subset A^{p+1}(M)$. 命

$$Z^p(M) = \ker(\mathrm{d} : A^p(M) \to A^{p+1}(M))$$
$$= \{\varphi \in A^p(M) : \mathrm{d}\varphi = 0\},$$
$$E^p(M) = \mathrm{d}(A^{p-1}(M)).$$

$Z^p(M)$ 和 $E^p(M)$ 都是向量空间, 根据外微分的定义可知 $E^p(M)$ 是 $Z^p(M)$ 的子空间. $Z^p(M)$ 中的元素称为闭形式, $E^p(M)$ 中的元素称为恰当形式. 根据定义, 第 p 个 de Rham 上同调群是

$$H^p(M) = Z^p(M)/E^p(M), \quad p = 0, 1, \cdots, n.$$

de Rham 定理说, $H^p(M)$ 与 M 的第 p 个实系数奇异上同调群 $H^p_S(M, \boldsymbol{R})$ 是同构的. 根据 M 的紧致性以及代数拓扑理论, $H^p_S(M, \boldsymbol{R})$ 是有限维的, 因而 $\dim H^p(M) < +\infty$.

Hodge 定理的主要内容, 可以说是通过在微分流形 M 上引进一个黎曼度量来研究拓扑不变量 $H_S^p(M, \boldsymbol{R})$. 这个想法是非常大胆的, 因为黎曼度量与 $H_S^p(M, \boldsymbol{R})$ 看上去是完全不相干的, 所以这个做法好像使原来的问题复杂化了. 但事实上这使问题得到简化. 说得更详细一点, 根据定义, de Rham 上同调群 $H^p(M)$ 的每一个元素是一个陪集. 从运算的角度来讲, 陪集是难以处理的. 普通的办法是在陪集中挑一个代表. 问题是如何去挑一个最好的代表来简化一般的运算. 举例来说: 根据有理数域 $\boldsymbol{Q}$ 的定义, 整数 3 作为有理数域内的一元, 其实是等价类 $\left\{ \cdots, \dfrac{-6}{-2}, \dfrac{-3}{-1}, \dfrac{3}{1}, \dfrac{6}{2}, \dfrac{9}{3}, \cdots \right\}$ 的一个代表. 显然我们习惯了用这个代表而不用等价类本身, 而且我们懂得选取 $3 \left(= \dfrac{3}{1} \right)$ 作为这个等价类的代表而不选取 $-48/(-16)$, 或 $210/70$. 这就充分说明了挑选一个最好的代表的重要性. Hodge 的杰出想法就是借助于黎曼度量, 在每个陪集 $\alpha + E^p(M)$ 内挑出一个所谓调和形式作为代表, 而且证明这个调和形式在每个陪集内的唯一性. 所以 $H^p(M)$ 就与所有 p 阶的调和形式张成的向量空间 $\mathscr{H}^p$ 同构. 由于这些调和形式都是椭圆方程 $\Delta\alpha = 0$ 的解, 所以从经典的椭圆方程理论 (见下文) 可知 $\mathscr{H}^p$ 一定是有限维的. 既然已经知道 $H_S^p(M, \boldsymbol{R}) \cong H^p(M) \cong \mathscr{H}^p$ (其中 $\cong$ 表示同构), 所以 $H_S^p(M, \boldsymbol{R})$ 一定是有限维的. 这样, 我们就倒过来用分析的方法证明了上面所说过的拓扑结论. 从 Hodge 定理中这个最平凡的应用, 我们可以体会到为什么这个理论是值得学习的. 下面开始技术性的讨论.

为此, 在 M 上引进黎曼度量 $\langle,\rangle$. 若 $\varphi, \psi \in A^p$ (在不会产生混淆时, 我们把 $A^p(M)$ 简记为 A^p), 则可以定义 φ 和 ψ 的内积 $\langle\varphi, \psi\rangle$ 如下: 设 $X_1, \cdots, X_n$ 构成局部单位正交标架场, 即 $\langle X_i, X_j\rangle = \delta_{ij}$. 设 $\{\omega^1, \cdots, \omega^n\}$ 是 $\{X_i\}$ 的对偶余标架场, 即 $\omega^i(X_j) = \delta_j^i$. 我们规定这些 1-形式是彼此单位正交的, 即 $\langle\omega^i, \omega^j\rangle = \delta^{ij}$. 如果 φ, ψ 是 1-形式, 设 $\varphi = \sum_i \varphi_i \omega^i$, $\psi = \sum_j \psi_j \omega^j$, 则

$$\langle\varphi, \psi\rangle = \sum_i \varphi_i \psi_i.$$

请读者验证, $\langle\varphi, \psi\rangle$ 的定义与局部单位标架场 $\{X_i\}$ 的选取是无关的. 这样, 每一个余切空间 M_x^* $(x \in M)$ 成为内积空间, 外形式空间 $\wedge^p M_x^*$ 也自然地成为内积空间, 因而对于 $\varphi, \psi \in A^p$, $\langle\varphi, \psi\rangle$ 是有定义的. 具体地说, 对于上面的余标架场 $\{\omega^i\}$, 规定局部的 p 次外微分式组 $\{\omega^{i_1} \wedge \cdots \wedge \omega^{i_p} : i_1 < \cdots < i_p\}$ 在每一点是单

位正交的. 若设 $\varphi, \psi \in A^p$ 的局部表达式分别是

$$\varphi = \sum_{i_1 < \cdots < i_p} \varphi_{i_1 \cdots i_p} \omega^{i_1} \wedge \cdots \wedge \omega^{i_p},$$

$$\psi = \sum_{i_1 < \cdots < i_p} \psi_{i_1 \cdots i_p} \omega^{i_1} \wedge \cdots \wedge \omega^{i_p},$$

于是

$$\langle \varphi, \psi \rangle (x) = \sum_{i_1 < \cdots < i_p} \varphi_{i_1 \cdots i_p}(x) \cdot \psi_{i_1 \cdots i_p}(x). \tag{1}$$

利用初等线性代数容易证明, 上述定义与局部标架场 $\{\omega^i\}$ 的选取无关.

现设 M 为有定向流形 (参看 [W3], §6 定理 7 后面的讨论). 下面我们所考虑的标架场和余标架场都是指与 M 的定向相一致的标架场和余标架场. 因此, 当我们说 $\{\omega^i\}$ 是 M 的一个局部余标架场时, $\omega^1 \wedge \cdots \wedge \omega^n$ 恰好是 M 上与定向一致的体积元素, 记作 Ω.

现在我们定义极为重要的 Hodge **星算子**, 亦称 $*$ **算子** (参考 [W3], §12). $*$ 算子把 p 次微分式映为 $n-p$ 次微分式, 即 $*: A^p \to A^{n-p}$, 并且它是从 A^p 到 A^{n-p} 的 A^0-模同态.

为了定义 $*: A^p \to A^{n-p}$, 任意取定一个与 M 的定向一致的单位正交余标架场 $\{\omega^i\}$, 命

$$*(\omega^1 \wedge \cdots \wedge \omega^p) = \omega^{p+1} \wedge \cdots \wedge \omega^n.$$

对于任意选定的一组指标 $1 \leqslant i_1 < \cdots < i_p \leqslant n$, 设它的相补指标组是 $1 \leqslant i_{p+1} < \cdots < i_n \leqslant n$, 则

$$\{\omega^{i_1}, \cdots, \omega^{i_p}, \omega^{i_{p+1}}, \cdots, \omega^{i_{n-1}}, \delta^{1 \cdots n}_{i_1 \cdots i_n} \cdot \omega^{i_n}\}$$

仍然是与 M 的定向一致的单位正交余标架场, 其中

$$\delta^{j_1 \cdots j_n}_{i_1 \cdots i_n} = \begin{cases} 1, & \text{若 } i_1, \cdots, i_n \text{ 互不相同, 且 } j_i, \cdots, j_n \text{ 是 } i_1, \cdots, i_n \text{ 的偶排列,} \\ -1, & \text{若 } i_1, \cdots, i_n \text{ 互不相同, 且 } j_i, \cdots, j_n \text{ 是 } i_1, \cdots, i_n \text{ 的奇排列,} \\ 0, & \text{其余情形.} \end{cases}$$

因此, 由前面的规定, 我们有

$$*(\omega^{i_1} \wedge \cdots \wedge \omega^{i_p}) = \delta^{1\cdots n}_{i_1\cdots i_n} \cdot \omega^{i_{p+1}} \wedge \cdots \wedge \omega^{i_n}$$

$$= \frac{1}{(n-p)!} \sum_{j_{p+1},\cdots,j_n=1}^{n} \delta^{1\cdots n}_{i_1\cdots i_p j_{p+1}\cdots j_n} \cdot \omega^{j_{p+1}} \wedge \cdots \wedge \omega^{j_n}.$$

若

$$f = \sum_{i_1<\cdots<i_p} f_{i_1\cdots i_p} \omega^{i_1} \wedge \cdots \wedge \omega^{i_p},$$

则由 $*$ 算子的 A^0 线性的性质得到

$$*f = \sum_{i_1<\cdots<i_p} f_{i_1\cdots i_p} *(\omega^{i_1} \wedge \cdots \wedge \omega^{i_p}) = \sum_{\substack{i_1<\cdots<i_p \\ i_{p+1}<\cdots<i_n}} \delta^{1\cdots n}_{i_1\cdots i_n} f_{i_1\cdots i_p} \omega^{i_{p+1}} \wedge \cdots \wedge \omega^{i_n}$$

$$= \frac{1}{(n-p)!} \cdot \sum_{i_1<\cdots<i_p} \sum_{j_{p+1},\cdots,j_n=1}^{n} \delta^{1\cdots n}_{i_1\cdots i_p j_{p+1}\cdots j_n} f_{i_1\cdots i_p} \omega^{j_{p+1}} \wedge \cdots \wedge \omega^{j_n}.$$

容易证明, 上面所定义的映射 $*$ 实际上是定义在整个流形 M 上的算子, 也就是说它与 M 的定向一致的单位正交余标架场 $\{\omega^i\}$ 的选择无关. 为此, 假定 $\{\tilde{\omega}^i\}$ 是另一个与 M 的定向一致的单位正交余标架场, 且它的定义域与 $\{\omega^i\}$ 的定义域的交集非空, 于是在此交集上, 可以假设

$$\tilde{\omega}^i = a^i_j \omega^j,$$

其中 (a^i_j) 是正交矩阵, 且 $\det(a^i_j) = 1$, 故

$$\omega^j = \sum_{i=1}^{n} a^i_j \tilde{\omega}^i.$$

这样,

$$\tilde{\omega}^1 \wedge \cdots \wedge \tilde{\omega}^p = a^1_{j_1} \cdots a^p_{j_p} \omega^{j_1} \wedge \cdots \wedge \omega^{j_p},$$

$$*(\tilde{\omega}^1 \wedge \cdots \wedge \tilde{\omega}^p) = a^1_{j_1} \cdots a^p_{j_p} *(\omega^{j_1} \wedge \cdots \wedge \omega^{j_p})$$

$$= \sum_{j_1,\cdots,j_n=1}^{n} \frac{1}{(n-p)!} a^1_{j_1} \cdots a^p_{j_p} \delta^{1\cdots n}_{j_1\cdots j_n} \omega^{j_{p+1}} \wedge \cdots \wedge \omega^{j_n}$$

$$= \sum_{j_1,\cdots,j_n=1}^{n} \sum_{k_{p+1},\cdots,k_n=1}^{n} \frac{1}{(n-p)!} \delta^{j_1\cdots j_n}_{1\cdots n} a^1_{j_1} \cdots a^p_{j_p} a^{k_{p+1}}_{j_{p+1}} \cdots a^{k_n}_{j_n} \tilde{\omega}^{k_{p+1}} \wedge \cdots \wedge \tilde{\omega}^{k_n}$$

$$= \sum_{k_{p+1},\cdots,k_n=1}^{n} \frac{1}{(n-p)!} \det(a^i_j) \cdot \delta^{k_{p+1}\cdots k_n}_{(p+1)\cdots n} \tilde{\omega}^{k_{p+1}} \wedge \cdots \wedge \tilde{\omega}^{k_n}$$

$$= \tilde{\omega}^{p+1} \wedge \cdots \wedge \tilde{\omega}^n.$$

由此可见, 如前所定义的映射 $*$ 在任意一个与 M 的定向一致的单位正交余标架场下的作用规则都是相同的, 因此它可以扩展为定义在整个流形 M 上的算子 $* : A^p \to A^{n-p}$.

设 $\varphi, \psi \in A^p$, 在与 M 的定向一致的单位正交余标架场 $\{\omega^i\}$ 下可以表示为

$$\varphi = \sum_{i_1 < \cdots < i_p} \varphi_{i_1 \cdots i_p} \omega^{i_1} \wedge \cdots \wedge \omega^{i_p} = \frac{1}{p!} \varphi_{i_1 \cdots i_p} \omega^{i_1} \wedge \cdots \wedge \omega^{i_p},$$

$$\psi = \sum_{j_1 < \cdots < j_p} \psi_{j_1 \cdots j_p} \omega^{j_1} \wedge \cdots \wedge \omega^{j_p} = \frac{1}{p!} \psi_{j_1 \cdots j_p} \omega^{j_1} \wedge \cdots \wedge \omega^{j_p},$$

于是

$$*\psi = \frac{1}{p!} \psi_{j_1 \cdots j_p} * (\omega^{j_1} \wedge \cdots \wedge \omega^{j_p})$$

$$= \frac{1}{p!(n-p)!} \sum_{j_1, \cdots, j_n = 1}^{n} \delta^{1 \cdots n}_{j_1 \cdots j_n} \psi_{j_1 \cdots j_p} \omega^{j_{p+1}} \wedge \cdots \wedge \omega^{j_n},$$

因此

$$\varphi \wedge *\psi$$

$$= \frac{1}{p! p!(n-p)!} \sum_{i_1, \cdots, i_p = 1}^{n} \sum_{j_1, \cdots, j_n = 1}^{n} \delta^{1 \cdots n}_{j_1 \cdots j_n} \varphi_{i_1 \cdots i_p} \psi_{j_1 \cdots j_p} \omega^{i_1} \wedge \cdots \wedge \omega^{i_p} \wedge$$

$$\omega^{j_{p+1}} \wedge \cdots \wedge \omega^{j_n}$$

$$= \frac{1}{p! p!(n-p)!} \sum_{i_1, \cdots, i_p = 1}^{n} \sum_{j_1, \cdots, j_n = 1}^{n} \delta^{1 \cdots n}_{j_1 \cdots j_n} \varphi_{i_1 \cdots i_p} \psi_{j_1 \cdots j_p} \delta^{i_1 \cdots i_p j_{p+1} \cdots j_n}_{1 \cdots n} \omega^1 \wedge \cdots \wedge \omega^n$$

$$= \frac{1}{p! p!} \sum_{i_1, \cdots, i_p = 1}^{n} \sum_{j_1, \cdots, j_p = 1}^{n} \delta^{i_1 \cdots i_p}_{j_1 \cdots j_p} \varphi_{i_1 \cdots i_p} \psi_{j_1 \cdots j_p} \omega^1 \wedge \cdots \wedge \omega^n$$

$$= \sum_{i_1 < \cdots < i_p} \varphi_{i_1 \cdots i_p} \psi_{i_1 \cdots i_p} \omega^1 \wedge \cdots \wedge \omega^n$$

$$= \langle \varphi, \psi \rangle \Omega.$$

根据定义直接可得

$$*\Omega = 1, \quad *1 = \Omega, \tag{2}$$

$$* * \varphi = (-1)^{pn+p} \varphi, \quad \forall \varphi \in A^p. \tag{3}$$

由此可得

$$\langle \varphi, \psi \rangle = \langle *\varphi, *\psi \rangle, \quad \forall \varphi, \psi \in A^p. \tag{4}$$

实际上

$$\langle *\varphi, *\psi \rangle \Omega = (*\varphi) \wedge *(*\psi)$$
$$= (-1)^{pn+p}(*\varphi) \wedge \psi = \psi \wedge *\varphi$$
$$= \langle \psi, \varphi \rangle \Omega,$$

因此

$$\langle *\varphi, *\psi \rangle = \langle \psi, \varphi \rangle = \langle \varphi, \psi \rangle.$$

运用 $*$ 算子, 可以定义另一个实线性算子 $\delta : A^p \to A^{p-1}$, 即对于任意的 $\varphi \in A^p$, 规定

$$\delta\varphi = (-1)^{np+n+1} * \mathrm{d} * \varphi. \tag{5}$$

下面我们会看到, δ 是外微分算子 d 的对偶算子 (这里关于符号的规定是令人头疼的, 最可靠的办法是参考 [R]). 由于 $\mathrm{d}^2 = 0$, 故有 $\delta^2 = 0$. 命

$$\Delta = \delta\mathrm{d} + \mathrm{d}\delta, \tag{6}$$

则 Δ 是保型的算子, 即 Δ 把 A^p 映到 A^p, 称为 **Laplace 算子**, 显然

$$\Delta = (\mathrm{d} + \delta)^2. \tag{7}$$

现命算子

$$P = \mathrm{d} + \delta, \tag{8}$$

这个一阶微分算子是本章的主要研究对象之一. 这样, $\Delta = P \circ P$. 若 $\Delta\varphi = 0, \varphi \in A^*$, 则称 φ 是**调和形式**.

假定 $M = \boldsymbol{R}^n$ 是 n 维欧氏空间, $\{x^1, \cdots, x^n\}$ 是它的正定向的笛卡儿直角坐标系, 那么 $\{\mathrm{d}x^1, \cdots, \mathrm{d}x^n\}$ 是与 M 的定向一致的单位正交的余标架场. 因此 $* : A^p(M) \to A^{n-p}(M)$ 的定义是

$$*(\mathrm{d}x^{i_1} \wedge \cdots \wedge \mathrm{d}x^{i_p}) = \frac{1}{(n-p)!} \sum_{i_{p+1},\cdots,i_n=1}^{n} \delta_{i_1\cdots i_p i_{p+1}\cdots i_n}^{1\cdots n} \mathrm{d}x^{i_{p+1}} \wedge \cdots \wedge \mathrm{d}x^{i_n}.$$

设

$$f = \sum_{1 \leqslant i_1 < \cdots < i_p \leqslant n} f_{i_1\cdots i_p} \mathrm{d}x^{i_1} \wedge \cdots \wedge \mathrm{d}x^{i_p} = \frac{1}{p!} f_{i_1\cdots i_p} \mathrm{d}x^{i_1} \wedge \cdots \wedge \mathrm{d}x^{i_p}.$$

现在 $\delta = (-1)^{np+n+1} * \mathrm{d}* : A^p \to A^{n-p}$, 因此 $\delta = (-1)^{np+1} * \mathrm{d}* : A^{p+1} \to A^{n-p-1}$. 将 $\Delta = \delta\mathrm{d} + \mathrm{d}\delta : A^p \to A^p$ 作用在 f 上得到

$$\Delta f = (-1)^{np+1} * \mathrm{d} * \mathrm{d}f + (-1)^{np+n+1}\mathrm{d} * \mathrm{d} * f.$$

直接计算得到 (下面约定: 单项式中出现两次的指标为求和指标)

$$\mathrm{d}f = \frac{1}{p!}\frac{\partial f_{i_1\cdots i_p}}{\partial x^j}\mathrm{d}x^j \wedge \mathrm{d}x^{i_1} \wedge \cdots \wedge \mathrm{d}x^{i_p},$$

$$*\mathrm{d}f = \frac{1}{p!}\frac{1}{(n-p-1)!}\frac{\partial f_{i_1\cdots i_p}}{\partial x^j}\delta^{1\cdots n}_{ji_1\cdots i_p i_{p+1}\cdots i_{n-1}}\mathrm{d}x^{i_{p+1}} \wedge \cdots \wedge \mathrm{d}x^{i_{n-1}},$$

$$\mathrm{d}*\mathrm{d}f = \frac{1}{p!}\frac{1}{(n-p-1)!}\frac{\partial^2 f_{i_1\cdots i_p}}{\partial x^j \partial x^k}\cdot\delta^{1\cdots n}_{ji_1\cdots i_p i_{p+1}\cdots i_{n-1}}\mathrm{d}x^k \wedge \mathrm{d}x^{i_{p+1}} \wedge \cdots \wedge \mathrm{d}x^{i_{n-1}},$$

$$*\mathrm{d}*\mathrm{d}f = \frac{1}{p!}\frac{1}{(n-p-1)!}\frac{1}{p!}\frac{\partial^2 f_{i_1\cdots i_p}}{\partial x^j \partial x^k}\cdot$$
$$\delta^{1\cdots n}_{ji_1\cdots i_p i_{p+1}\cdots i_{n-1}}\delta^{1\cdots n}_{ki_{p+1}\cdots i_{n-1}j_1\cdots j_p}\mathrm{d}x^{j_1} \wedge \cdots \wedge \mathrm{d}x^{j_p}$$
$$= (-1)^{pn}\frac{1}{p!}\frac{1}{p!}\frac{\partial^2 f_{i_1\cdots i_p}}{\partial x^j \partial x^k}\cdot\delta^{ji_1\cdots i_p}_{kj_1\cdots j_p}\mathrm{d}x^{j_1} \wedge \cdots \wedge \mathrm{d}x^{j_p},$$

由行列式按行的展开式得到

$$\delta^{ji_1\cdots i_p}_{kj_1\cdots j_p} = \delta^j_k\delta^{i_1\cdots i_p}_{j_1\cdots j_p} + \sum_{\lambda=1}^p (-1)^\lambda \delta^j_{j_\lambda}\delta^{i_1\cdots i_p}_{kj_1\cdots \hat{j}_\lambda\cdots j_p}.$$

因此

$$(-1)^{np+1}*\mathrm{d}*\mathrm{d}f = -\frac{1}{p!}\sum_{j=1}^n\frac{\partial^2 f_{i_1\cdots i_p}}{\partial x^j \partial x^j}\mathrm{d}x^{i_1} \wedge \cdots \wedge \mathrm{d}x^{i_p}$$
$$+ \frac{1}{p!(p-1)!}\frac{\partial^2 f_{i_1\cdots i_p}}{\partial x^j \partial x^k}\cdot\delta^{i_1\cdots i_p}_{jj_1\cdots j_{p-1}}\mathrm{d}x^k \wedge \mathrm{d}x^{j_1} \wedge \cdots \wedge \mathrm{d}x^{j_{p-1}}.$$

同样地, 我们有

$$*f = \frac{1}{p!}\frac{1}{(n-p)!}f_{i_1\cdots i_p}\delta^{1\cdots n}_{i_1\cdots i_n}\mathrm{d}x^{i_{p+1}} \wedge \cdots \wedge \mathrm{d}x^{i_n},$$

$$\mathrm{d}*f = \frac{1}{p!}\frac{1}{(n-p)!}\frac{\partial f_{i_1\cdots i_p}}{\partial x^j}\cdot\delta^{1\cdots n}_{i_1\cdots i_n}\mathrm{d}x^j \wedge \mathrm{d}x^{i_{p+1}} \wedge \cdots \wedge \mathrm{d}x^{i_n},$$

$$*\mathrm{d}*f = (-1)^{np+n}\frac{1}{p!}\frac{1}{(p-1)!}\frac{\partial f_{i_1\cdots i_p}}{\partial x^j}\cdot\delta^{i_1\cdots i_p}_{jj_1\cdots j_{p-1}}\mathrm{d}x^{j_1} \wedge \cdots \wedge \mathrm{d}x^{j_{p-1}},$$

$$(-1)^{np+n+1}\mathrm{d}*\mathrm{d}*f = -\frac{1}{p!}\frac{1}{(p-1)!}\frac{\partial^2 f_{i_1\cdots i_p}}{\partial x^j \partial x^k}\cdot\delta^{i_1\cdots i_p}_{jj_1\cdots j_{p-1}}\mathrm{d}x^k \wedge \mathrm{d}x^{j_1} \wedge \cdots \wedge \mathrm{d}x^{j_{p-1}},$$

由此得到

$$\Delta f = (-1)^{np+1} * \mathrm{d} * \mathrm{d}f + (-1)^{np+n+1} \mathrm{d} * \mathrm{d} * f$$

$$= -\frac{1}{p!} \sum_{j=1}^{n} \frac{\partial^2 f_{i_1 \cdots i_p}}{\partial x^j \partial x^j} \mathrm{d}x^{i_1} \wedge \cdots \wedge \mathrm{d}x^{i_p}$$

$$= - \sum_{i_1 < \cdots < i_p} \sum_{j=1}^{n} \frac{\partial^2 f_{i_1 \cdots i_p}}{\partial x^j \partial x^j} \mathrm{d}x^{i_1} \wedge \cdots \wedge \mathrm{d}x^{i_p}.$$

所以, 在 $\boldsymbol{R}^n$ 中调和形式就是系数为调和函数的微分式. 将上式用于 $\boldsymbol{R}^n$ 中的光滑函数, 则可看到这里所定义的 Δ 与通常在函数论中所用的 Laplace 算子恰好有相反的符号. 当然, 符号选择的本身有相当大的随意性, 往往是得失兼有. 我们在这里定义的 Δ 尽管在作用到函数上的时候与通常的 Laplace 算子不一致, 但是却保证了 Δ 的**正算子性质** (即 Δ 的特征值皆 $\geqslant 0$, 见下文).

　　在这里我们应该立刻指出一个事实, 就是在一般的黎曼流形 M 上要具体地算出一些调和形式的例子是十分困难的, 除非是多加一些特殊的条件. 比方说, 从下面的 (19) 和 (20) 式中可以看到, 任何平行的外形式都是调和形式. 在一般的情况下逆定理不成立, 但是在所谓紧的对称空间上 (在第二章我们对这种流形会作简单的介绍), 所有的调和形式都是平行形式. 又在 Kähler 流形上, 其 Kähler 形式 (见下面第二章 §3, 引理 7 的证明) 是平行的, 所以也必是调和形式. 在紧的 Kähler 流形上, 所有全纯形式也是调和形式. 除此之外, 类似的一般性结果就很少了.

　　现在我们在 $A^* = \bigoplus\limits_{p=0}^{n} A^p$ 中引进 (整体的) 内积 $(,)$. 假设 M 是紧致有向的 n 维黎曼流形, 设 $\varphi, \psi \in A^p$, 命

$$(\varphi, \psi) \equiv \int_M \langle \varphi, \psi \rangle \Omega = \int_M \varphi \wedge * \psi. \tag{9}$$

容易验证, $(\varphi, \psi) = (\psi, \varphi)$, 并且 $\|\varphi\|^2 = (\varphi, \varphi) \geqslant 0$, 且等号成立当且仅当 $\varphi \equiv 0$. 因此 $(,)$ 是 A^p 上的内积. 若 $\varphi \in A^p, \psi \in A^q, p \neq q$, 则规定 $(\varphi, \psi) = 0$, 于是上面的内积可以扩充到外微分代数 A^*.

　　由 (4) 式我们有

$$(*\varphi, *\psi) = (\varphi, \psi),$$

所以 $*$ 算子是内积空间 $(A^*, (\,,\,))$ 的等距变换. 此外, 若 $f_1 \in A^{p-1}, f_2 \in A^p$, 则

$$
\begin{aligned}
\mathrm{d}(f_1 \wedge *f_2) &= \mathrm{d}f_1 \wedge *f_2 + (-1)^{p-1} f_1 \wedge \mathrm{d} * f_2 \\
&= \mathrm{d}f_1 \wedge *f_2 + (-1)^{np+n} f_1 \wedge *(*\mathrm{d} * f_2) \\
&= \mathrm{d}f_1 \wedge *f_2 - f_1 \wedge *\delta f_2.
\end{aligned}
$$

由于 M 是紧致的, 根据 Stokes 公式得到

$$
\int_M \mathrm{d}f_1 \wedge *f_2 = \int_M f_1 \wedge *\delta f_2,
$$

即

$$
(\mathrm{d}f_1, f_2) = (f_1, \delta f_2). \tag{10}
$$

因此微分算子 d 和 δ 是关于内积 $(\,,\,)$ 的对偶算子. 上述对偶性是由于算子 δ 的定义中关于符号的复杂规定保证的. 由 (10) 式可知, P 和 Δ 都是自对偶算子. 实际上, 若 $f_1, f_2 \in A^*$, 则

$$
\begin{aligned}
(Pf_1, f_2) &= ((\mathrm{d} + \delta)f_1, f_2) \\
&= (\mathrm{d}f_1, f_2) + (\delta f_1, f_2) = (f_1, Pf_2), \\
(\Delta f_1, f_2) &= (P(Pf_1), f_2) \\
&= (Pf_1, Pf_2) = (f_1, \Delta f_2).
\end{aligned}
$$

作为直接推论, 我们有 $(\Delta f, f) \geqslant 0$, 因为

$$
(\Delta f, f) = (Pf, Pf) = (\mathrm{d}f, \mathrm{d}f) + (\delta f, \delta f) \geqslant 0, \tag{11}
$$

所以关于内积 $(\,,\,)$ 算子 Δ 是作用在 A^* 上的正算子. 实际上, 如果 $\Delta f = \lambda \cdot f, \lambda \in \mathbf{R}$, 则

$$
\lambda(f, f) = (\Delta f, f) \geqslant 0,
$$

故 $\lambda \geqslant 0$, 即算子 Δ 的特征值是非负的. 从 (11) 式可知, 在紧致流形 M 上, $f \in A^*$ 是调和形式的充要条件是 $\mathrm{d}f = 0$, 且 $\delta f = 0$.

下面很有用的事实是 Stokes 公式的推论:

引理 1　若 f 是 M 上的光滑函数, 则

$$
\int_M \Delta f \cdot \Omega = 0.
$$

证明　根据 (6) 式我们有

$$\Delta f \cdot \Omega = (\delta \mathrm{d}f)\Omega = *(\delta \mathrm{d}f) = -\mathrm{d}(*\mathrm{d}f),$$

所以

$$\int_M \Delta f \cdot \Omega = -\int_M \mathrm{d}(*\mathrm{d}f) = -\int_{\delta M} *\mathrm{d}f = 0.$$

Hodge 定理的粗略说法: 若 M 是紧致、有定向的 n 维黎曼流形, 则对每一个 $p\,(0 \leqslant p \leqslant n)$, $H^p(M)$ 是有限维的, 并且在 $H^p(M)$ 的每一个元素 (即陪集) 中存在唯一的一个调和形式作为它的代表.

如果 α 是属于陪集 $A \in H^p(M)$ 的调和形式, 则 A 中的任意一个元素可以表成 $\alpha + \mathrm{d}\gamma$, 其中 $\gamma \in A^{p-1}$, 因此

$$\|\alpha + \mathrm{d}\gamma\|^2 = \|\alpha\|^2 + \|\mathrm{d}\gamma\|^2 + 2(\alpha, \mathrm{d}\gamma),$$

但是

$$(\alpha, \mathrm{d}\gamma) = (\delta\alpha, \gamma) = 0,$$

所以

$$\|\alpha + \mathrm{d}\gamma\|^2 = \|\alpha\|^2 + \|\mathrm{d}\gamma\|^2 \geqslant \|\alpha\|^2,$$

等号只在 $\mathrm{d}\gamma = 0$ 时成立, 因此调和形式 α 的模 $\|\alpha\|$ 在陪集 A 中是最小的, 即

$$\|\alpha\| = \min_{\beta \in A} \|\beta\|.$$

所以, 问题可以归结为证明在每一个陪集 $A \in H^p(M)$ 中, 存在唯一的一个元素 α_0, 使得 $\|\alpha_0\| = \min_{\beta \in A} \|\beta\|$, 并且 $\Delta\alpha_0 = 0$, 回想一下, 处理经典的 Dirichlet 问题的做法就是这样的 (见 [W1], 第 162—164 页). 我们在这里给出的证明不采取这条路线, 而采用直接的分析方法.

Hodge 定理无疑是 20 世纪最伟大的定理之一. 要知道在 Hodge 定理被发现的时候, 流形的概念还没有确切的定义, 更谈不上在流形上的分析的研究. 而在这种情况下, Hodge 能够作一个大突破, 对分析和拓扑作出一个意想不到的密切联系, 从而使人们认识到在紧流形上有分析可做, 而且可以用分析去了解流形本身的拓扑. 这对拓扑和分析以后的发展产生了极其深远的影响. 可以说, Hodge 定理起到了一个枢纽的作用. 当前大范围分析的一个主流就是从 Hodge 定理引

伸开来的. 懂得了 Hodge 定理的一个直接好处是, 对于拓扑学的 Poincaré 对偶定理会有一个在概念上是正确的了解. 我们知道, Poincaré 对偶定理是一个十分困难的定理. 在 Poincaré 创立拓扑学的时候, 他已经证明了这个定理, 而时隔一百多年的今天, 基本上仍然无法简化他的证明 (Poincaré 的伟大由此可见一斑). 从 Hodge 定理着手, 我们能够容易地得到特殊情形下的 Poincaré 对偶定理.

我们用 $\mathscr{H}^p$ 表示 M 上全体 p 次调和形式的集合. 显然, $\Delta = \mathrm{d}\delta + \delta\mathrm{d}$ 是实线性算子, 所以对于 $\psi, \varphi \in \mathscr{H}^p, \lambda \in \boldsymbol{R}$ 有

$$\Delta(\psi + \lambda\varphi) = \Delta\psi + \lambda\Delta\varphi = 0,$$

因此 $\psi + \lambda\varphi \in \mathscr{H}^p$, 故 $\mathscr{H}^p$ 是实向量空间. Hodge 定理断言实向量空间 $\mathscr{H}^p$ 和 $H^p(M)$ 是同构的, 即 $\mathscr{H}^p \cong H^p(M)$. 从 δ 的定义可知

$$\begin{aligned}
*\mathrm{d}\delta &= (-1)^{np+n+1} * \mathrm{d} * \mathrm{d} * \\
&= ((-1)^{n(n-p+1)+n+1} * \mathrm{d}*) \circ \mathrm{d} * \\
&= \delta\mathrm{d}*,
\end{aligned}$$

再由 (3) 式得到

$$*\delta\mathrm{d} = \mathrm{d}\delta*,$$

故

$$\begin{aligned}
*\Delta &= *(\mathrm{d}\delta + \delta\mathrm{d}) \\
&= (\delta\mathrm{d} + \mathrm{d}\delta)* = \Delta * .
\end{aligned}$$

由此可见, 如果 φ 是调和形式, 则 $*\varphi$ 也是调和形式, 即 $*$ 算子诱导出从 $\mathscr{H}^p$ 到 $\mathscr{H}^{n-p}$ 的同态, 但是由 (3) 式, $** = (-1)^{np+p} \cdot \mathrm{id} : A^p \to A^p$, 故 $* : \mathscr{H}^p \to \mathscr{H}^{n-p}$ 是同构. 利用 de Rham 定理, 我们有

$$\begin{aligned}
H_S^p(M, \boldsymbol{R}) &\cong H^p(M) \cong \mathscr{H}^p \cong \mathscr{H}^{n-p} \\
&\cong H^{n-p}(M) \cong H_S^{n-p}(M, \boldsymbol{R}),
\end{aligned} \tag{12}$$

其中 $H_S^p(M, \boldsymbol{R})$ 是流形 M 的第 p 个实系数奇异上同调群. 若用 $H_p(M, \boldsymbol{R})$ 记 M 的第 p 个实系数奇异同调群, 则

$$H_p(M, \boldsymbol{R}) \cong H_S^p(M, \boldsymbol{R}),$$

所以

$$H_p(M, \boldsymbol{R}) \cong H_{n-p}(M, \boldsymbol{R}).$$

这就证明了关于紧致、有定向微分流形的实系数同调群的 Poincaré 对偶定理. 一般形式的 Poincaré 对偶定理的条件要弱得多, 只假定 M 是定向的闭拓扑流形, 并且系数群也可以推广到整数环 $\boldsymbol{Z}$ (因而同调群含有挠子群, 情况要复杂多了). 但是, 对于紧致、有定向的微分流形, 在上面任意取定一个黎曼度量之后, $*$ 算子建立了 $\mathscr{H}^p$ 和 $\mathscr{H}^{n-p}$ 的同构, 再通过 Hodge 定理便建立了 $H^p(M)$ 和 $H^{n-p}(M)$ 的同构. 由于微分流形是所有拓扑流形中最重要的一部分, 所以我们可以说 Hodge 定理解决了 Poincaré 对偶定理的主要部分.

现在我们叙述完整形式的 Hodge 定理如下:

Hodge 定理　设 M 是紧致、有定向的 n 维黎曼流形, 则 $\mathscr{H} = \bigoplus_{p=0}^{n} \mathscr{H}^p = \{\varphi \in A^* : \Delta\varphi = 0\}$ 是有限维实线性空间, 并且存在有界线性算子 $G : A^* \to A^*$ (称为 **Green 算子**) 使得

(a) $\ker G = \mathscr{H}$ ($\ker G$ 是指算子 G 的核);

(b) G 是保型的, 并且和算子 $*, \mathrm{d}, \delta$ 是可交换的, 即对每一个 $p, G(A^p) \subset A^p$, 并且

$$G* = *G, \quad G\mathrm{d} = \mathrm{d}G, \quad G\delta = \delta G;$$

(c) G 是紧算子, 即 A^* 中任意一个有界子集在 G 下的像的闭包是紧致的;

(d) $\mathrm{I} = \mathscr{H} + \Delta \circ G$, 其中 I 是恒同算子, $\mathscr{H}$ 表示从 A^* 到 $\mathscr{H}$ 的关于 $(,)$ 的正交投影.

注记　这个定理蕴含着上面提到的 Hodge 定理的粗略说法. 设陪集 $\alpha + E^p$ $(\alpha \in Z^p)$ 是 $H^p(M)$ 中的一个元素, 则由 (d) 得到

$$\alpha = \mathscr{H}\alpha + \mathrm{d}(\delta G\alpha) + \delta(\mathrm{d}G\alpha),$$

但是

$$\mathrm{d}G\alpha = G(\mathrm{d}\alpha) = 0,$$

故

$$\alpha - \mathscr{H}\alpha = \mathrm{d}(\delta G\alpha), \tag{13}$$

即 $\mathscr{H}\alpha \in \alpha + E^p$. 因此在陪集 $\alpha + E^p$ 中有调和形式 $\mathscr{H}\alpha$ 作为代表. 设 h_1, h_2 是属于 $\alpha + E^p$ 的两个调和形式, 则有 $\beta \in A^{p-1}$, 使得 $h_1 - h_2 = \mathrm{d}\beta$, 所以

$$
\begin{aligned}
\|h_1 - h_2\|^2 &= (h_1 - h_2, \mathrm{d}\beta) \\
&= (\delta h_1 - \delta h_2, \beta) = 0,
\end{aligned}
$$

即 $h_1 = h_2$, 因此 $\mathscr{H}\alpha$ 是 $\alpha + E^p$ 中唯一的调和形式.

证明 Hodge 定理需要一些分析的准备知识. 首先是关于 Sobolev 空间的概念. 设 T 是流形 M 上任意一个张量场, 用 $\mathrm{D}T$ 表示它的协变微分. 若 s 是大于 1 的整数, 则可用归纳法定义

$$
\mathrm{D}^s T = \mathrm{D}(\mathrm{D}^{s-1}T).
$$

为方便起见, 命 $\mathrm{D}^0 T = T$, 则上式在 $s = 1$ 时也对. 如果 T 是 (r, t) 型张量 (其中 r 是反变阶数, t 是协变阶数), 则 $\mathrm{D}^s T$ 是 $(r, t + s)$ 型张量. 黎曼空间 M 逐点在切空间上定义的内积可以自然地扩充到 M 上任意的张量空间上去. 设 $\{X_i\}$ 是 M 上局部单位正交标架场, $\{\omega^i\}$ 是它的对偶余标架场, 则规定

$$
\{\sqrt{(r+t)!}\, X_{i_1} \otimes \cdots \otimes X_{i_r} \otimes \omega^{j_1} \otimes \cdots \otimes \omega^{j_t} : 1 \leqslant i_\alpha, j_\beta \leqslant n\}
$$

构成 (r, t) 型张量空间的单位正交基底, 其中常数 $\sqrt{(r+t)!}$ 在下面将有说明. 由定义得知, 如果

$$
\begin{aligned}
T &= f^{j_1 \cdots j_r}_{i_1 \cdots i_t} X_{j_1} \otimes \cdots \otimes X_{j_r} \otimes \omega^{i_1} \otimes \cdots \otimes \omega^{i_t}, \\
S &= g^{j_1 \cdots j_r}_{i_1 \cdots i_t} X_{j_1} \otimes \cdots \otimes X_{j_r} \otimes \omega^{i_1} \otimes \cdots \otimes \omega^{i_t},
\end{aligned}
$$

则立即得

$$
\langle T, S \rangle = \frac{1}{(r+t)!} \sum_{\substack{i_1, \cdots, i_t \\ j_1, \cdots, j_r}} f^{j_1 \cdots j_r}_{i_1 \cdots i_t} g^{j_1 \cdots j_r}_{i_1 \cdots i_t}. \tag{14}
$$

容易验证, 这样定义的内积与 $\{X_i\}$ 和 $\{\omega^i\}$ 的选取是无关的.

注记 前面已经定义了 p 次微分式的逐点的内积. 常数 $\sqrt{(r+t)!}$ 的出现就是为了使微分形式和张量场两者的逐点内积的定义相一致. 更具体地说, 由于我们采用的外积定义为

$$
\omega^{i_1} \wedge \cdots \wedge \omega^{i_s}(X_{j_1}, \cdots, X_{j_s}) = \det\left(\omega^{i_\alpha}(X_{j_\beta})\right)
$$

(有些作者在 det 前面加常数因子 $\frac{1}{s!}$), 所以对于 $i_1 < \cdots < i_s$ 则有

$$\omega^{i_1} \wedge \cdots \wedge \omega^{i_s} = \sum_{k_i, \cdots, k_s} \delta^{i_1 \cdots i_s}_{k_1 \cdots k_s} \omega^{k_1} \otimes \cdots \otimes \omega^{k_s}.$$

因此

$$|\omega^{i_1} \wedge \cdots \wedge \omega^{i_s}|^2 = \sum_{\substack{\{k_1 \cdots k_s\} \ \text{取} \\ \{i_1 \cdots i_s\} \text{的所有排列}}} (\delta^{i_1 \cdots i_s}_{k_1 \cdots k_s})^2 |\omega^{k_1} \otimes \cdots \otimes \omega^{k_s}|^2$$

$$= s! |\omega^{i_1} \otimes \cdots \otimes \omega^{i_s}|^2.$$

由这个等式可知, 若要使 $|\omega^{i_1} \wedge \cdots \wedge \omega^{i_s}|^2 = 1$, 则 $|\omega^{k_1} \otimes \cdots \otimes \omega^{k_s}|$ 必须等于 $\frac{1}{\sqrt{s!}}$. 这就说明了上面 $\sqrt{(r+t)!}$ 这个常数的来由.

现由定义得知, 若 $\{\omega^i\}$ 是单位正交余标架场, 则

$$\langle \omega^{k_1} \otimes \cdots \otimes \omega^{k_p} \otimes \omega^{k_{p+1}}, \omega^{l_1} \otimes \cdots \otimes \omega^{l_p} \otimes \omega^{l_{p+1}} \rangle$$

$$= \frac{1}{(p+1)!} \delta^{k_1}_{l_1} \cdots \delta^{k_p}_{l_p} \delta^{k_{p+1}}_{l_{p+1}}$$

$$= \frac{1}{p+1} \delta^{k_{p+1}}_{l_{p+1}} \langle \omega^{k_1} \otimes \cdots \otimes \omega^{k_p}, \omega^{l_1} \otimes \cdots \otimes \omega^{l_p} \rangle,$$

所以对于 $\varphi, \psi \in A^p$, 则有

$$\langle \mathrm{D}\varphi, \mathrm{D}\psi \rangle = \left\langle \sum_i \mathrm{D}_{X_i}\varphi \otimes \omega^i, \sum_j \mathrm{D}_{X_j}\psi \otimes \omega^j \right\rangle$$

$$= \frac{1}{p+1} \sum_i \langle \mathrm{D}_{X_i}\varphi, \mathrm{D}_{X_i}\psi \rangle, \tag{15}$$

其中 $\{X_j\}$ 是 $\{\omega^j\}$ 的对偶标架场.

设 s 是非负整数. 在 A^* 中定义内积 $(\ ,\ )_s$ 如下: 设 $f_1, f_2 \in A^*$, 命

$$(f_1, f_2)_s = \sum_{k=0}^{s} \int_M \langle \mathrm{D}^k f_1, \mathrm{D}^k f_2 \rangle * 1,$$

$$\tag{16}$$

$$\|f_1\|_s^2 = (f_1, f_1)_s,$$

其中 $*1$ 是 M 上的体积元素. 我们把 A^* 关于模 $\|\cdot\|_s$ 的完备化称为 **Sobolev 空间**, 记作 $\underset{\sim}{H}_s(M)$. 空间 $\underset{\sim}{H}_s(M)$ 中的每一个元素都是 A^* 中关于 $\|\cdot\|_s$ 的一个 Cauchy 序列的极限. 空间 $\underset{\sim}{A^*}$ 在 $\underset{\sim}{H}_s(M)$ 中关于 $\|\cdot\|_s$ 是稠密的. 对我们来说, 最

重要的 Sobolev 空间是 $\underset{\sim}{H_0}(M)$ 和 $\underset{\sim}{H_1}(M)$. 根据定义及上面的说明, 内积 $(\,,\,)_0$ 就是 $(\,,\,)$, 所以 $\underset{\sim}{H_0}(M)$ 就是 A^* 关于 $(\,,\,)$ 的完备化. 由于

$$(*f_1, *f_2) = (f_1, f_2),$$

所以 $*$ 算子可以扩充为 Hilbert 空间 $\underset{\sim}{H_0}(M)$ 的等距变换. 前面所讨论的在 A^* 中关于 $(\,,\,)$ 的性质在 $\underset{\sim}{H_0}(M)$ 中都成立; 特别是, d 和 δ 是关于内积 $(\,,\,)_0$ 的对偶算子.

注意: (i) $\underset{\sim}{H_0}(M)$ 就是 M 上的 L^2 空间;

(ii) $\forall s \geqslant 0$, 若 $\varphi \in \underset{\sim}{H_s}(M)$, 则 $\varphi \in \underset{\sim}{H_0}(M)$, 即 $\underset{\sim}{H_s}(M)$ 内的每个元素都是 M 上的 L^2 微分式;

(iii) $\forall t \geqslant s \geqslant 0$, 若 $\varphi \in \underset{\sim}{H_t}(M)$, 则 $\varphi \in \underset{\sim}{H_s}(M)$. 这些事实都立刻可以从下面的不等式直接得到: $\forall \varphi \in A^*, \forall t \geqslant s \geqslant 0$, 则 $\|\varphi\|_s \leqslant \|\varphi\|_t$. 这个不等式的证明是平凡的.

对于 $s = 1$, 我们从 (15) 式得到

$$\begin{aligned}
(f_1, f_2)_1 &= (f_1, f_2) + \frac{1}{p+1} \sum_i (\mathrm{D}_{X_i} f_1, \mathrm{D}_{X_i} f_2), \\
\|f\|_1^2 &= \|f\|^2 + \frac{1}{p+1} \sum_i \|\mathrm{D}_{X_i} f\|^2,
\end{aligned} \tag{17}$$

其中 $f_1, f_2, f \in A^p$.

注记　关于 Sobolev 空间 $\underset{\sim}{H_s}(M)$, 要紧的是内积、收敛性等概念牵涉所论对象的直到 s 阶的各阶导数, 至于定义的叙述方式却不是主要的. 例如, 我们在这里给出的定义用到了协变微分 $\mathrm{D}^k f, k \leqslant s$. 但是我们完全可以把定义改造成如下的形式: 在 M 中取定一个坐标覆盖 $\{U_1', \cdots, U_Q'\}$, 使得在每一个 U_i' 中存在开球 U_i, 满足条件 $\overline{U}_i \subset U_i'$, 并且 $\{U_1, \cdots, U_Q\}$ 仍是 M 的一个覆盖. 设 $\{\eta_i\}$ 是从属于 $\{U_i\}$ 的光滑的单位分解. 设 U_i' 中的局部坐标记作 $\{x_i^1, \cdots, x_i^n\}$, 并且对每一组指标 $\alpha = (\alpha_1, \cdots, \alpha_n)$, 其中 $\alpha_i \geqslant 0, \alpha_i \in \mathbf{Z}$, 命

$$\partial_i^\alpha = \frac{\partial^{\alpha_1 + \cdots + \alpha_n}}{(\partial x_i^1)^{\alpha_1} \cdots (\partial x_i^n)^{\alpha_n}}.$$

对任意的 $f_1, f_2 \in A^*$, 定义

$$(f_1, f_2)_s' = \sum_{i=1}^Q \int_M \sum_{|\alpha| \leqslant s} \langle \partial_i^\alpha (\eta_i f_1), \partial_i^\alpha (\eta_i f_2) \rangle \Omega,$$

其中 $|\alpha| = \alpha_1 + \cdots + \alpha_n$, $\partial_i^\alpha(\eta_i f_1)$ 是指 $\eta_i f_1$ 在用局部微分式 $dx_i^1, \cdots, dx_i^n$ 表示时对它的系数求 α 次偏导数之后所得的微分式. 容易证明, 内积 $(\,,\,)'_s$ 和前面所定义的 $(\,,\,)_s$ 是等价的, 即存在常数 $a_1, a_2 > 0$, 使得对任意的 $f \in A^*$ 有

$$a_1\|f\|_s \leqslant \|f\|'_s \leqslant a_2\|f\|_s.$$

因此在 Sobolev 空间 $\underset{\sim}{H_s}(M)$ 的定义中可以用 $\|\cdot\|'_s$ 代替 $\|\cdot\|_s$. 同样道理, 我们可以把 (17) 式中的因子 $\dfrac{1}{p+1}$ 抹掉. 今后为简便起见, 我们规定 $f_1, f_2 \in A^*$ 的内积 $(\,,\,)_1$ 为

$$(f_1, f_2)_1 = (f_1, f_2) + \sum_i (D_{X_i} f_1, D_{X_i} f_2). \tag{18}$$

Hodge 定理的证明依赖下面三个事实:

Gårding 不等式　*存在常数 $c_1, c_2 > 0$, 使得对于任意的 $f \in A^*$ 有*

$$(\Delta f, f) \geqslant c_1\|f\|_1^2 - c_2\|f\|_0^2.$$

在后面证明这个不等式的时候, 我们会看到上述不等式实际上是在 Bochner 技巧中经常遇到的几何计算在分析上的表现 (见 [W2] 和 [W4]; 又见 [W3] 的 §12). 要紧的是在不等式中有负系数的项出现, 否则不等式是不会成立的 (例如, 若取 f 是非零的调和形式, 则左端为零, 而右端在去掉负系数项之后的值必是正的, 这是一个矛盾).

为了叙述下一个事实, 需要引进一个定义. 我们已有算子 $P = d + \delta$ 和 $\Delta = P^2$. 但是, 如果 φ 仅仅是 $\underset{\sim}{H_0}(M)$ 中的一个元素, 则一般说来 $P\varphi$ 是没有意义的. 要解决这个问题, 我们引进**弱导数**的定义, 即: 对于 $\varphi \in \underset{\sim}{H_s}(M), \psi \in \underset{\sim}{H_t}(M)$, 我们称 $P\varphi = \psi$ (弱), 当且仅当对任意的 $f \in A^*$ 有

$$(\varphi, Pf) = (\psi, f).$$

同理, 对于 $\varphi \in \underset{\sim}{H_s}(M), \psi \in \underset{\sim}{H_t}(M)$, 称 $\Delta\varphi = \psi$ (弱), 当且仅当对任意的 $f \in A^*$ 有

$$(\varphi, \Delta f) = (\psi, f).$$

若 $\varphi, \psi \in A^*$, 则普通意义的 $P\varphi = \psi$ 与 $P\varphi = \psi$ (弱) 是等价的. 实际上, 由 (10) 式得到: $\forall \varphi, \psi, f \in A^*$, 有

$$(\varphi, Pf) = (P\varphi, f),$$

故 $P\varphi = \psi$ 蕴含着 $(\varphi, Pf) = (\psi, f)$. 反之, 若 $P\varphi = \psi$ (弱), 则

$$(P\varphi, f) = (\psi, f), \quad \forall f \in A^*,$$

于是从积分的基本性质可知几乎处处有 $P\varphi = \psi$. 由于 φ, ψ 的光滑性, 我们有 $P\varphi = \psi$. 从上面的论证也可知道: 如果 $P\varphi = \psi_1$ (弱), 并且 $P\varphi = \psi_2$ (弱), 则几乎处处有 $\psi_1 = \psi_2$.

如果 $\varphi \in \underset{\sim}{H_s}(M), \psi \in \underset{\sim}{H_t}(M)$, 而且 $P\varphi = \psi$ (弱), 则一般简记成 $P\varphi \in \underset{\sim}{H_t}(M)$. 现有

算子 P 的正则性 若 $\varphi \in H_0(M)$, 而且 $P\varphi \in A^*$, 则 $\varphi \in A^*$.

(严格地说, 结论的正确说法是: 存在 $\widetilde{\varphi} \in A^*$, 使得几乎处处有 $\varphi = \widetilde{\varphi}$.)

在证明的过程中将会看到, P 的正则性的根据在于算子 $P = \mathrm{d} + \delta$ 包含了各个方向的导数. 作为反例可以考虑 $\boldsymbol{R}^2$ 上的算子 $\dfrac{\partial}{\partial y}$. 设 $f(x, y) = |x| + y$, 显然有 $\dfrac{\partial}{\partial y} f = 1$. 尽管 1 是 $\boldsymbol{R}^2$ 上的 C^∞ 函数, 但是 f 却不是 C^1 的. 问题就出在 $\boldsymbol{R}^2$ 上有两个不同的方向导数 $\dfrac{\partial}{\partial x}$ 和 $\dfrac{\partial}{\partial y}$, 而算子 $\dfrac{\partial}{\partial y}$ 却完全不涉及另一个方向导数 $\dfrac{\partial}{\partial x}$.

Rellich 引理 如果 $\{\varphi_i\} \subset A^*$ 是 A^* 中关于模 $\|\cdot\|_1$ 的有界序列, 则在 $\{\varphi_i\}$ 中必有关于模 $\|\cdot\|_0$ 的 Cauchy 序列.

Rellich 引理的基本含义是: 如果一个序列以及它的一阶导数的序列都是有界的, 则从中可以选出收敛的子序列. 在实变函数论中有相似的结果: 若有函数序列 $f_i : [0, 1] \to \boldsymbol{R}, f_i \in C^1$, 且 f_i 的 C^1-范数一致有界, 则在 $\{f_i\}$ 中必存在 C^0-范数意义下收敛的子序列. 证明的方法是运用 Ascoli-Arzela 定理和中值定理. 在下面可以看到, Rellich 引理的证明, 同样是依据 Ascoli-Arzela 定理和中值定理.

我们暂时先承认以上三个命题的正确性而逐步讨论 Hodge 定理的证明.

引理 2 (弱形式的 Weyl 引理) 如果 $\varphi \in \underset{\sim}{H_1}(M)$, 且有 $\psi \in A^*$ 使得 $\Delta\varphi = \psi$(弱), 则 $\varphi \in A^*$.

注记 这个结果基本上是 Weyl 在 1940 年所证明的结果. 但在一般文献中, 所谓 **Weyl 引理**的定理, 在三个方面比这里的引理 2 强. 第一, Δ 可以被任意的椭圆算子取代. 第二, φ 可以是任意的广义函数. 第三, ψ 不必是处处光滑的. 这

就是说, 假设 M 是任意的黎曼流形, φ, ψ 是 M 上的广义函数, 使得 $\Delta \varphi = \psi$. 若 ψ 在一个开集 U 上为光滑函数, 则 φ 在 U 上亦是光滑函数. 这个结论的证明可看 [N] 及 [Y]. 一个特殊情形就是: 假设 φ, ψ 是 M 上连续的外微分形式, 且 $\Delta \varphi = \psi$. 若 ψ 在开集 U 上是光滑的, 则 φ 在 U 上也是光滑的. 因为我们不能花时间去讨论广义函数, 上述的广义 Weyl 引理不在我们所能证明的范围之内. 但是读者或许会有兴趣把引理 2 及算子 P 的正则性引理的证明稍加修改, 从而得到如下的结论: 设 M 是任意的黎曼流形, $A_0^*(M)$ 是有紧致支集的光滑外微分形式式的集合, 那么可以用 $A_0^*(M)$ 来代替 $A^*(M)$, 定义 Sobolev 空间 $H_s(M)$ 及 $\Delta \varphi = \psi(弱)$ 的意义. 今假设 $\varphi \in H_1(M), \psi \in H_0(M)$, 而且 $\Delta \varphi = \widetilde{\psi}(弱)$. 若 ψ 在开集 U 上是光滑的外微分式, 则 $\widetilde{\varphi}$ 在 U 上也是光滑的.

引理 2 的证明　首先我们断言: 若 $\varphi \in H_1(M)$, 则 $P\varphi \in H_0(M)$. 为证明这个断言, 假定 $\{X_i\}$ 和 $\{\omega^j\}$ 是互为对偶的单位正交标架场和余标架场, 则

$$\mathrm{d} = \sum_i \omega^i \wedge \mathrm{D}_{X_i}, \tag{19}$$

$$\delta = -\sum_j i(X_j) \mathrm{D}_{X_j} \tag{20}$$

(参看 [W2], 第 12—13 页, 或 [W3] 的 §12), 其中 $i(X_j)$ 表示内积, 即

$$(i(X_j)\eta)(Y_1, \cdots, Y_{p-1}) = \eta(X_j, Y_1, \cdots, Y_{p-1}).$$

现在 $\varphi \in H_1(M)$, 故由定义, 存在序列 $\{\varphi_\alpha\} \subset A^*$, 使得 $\|\varphi_\alpha - \varphi\|_1 \to 0$ (当 $\alpha \to +\infty$ 时). 因此, 当 $\alpha, \beta \to +\infty$ 时有 $\|\varphi_\alpha - \varphi_\beta\|_1 \to 0$. 由 (18) 得到

$$\|\varphi_\alpha - \varphi_\beta\|^2 + \int_M \sum_i |\mathrm{D}_{X_i}(\varphi_\alpha - \varphi_\beta)|^2 \Omega \to 0. \tag{21}$$

根据 (19), (20) 及任意内积空间的不等式 $|A + B|^2 \leqslant 2(|A|^2 + |B|^2)$, 不难得到

$$\|P(\varphi_\alpha - \varphi_\beta)\|^2 = \int_M \left| \sum_j \omega^j \wedge \mathrm{D}_{X_j}(\varphi_\alpha - \varphi_\beta) - \sum_j i(X_j) \mathrm{D}_{X_j}(\varphi_\alpha - \varphi_\beta) \right|^2 \Omega$$

$$\leqslant 2 \int_M \left| \sum_j \omega^j \wedge \mathrm{D}_{X_j}(\varphi_\alpha - \varphi_\beta) \right|^2 \Omega$$

$$+ 2 \int_M \left| \sum_j i(X_j) \mathrm{D}_{X_j}(\varphi_\alpha - \varphi_\beta) \right|^2 \Omega$$

$$\equiv 2A + 2B.$$

另外, 若 $\lambda_1, \cdots, \lambda_l$ 是任意内积空间中的 l 个元素, 则 $\left|\sum_i \lambda_i\right|^2 \leqslant \left(\sum_i |\lambda_i|\right)^2 \leqslant$ $l \sum_i |\lambda_i|^2$, 故有

$$
\begin{aligned}
A &= \int_M \left|\sum_j \omega^j \wedge \mathrm{D}_{X_j}(\varphi_\alpha - \varphi_\beta)\right|^2 \Omega \\
&\leqslant n \int_M \sum_j |\omega^j \wedge \mathrm{D}_{X_j}(\varphi_\alpha - \varphi_\beta)|^2 \Omega \\
&\leqslant n \int_M \sum_j |\omega^j|^2 \cdot |\mathrm{D}_{X_j}(\varphi_\alpha - \varphi_\beta)|^2 \Omega \\
&\leqslant n \int_M \sum_j |\mathrm{D}_{X_j}(\varphi_\alpha - \varphi_\beta)|^2 \Omega.
\end{aligned}
$$

同理

$$
\begin{aligned}
B &\leqslant n \int_M \sum_j |i(X_j)\mathrm{D}_{X_j}(\varphi_\alpha - \varphi_\beta)|^2 \Omega \\
&\leqslant n \int_M \sum_j |\mathrm{D}_{X_j}(\varphi_\alpha - \varphi_\beta)|^2 \Omega
\end{aligned}
$$

(因为 $|i(X)\eta| \leqslant |X| \cdot |\eta|$). 由于 (21) 式, 当 $\alpha, \beta \to +\infty$ 时有 $A, B \to 0$, 所以 $\{P\varphi_\alpha\}$ 是 $H_0(M)$ 中的 Cauchy 序列, 于是存在 $\Phi \in \underset{\sim}{H_0}(M)$, 使得 $P\varphi_\alpha$ 关于模 $\|\cdot\|_0$ 收敛于 Φ. 如果 $f \in A^*$, 则

$$
\begin{aligned}
(\Phi, f) &= \lim_{\alpha \to \infty} (P\varphi_\alpha, f) \\
&= \lim_{\alpha \to \infty} (\varphi_\alpha, Pf) = (\varphi, Pf),
\end{aligned}
$$

故 $P\varphi = \Phi(弱)$.

任取 $f \in A^*$, 则 $Pf \in A^*$, 因此

$$
(\Phi, Pf) = (\varphi, P(Pf)) = (\varphi, \Delta f).
$$

但是已知 $\Delta\varphi = \psi(弱)$, 故 $(\varphi, \Delta f) = (\psi, f)$, 所以

$$
(\Phi, Pf) = (\psi, f),
$$

即 $P\Phi = \psi(弱)$. 现在 $\psi \in A^*$, $\Phi \in \underset{\sim}{H_0}(M)$, 由算子 P 的正则性得到 $\Phi \in A^*$. 由于 $P\varphi = \Phi(弱)$, 再次运用 P 的正则性得到 $\varphi \in A^*$. 引理证毕.

现命 $\mathscr{H}^{\perp}$ 为 $\mathscr{H}$ 在 A^* 内关于 $(\ ,\ )$ 的正交补. 注意, A^* 可以写成 $\mathscr{H}$ 及 $\mathscr{H}^{\perp}$ 的正交和, 即

$$A^* = \mathscr{H} \oplus \mathscr{H}^{\perp}. \tag{22}$$

理由如下: 首先证明 $\mathscr{H}$ 是有限维空间. 若不然, 则在 $\mathscr{H}$ 内存在一个无限的单位正交集 $\{\lambda_1, \lambda_2, \cdots\}$. 由 Gårding 不等式, 存在正常数 c_1, c_2, 使得对每一个 i 有

$$\|\lambda_i\|_1^2 \leqslant \frac{1}{c_1}[(\Delta\lambda_i, \lambda_i) + c_2\|\lambda_i\|_0^2] = \frac{c_2}{c_1}.$$

根据 Rellich 引理, 在 $\{\lambda_i\}$ 中必定包含一个关于 $\|\cdot\|_0$ 的 Cauchy 序列. 这显然是不可能的, 因为当 $i \neq j$ 时, 总是有 $\|\lambda_i - \lambda_j\|_0^2 = \|\lambda_i\|_0^2 - 2(\lambda_i, \lambda_j) + \|\lambda_j\|_0^2 = 2$. 由此得知, $\mathscr{H}$ 是有限维空间. 现在证明 (22). 若将 A^* 看成 $\widetilde{H_0(M)}$ 的子空间, 则 $\mathscr{H}$ 是 $\widetilde{H_0(M)}$ 内的有限维子空间, 于是 $\mathscr{H}$ 是 $\widetilde{H_0(M)}$ 内的闭子空间. 根据 Riesz 表示定理, 若 $\mathscr{S}$ 是 Hilbert 空间 $\widetilde{H_0(M)}$ 内对于 $\mathscr{H}$ 的正交补, 则必有正交和 $\widetilde{H_0(M)} = \mathscr{H} \oplus \mathscr{S}$. 因此 $\forall \varphi \in A^* \subset \widetilde{H_0(M)}, \varphi = \varphi_1 + \varphi_2$, 其中 $\varphi_1 \in \mathscr{H}, \varphi_2 \in \mathscr{S}$. 但是 $\varphi_2 = \varphi - \varphi_1 \in A^*$, 并且 $(\varphi_1, \varphi_2) = 0$, 由 $\mathscr{H}^{\perp}$ 的定义则有 $\varphi_2 \in \mathscr{H}^{\perp}$. 这就是说 $A^* \subset \mathscr{H} + \mathscr{H}^{\perp}$. 显然 $\mathscr{H} \cap \mathscr{H}^{\perp} = \{0\}$, 故 (22) 式成立.

现在简化 Gårding 不等式如下.

引理 3　*存在正常数 c_0, 使得 $\forall f \in \mathscr{H}^{\perp}$ 有*

$$\|f\|_1^2 \leqslant c_0(\Delta f, f).$$

证明　假设引理 3 不真, 则对于任意一个正数 c_i, 必有 $f_i \in \mathscr{H}^{\perp}$, 使得

$$\|f_i\|_1^2 > c_i(\Delta f_i, f_i).$$

取正数序列 $\{c_i\}$ 使得 $c_i \to +\infty$, 设相应的序列 $\{f_i\}$ 满足 $f_i \in \mathscr{H}^{\perp}, \|f_i\|_1 = 1$, 并且使上面的不等式成立. 于是 $(\Delta f_i, f_i) \to 0 (i \to +\infty)$. 根据 Rellich 引理, 在 $\{f_i\}$ 中必存在关于模 $\|\cdot\|_0$ 收敛的子序列, 不妨设为 $\{f_i\}$ 本身, 故存在 $F \in \widetilde{H_0(M)}$ 使得 $\lim\limits_{i\to\infty} \|F - f_i\|_0 = 0$. 我们断言: $F = 0$. 事实上, 由 (10) 式得到

$$(\Delta f_i, f_i) = \|Pf_i\|_0^2 \to 0 \text{ (当 } i \to +\infty \text{ 时)}.$$

所以对于任意的 $\varphi \in A^*$ 有

$$(F, P\varphi) = \lim_{i\to\infty} (f_i, P\varphi) = \lim_{i\to\infty} (Pf_i, \varphi) = 0,$$

故 $PF = 0$ (弱). 根据算子 P 的正则性, $F \in A^*$, 所以

$$\Delta F = P(PF) = 0.$$

这表明 $F \in \mathscr{H}$. 此外, 由于 $f_i \in \mathscr{H}^\perp$, 故对任意的 $\varphi \in \mathscr{H}$ 有

$$(F, \varphi) = \lim_{i \to \infty} (f_i, \varphi) = 0,$$

所以 $F \in \mathscr{H}^\perp$, 即 $F \in \mathscr{H} \cap \mathscr{H}^\perp, F = 0$.

根据 Gårding 不等式, 存在常数 $c_1, c_2 > 0$, 使得

$$(\Delta f_i, f_i) \geqslant c_1 \|f_i\|_1^2 - c_2 \|f_i\|_0^2.$$

现在上式左端当 $i \to +\infty$ 时趋于零, 而右端的 $\|f_i\|_0^2$ 也趋于零, 并且 $\|f_i\|_1^2 = 1$, 这就导致一个矛盾, 说明假设不成立. 引理得证.

引理 4　映射 $\Delta : \mathscr{H}^\perp \to \mathscr{H}^\perp$ 是单一的满映射.

证明　首先指出 $\Delta(A^*) \subset \mathscr{H}^\perp$. 实际上, 对于任意的 $\varphi \in A^*, \psi \in \mathscr{H}$, 我们有

$$(\Delta\varphi, \psi) = (\varphi, \Delta\psi) = 0,$$

故 $\Delta\psi \in \mathscr{H}^\perp$, 于是映射 $\Delta : \mathscr{H}^\perp \to \mathscr{H}^\perp$ 是有意义的. 若 $\varphi_1, \varphi_2 \in \mathscr{H}^\perp$, 并且 $\Delta\varphi_1 = \Delta\varphi_2$, 则一方面有 $\varphi_1 - \varphi_2 \in \mathscr{H}^\perp$, 在另一方面有 $\Delta(\varphi_1 - \varphi_2) = 0$, 即 $\varphi_1 - \varphi_2 \in \mathscr{H}$, 所以 $\varphi_1 = \varphi_2$, 这说明映射 $\Delta : \mathscr{H}^\perp \to \mathscr{H}^\perp$ 是单一的. 下面要证明 Δ 是满映射, 也就是要证明: 对于任意的 $f \in \mathscr{H}^\perp$, 必存在 $\varphi \in \mathscr{H}^\perp$, 使得 $\Delta\varphi = f$.

设 B 是 $\mathscr{H}^\perp$ 在 $H_1(M)$ 内的闭包. 如果对于任意的 $f \in \mathscr{H}^\perp \subset A^*$, 能够证明存在 $\varphi \in B$, 使得 $\widetilde{\Delta\varphi} = f$ (弱), 即能够证明对每一个 $g \in A^*$ 有

$$(\varphi, \Delta g) = (f, g), \tag{23}$$

则根据 Weyl 引理 (即引理 2) 便有 $\varphi \in A^*$, 即 $\varphi \in \mathscr{H}^\perp$. 注意到 $g \in A^*$ 可写成 $g = g_1 + g_2$, 其中 $g_1 \in \mathscr{H}, g_2 \in \mathscr{H}^\perp$, 因此 (23) 式成为

$$(\varphi, \Delta g_2) = (\varphi, \Delta g) = (f, g) = (f, g_2)$$

(因为 $f \in \mathscr{H}^\perp, g_1 \in \mathscr{H}$, 故 $(f, g_1) = 0$). 于是, 问题就归结为证明: 存在 $\varphi \in B$, 使得对于任意的 $g \in \mathscr{H}^\perp$ 有

$$(\varphi, \Delta g) = (f, g). \tag{24}$$

对于任意的 $\varphi, \psi \in \mathscr{H}^\perp$, 命 $[\varphi, \psi] = (\varphi, \Delta \psi)$, 并且考虑 B 上的线性泛函 $l : B \to \mathbf{R}$, 定义为 $l(g) = (f, g), \forall g \in B$. 如果我们能够证明, $[,]$ 能够扩充为 B 上的一个内积, 并且线性泛函 l 关于内积 $[,]$ 是连续的, 则根据 Riesz 表示定理, 必存在元素 $\varphi \in B$, 使得对任意的 $g \in B$ 有

$$l(g) = [\varphi, g].$$

特别是当 $g \in \mathscr{H}^\perp$ 时, 上式就成为 (24) 式, 这就证明了引理.

显然, 上面定义的 $[,]$ 是 $\mathscr{H}^\perp$ 上的对称双线性函数. 利用引理 3, 必有常数 $c_0 > 0$, 使得对任意的 $\varphi \in \mathscr{H}^\perp$ 有

$$[\varphi, \varphi] = (\varphi, \Delta \varphi) \geqslant \frac{1}{c_0} \|\varphi\|_1^2,$$

所以 $[,]$ 是 $\mathscr{H}^\perp$ 上的正定的内积. 另外,

$$[\varphi, \varphi] = (\varphi, \Delta \varphi) = \|P\varphi\|_0^2.$$

由 (18), (19) 和 (20) 式, 参照引理 2 的证明, 得到

$$\|P\varphi\|_0^2 \leqslant 2 \int_M \left| \sum_j \omega^j \wedge \mathrm{D}_{X_j}\varphi \right|^2 \Omega + 2 \int_M \left| \sum_j i(X_j)\mathrm{D}_{X_j}\varphi \right|^2 \Omega$$

$$\leqslant 4n \int_M \left| \sum_j \mathrm{D}_{X_j}\varphi \right|^2 \Omega \leqslant 4n\|\varphi\|_1^2,$$

也就是存在正常数 c, 使得

$$[\varphi, \varphi] \leqslant c\|\varphi\|_1^2, \qquad \forall \varphi \in \mathscr{H}^\perp.$$

因此, $[,]$ 和 $(,)_1$ 是 $\mathscr{H}^\perp$ 上等价的内积. 所以, $[,]$ 可以唯一地连续扩充为 B 上的内积, 并且对任意的 $g \in B$ 有 $[g, g] \geqslant \frac{1}{c_0}\|g\|_1^2$. 至于泛函 l 的连续性, 我们有

$$|l(g)| = |(f, g)| \leqslant \|f\|_0 \cdot \|g\|_0$$

$$\leqslant \|f\|_0 \cdot \|g\|_1 \leqslant \sqrt{c_0}\|f\|_0 \cdot \sqrt{[g, g]}.$$

引理证毕.

注记 引理 4 的一个等价叙述是: $\forall \beta \in A^*$, 方程 $\Delta\alpha = \beta$ 有解 $\alpha \in A^*$ 的充要条件是 $\beta \perp \mathscr{H}$ (对于 $\|\cdot\|_0$ 而言).

Hodge 定理的证明 现在, 定理的证明变得十分简单了. 在证明 (22) 时, 我们已经证明了 $\mathscr{H}$ 为有限维空间. 引理 4 说 $\Delta: \mathscr{H}^\perp \to \mathscr{H}^\perp$ 是一一对应, 所以我们能够定义映射 $G: A^* \to A^*$, 使得

(i) $G|_{\mathscr{H}} = 0$; 　　　　(ii) $G|_{\mathscr{H}^\perp} = (\Delta|_{\mathscr{H}^\perp})^{-1}$.

从上面的定义可知, $\ker G = \mathscr{H}$, 故定理的断言 (a) 成立. 现在证明 (d). 由 (22) 式可知正交投影 $\mathscr{H}: A^* \to \mathscr{H}$ 是有意义的 (在此, 我们故意用同一个记号 $\mathscr{H}$). 于是 $\forall f \in A^*, f = \mathscr{H}f + (f - \mathscr{H}f)$, 其中 $f - \mathscr{H}f \in \mathscr{H}^\perp$. 但是在 $\mathscr{H}^\perp$ 上, $\Delta \circ G = G \circ \Delta = \mathrm{I}$ (恒同算子), 而且由 G 的定义得知 $G(\mathscr{H}f) = 0$, 所以

$$f - \mathscr{H}f = \Delta \circ G(f - \mathscr{H}f) = \Delta \circ G(f),$$

即 $f = \mathscr{H}f + \Delta \circ Gf$, 这等价于 $\mathrm{I} = \mathscr{H} + \Delta \circ G$.

其次证明 (c), 即要证明 G 是紧算子. 为此, 只需证明对于 A^* 中任意一个有界序列 $\{f_i\}$, 在 $\{Gf_i\}$ 中必有 Cauchy 子序列. 不妨设 $\|f_i\|_0 \leqslant 1$ (注意: 在 A^* 上我们用的模是 $\|\cdot\| = \|\cdot\|_0$). 根据 Rellich 引理, 这只要证明数列 $\{\|Gf_i\|_1\}$ 是一致有界的. 这是明显的, 因为根据引理 3, 对于任意的 $\varphi \in \mathscr{H}^\perp$ 有

$$\|\varphi\|_1^2 \leqslant c_0(\Delta\varphi, \varphi) \leqslant c_0 \|\Delta\varphi\|_0 \cdot \|\varphi\|_0$$
$$\leqslant c_0 \cdot \|\Delta\varphi\|_0 \cdot \|\varphi\|_1,$$

所以 $\|\varphi\|_1 \leqslant c_0 \|\Delta\varphi\|_0, \forall \varphi \in \mathscr{H}^\perp$. 现取 $\varphi = Gf_i$, 故有

$$\|Gf_i\|_1 \leqslant c_0 \|\Delta Gf_i\|_0.$$

但是, 由 (d) 得知 ΔGf_i 是 f_i 关于直和分解 $A^* = \mathscr{H} \oplus \mathscr{H}^\perp$ 而言在 $\mathscr{H}^\perp$ 上的分量. 于是 $\|\Delta Gf_i\|_0 \leqslant \|f_i\|_0$, 即 $\|Gf_i\|_1 \leqslant c_0\|f_i\|_0 \leqslant c_0$. 这就证明了 (c).

最后证明 (b). 首先断言: 若 $Q: A^* \to A^*$ 是线性映射, 并且 $Q\Delta = \Delta Q$, 则 $GQ = QG$. 然后, 分别取 $Q = *, \mathrm{d}, \delta$, 则 (b) 得证. 很明显, 对于上述断言只要分别在 $\mathscr{H}$ 和 $\mathscr{H}^\perp$ 上验证即可. 首先, 根据 G 的定义, $QG|_{\mathscr{H}} = 0$. 此外, 对于任意的 $f \in \mathscr{H}, \Delta Qf = Q\Delta f = 0$, 故 $Qf \in \mathscr{H}$, 即 $Q\mathscr{H} \subset \mathscr{H}$. 所以 $GQ|_{\mathscr{H}} = 0$, 即在

$\mathscr{H}$ 上有 $QG = GQ$. 在 $\mathscr{H}^{\perp}$ 上, 由于 $\mathrm{I} = \Delta G$, 故

$$(\mathscr{H}, Q(\mathscr{H}^{\perp})) = (\mathscr{H}, Q\Delta G(\mathscr{H}^{\perp}))$$
$$= (\mathscr{H}, \Delta QG(\mathscr{H}^{\perp})) = (\Delta\mathscr{H}, QG(\mathscr{H}^{\perp})) = 0,$$

所以 $Q(\mathscr{H}^{\perp}) \subset \mathscr{H}^{\perp}$. 这样, Δ, Q 作为 $\mathscr{H}^{\perp}$ 到自身的算子有 $Q\Delta = \Delta Q$, 并且 $\Delta^{-1} = G$, 故 $GQ = QG$. 定理证毕.

最后我们来讨论证明 Hodge 定理所依赖的三个事实. 在直观上, $(\Delta f, f) = \|\mathrm{d}f\|_0^2 + \|\delta f\|_0^2$, 而 $\mathrm{d}f$ 和 δf 在一起涉及 f 的所有的一阶偏导数, 因此用 $(\Delta f, f)$ 控制 $\|f\|_1^2$ 是有可能的, 要弄清楚 $\mathrm{d}f$ 和 δf 在一起涉及 f 的所有的偏导数, 只需要在 x 处取**法标架场** $\{X_i\}$ 和对应的余标架场 $\{\omega^i\}$, 也就是要求 $\mathrm{D}_{X_i}X_j(x) = 0$ (看 [W3], §12 或 [W2], 第 1—9 页). 这样, $((\mathrm{D}_{X_i}\omega^j)(X_k))(x) = (X_i(\omega^j(X_k)) - \omega^j(\mathrm{D}_{X_i}(X_k)))(x) = 0$, 即 $(\mathrm{D}_{X_i}\omega^j)(x) = 0$. 为简单起见, 不妨设 $f = \widetilde{f}\omega^1 \wedge \cdots \wedge \omega^p$, 其中 $\widetilde{f}$ 是光滑函数, 则从 (19), (20) 两式得到

$$\mathrm{d}f = \sum_{i=p+1}^{n} \omega^i \wedge \mathrm{D}_{X_i}(\widetilde{f}\omega^1 \wedge \cdots \wedge \omega^p)$$
$$= (-1)^p \{(X_{p+1}\widetilde{f})\omega^1 \wedge \cdots \wedge \omega^p \wedge \omega^{p+1} + \cdots$$
$$+ (X_n\widetilde{f})\omega^1 \wedge \cdots \wedge \omega^p \wedge \omega^n\},$$
$$\delta f = -\sum_{j=1}^{p} i(X_j)\mathrm{D}_{X_j}(\widetilde{f}\omega^1 \wedge \cdots \wedge \omega^p)$$
$$= -(X_1\widetilde{f})\omega^2 \wedge \cdots \wedge \omega^p + (X_2\widetilde{f})\omega^1 \wedge \omega^3 \wedge \cdots \wedge \omega^p$$
$$+ \cdots + (-1)^p(X_p\widetilde{f})\omega^1 \wedge \cdots \wedge \omega^{p-1}.$$

可见 $\{X_i\widetilde{f} : 1 \leqslant i \leqslant n\}$ 全都出现在 $\mathrm{d}f + \delta f$ 中. 至于 Gårding 不等式的证明, 则采用几何恒等式显得比较简洁. 根据 Weitzenböck 公式 (看 [W2], 第 14 页或 [W3], §12), 对于 $f \in A^*$ 有

$$\Delta f = -\sum_i \mathrm{D}_{X_iX_i}^2 f + \sum_{i,j} \omega^i \wedge i(X_j)R_{X_iX_j}f, \tag{25}$$

其中

$$\mathrm{D}_{XY}^2 f = \mathrm{D}_X\mathrm{D}_Y f - \mathrm{D}_{\mathrm{D}_XY}f,$$
$$R_{XY}f = -\mathrm{D}_X\mathrm{D}_Y f + \mathrm{D}_Y\mathrm{D}_X f + \mathrm{D}_{[X,Y]}f$$

是作用在 f 上的曲率算子. 另一个标准计算 (看 [W2], 第 16 页) 给出

$$-\Delta|f|^2 = 2\sum_i |\mathrm{D}_{X_i}f|^2 + 2\left\langle \sum_i \mathrm{D}^2_{X_iX_i}f, f\right\rangle. \tag{26}$$

综合上面两式得到

$$\langle \Delta f, f\rangle = \sum_i |\mathrm{D}_{X_i}f|^2 + \frac{1}{2}\Delta|f|^2$$

$$+ \left\langle \sum_{i,j} \omega^i \wedge i(X_j)R_{X_iX_j}f, f\right\rangle$$

$$\geqslant \sum_i |\mathrm{D}_{X_i}f|^2 + \frac{1}{2}\Delta|f|^2 - a_1|f|^2, \tag{27}$$

其中 a_1 是与 f 无关的正常数. 最后的不等号是因为在表达式 $\left\langle \sum_{i,j} \omega^i \wedge i(X_j)\cdot\right.$ $\left. R_{X_iX_j}f, f\right\rangle$ 中不涉及 f 的微分 (注意: R_{XY} 的定义虽涉及协变微分, 但熟知对于函数 α 则有 $R_{XY}(\alpha f) = \alpha R_{XY}f$), 故它只是 f 的一个二次型, 其系数只与流形的曲率张量有关; 由于 M 是紧致的, 故满足上式的常数 a_1 是存在的. 将 (27) 式在 M 上积分, 利用引理 1 及 (18) 式即得 Gårding 不等式.

注记　事实上, Gårding 不等式对于任意的强椭圆算子都是成立的, 证明的方法在原则上同前面的证明没有实质性区别, 关键总是利用分部积分变换求导的对象. 例如在 (26) 式中第二项 $\left\langle \sum_i \mathrm{D}^2_{X_iX_i}f, f\right\rangle$ 化为 $-\sum_i \langle \mathrm{D}_{X_i}f, \mathrm{D}_{X_i}f\rangle$ 加上附加项 $-\frac{1}{2}\Delta|f|^2$. 根据引理 1, 这附加项在 M 上的积分总是零.

关于算子 P 的正则性及 Rellich 引理, 可参考 [W1] 的 §13 和 §16; 那两节讨论的是 $\boldsymbol{R}^n$ 中的分析, 不涉及前面的内容, 可以直接阅读. 我们先考虑 Rellich 引理, 因为它完全是一般性的命题, 不是与某个特定的算子联系在一起的.

假定 $\{\varphi_i\}$ 是 A^* 中的一个序列, 使得 $\|\varphi_i\|_1 \leqslant 1$, 我们要从中抽出一个子序列, 使它关于模 $\|\cdot\|_0$ 是 Cauchy 序列, 设 $\{U_\alpha\}_{1\leqslant\alpha\leqslant Q}$ 是 M 的由坐标球域构成的覆盖, $\{\eta_\alpha\}$ 是从属于它的单位分解. 因此存在常数 $c > 0$, 使得对于任意的 α, i 都有

$$\|\eta_\alpha \varphi_i\|_1 \leqslant c.$$

让 α 固定, 则 $\{\eta_\alpha\varphi_i\}$ 成为 A^* 中关于模 $\|\cdot\|_1$ 一致有界的序列, 并且每一个 $\eta_\alpha\varphi_i$ 的支集在 U_α 内. 把 U_α 看作 $\boldsymbol{R}^n$ 中的开子集, 设 $\boldsymbol{R}^n$ 的笛卡儿坐标是 $x^1, \cdots, x^n$,

并且设 $\psi_i = \eta_\alpha \cdot \varphi_i$. 根据关于 Sobolev 空间 $\underset{\sim}{H_s}(M)$ 的注记不难看出, 存在与 i 无关的常数 $\tilde{c} > 0$, 使得

$$\int_{\boldsymbol{R}^n} |\psi_i|^2 \mathrm{d}x + \int_{\boldsymbol{R}^n} \sum_A \left| \frac{\partial \psi_i}{\partial x^A} \right| \mathrm{d}x \leqslant \tilde{c}^2, \tag{28}$$

其中 $\dfrac{\partial \psi_i}{\partial x^A}$ 表示 ψ_i 的系数对 x^A 求偏导数, $|\cdot|$ 是 $\boldsymbol{R}^n$ 中的模, $\mathrm{d}x$ 表示 $\boldsymbol{R}^n$ 中的标准体积元素. 不妨假定支集 supp ψ_i 包含在单位球 $B^n \subset \boldsymbol{R}^n$ 内. 我们**断言**: 在上述假定下, 存在 $\{\psi_i\}$ 的一个子序列 (仍记作 $\{\psi_i\}$), 使得当 $j_1, j_2 \to \infty$ 时有

$$\int_{\boldsymbol{R}^n} |\psi_{j_1} - \psi_{j_2}|^2 \mathrm{d}x \to 0.$$

该断言等价于说 $\|\psi_{j_1} - \psi_{j_2}\|_0 \to 0$, 即 $\{\eta_\alpha \varphi_i\}$ 是 $\underset{\sim}{H_0}(M)$ 中的 Cauchy 序列. 让 α 遍历 $1, 2, \cdots, \Omega$, 每一次按上述方式抽取子序列, 我们把最终得到的子序列仍记作 $\{\varphi_k\}$, 则对每一个 $\alpha, \{\eta_\alpha \cdot \varphi_k\}$ 是 $\underset{\sim}{H_0}(M)$ 中的 Cauchy 序列. 因此, 当 $k_1, k_2 \to \infty$ 时,

$$\|\varphi_{k_1} - \varphi_{k_2}\|_0 = \left\| \sum_\alpha \eta_\alpha (\varphi_{k_1} - \varphi_{k_2}) \right\|_0$$
$$\leqslant \sum_\alpha \|\eta_\alpha \varphi_{k_1} - \eta_\alpha \varphi_{k_2}\|_0 \to 0.$$

这就是说, $\{\varphi_k\}$ 本身是 $H_0(M)$ 中的 Cauchy 序列, Rellich 引理为真.

剩下还要证明前面的**断言**. 为此先引进**卷积**的概念. 取定 $\chi \in C_0^\infty(\boldsymbol{R}^n)$ (有紧致支集的光滑函数的集合), 使得 $\chi \geqslant 0, \mathrm{supp}\, \chi \subset B^n$, 并且 $\displaystyle\int_{\boldsymbol{R}^n} \chi \mathrm{d}x = 1$. 对于任意的 $\varepsilon > 0$, 命 $\chi_\varepsilon(x) = \dfrac{1}{\varepsilon^n} \chi\left(\dfrac{x}{\varepsilon}\right)$, 则 $\mathrm{supp}\, \chi_\varepsilon$ 包含在半径为 ε 的球内, 并且仍旧有 $\displaystyle\int_{\boldsymbol{R}^n} \chi_\varepsilon \mathrm{d}x = 1$. 设 $f \in L^2(\boldsymbol{R}^n)$, 定义卷积

$$(f * \chi_\varepsilon)(x) = \int_{\boldsymbol{R}^n} f(y) \chi_\varepsilon(x - y) \mathrm{d}y.$$

上述卷积的作用就是用光滑函数来 L^2-逼近已知函数 f. 实际上, 我们有以下三个性质:

　　(i) $\mathrm{supp}\,(f * \chi_\varepsilon) \subset (\mathrm{supp}\, f) + (\mathrm{supp}\, \chi_\varepsilon)$. 右边的 "+" 号是指 $\boldsymbol{R}^n$ 中的加法运算;

　　(ii) $f * \chi_\varepsilon$ 是光滑函数;

(iii) 当 $\varepsilon \to 0$ 时, $f * \chi_\varepsilon \xrightarrow{L^2} f$.

性质 (i) 的证明可以从 $f * \chi_\varepsilon$ 的另一个写法得到:

$$(f * \chi_\varepsilon)(x) = \int_{\mathbf{R}^n} f(x - \varepsilon y) \chi(y) \mathrm{d}y.$$

要证明 (ii), 我们先证

$$\frac{\partial}{\partial x^i}(f * \chi_\varepsilon)(x) = \int_{\mathbf{R}^n} f(y) \frac{\partial}{\partial x^i} \chi_\varepsilon(x - y) \mathrm{d}y. \tag{29}$$

根据导数的定义有

$$\frac{\partial}{\partial x^i}(f * \chi_\varepsilon)(x) = \lim_{\Delta x^i \to 0} \frac{(f * \chi_\varepsilon)(x + \Delta x^i) - (f * \chi_\varepsilon)(x)}{\Delta x^i}.$$

现在用 $f * \chi_\varepsilon$ 的定义将右端展开, 再用中值定理及 Lebesgue 有界收敛定理即得 (29) 式的右边. 从 (29) 推出 (ii), 只是一个简单的逐次取微商的过程. (iii) 的证明比较有意思. 我们先证一个关于卷积的常用不等式: 如果 g 是 $\mathbf{R}^n$ 上的函数, 暂时用 $|g|_{L^p}$ 来记 g 在 $\mathbf{R}^n$ 上的 L^p-模, 即

$$|g|_{L^p} = \left(\int_{\mathbf{R}^n} |g(x)|^p \mathrm{d}x \right)^{\frac{1}{p}}, \tag{30}$$

则有

$$|f * \chi_\varepsilon|_{L^2} \leqslant |\chi|_{L^1} \cdot |f|_{L^2}. \tag{31}$$

(注意: 从 χ 的定义有 $|\chi|_{L^1} = 1$, 但是 (31) 的证明并不依赖这个事实, 所以右边仍保留 χ 的 L^1-模.) 从直接运算得到

$$
\begin{aligned}
|f * \chi_\varepsilon|_{L^2}^2 &= \int_{\mathbf{R}^n} \mathrm{d}x \left| \int_{\mathbf{R}^n} f(x - \varepsilon y) \chi(y) \mathrm{d}y \right|^2 \\
&= \int_{\mathbf{R}^n} \mathrm{d}x \left| \int_{\mathbf{R}^n} f(x - \varepsilon y) \sqrt{\chi(y)} \sqrt{\chi(y)} \mathrm{d}y \right|^2 \\
&\leqslant \int_{\mathbf{R}^n} \mathrm{d}x \left(\int_{\mathbf{R}^n} |f(x - \varepsilon y)|^2 \cdot |\chi(y)| \mathrm{d}y \right) \\
&\quad \cdot \int_{\mathbf{R}^n} |\chi(y)| \mathrm{d}y \\
&= |\chi|_{L^1} \cdot \int_{\mathbf{R}^n} |\chi(y)| \mathrm{d}y \cdot \int_{\mathbf{R}^n} |f(x - \varepsilon y)|^2 \mathrm{d}x \\
&= |\chi|_{L^1}^2 \cdot \int_{\mathbf{R}^n} |f(x)|^2 \mathrm{d}x = |\chi|_{L^1}^2 \cdot |f|_{L^2}^2,
\end{aligned}
$$

(31) 式得证. 下面我们来证明性质 (iii). 设 $f \in L^2(\boldsymbol{R}^n)$, 熟知有 $\{f_i\} \subset C_0^0(\boldsymbol{R}^n)$ (有紧致支集的连续函数), 使得 $|f - f_i|_{L^2} \to 0$. 由 (31) 式立即得到: $\forall \varepsilon$, 当 $i \to \infty$ 时有

$$|f * \chi_\varepsilon - f_i * \chi_\varepsilon|_{L^2} \to 0. \tag{32}$$

容易验证, 如果 g 是 $\boldsymbol{R}^n$ 上的连续函数, 则在每一个紧集上, 当 $\varepsilon \to 0$ 时, 一致地有 $g * \chi_\varepsilon \to g$. 现设 $f \in C_0^0(\boldsymbol{R}^n)$, 命 K 是包含 $\operatorname{supp} f$ 的紧集. 性质 (i) 蕴涵着 $\operatorname{supp}(f * \chi_\varepsilon) \subset K + B^n$. 于是在紧集 $K + B^n$ 上, $f * \chi_\varepsilon$ 一致收敛于 f; 而在 $\boldsymbol{R}^n \backslash (K + B^n)$ 上, $f * \chi_\varepsilon$ 和 f 恒等于零, 所以对于 $f \in C_0^0(\boldsymbol{R}^n)$ 有

$$f * \chi_\varepsilon \xrightarrow{L^2} f. \tag{33}$$

因此, 对于任意给定的 $\delta > 0$, 由 (32) 知必存在 N, 当 $i > N$ 时有 $|f * \chi_\varepsilon - f_i * \chi_\varepsilon|_{L^2} < \delta/4$; 不妨设对于 $i > N$ 也同时有 $|f - f_i|_{L^2} < \delta/4$. 固定一个这样的 i, 由 (33) 必存在 $\varepsilon_0 > 0$, 使得当 $\varepsilon < \varepsilon_0$ 时有 $|f_i * \chi_\varepsilon - f_i|_{L^2} < \dfrac{\delta}{4}$. 所以, 当 $\varepsilon < \varepsilon_0$ 时有

$$
\begin{aligned}
|f * \chi_\varepsilon - f|_{L^2} &= |f * \chi_\varepsilon - f_i * \chi_\varepsilon + f_i * \chi_\varepsilon - f_i + f_i - f|_{L^2} \\
&\leqslant |f * \chi_\varepsilon - f_i * \chi_\varepsilon|_{L^2} + |f_i * \chi_\varepsilon - f_i|_{L^2} + |f_i - f|_{L^2} \\
&\leqslant \frac{3}{4}\delta < \delta,
\end{aligned}
$$

性质 (iii) 得证.

读者可以看出来, 性质 (iii) 的证明是分成两部分的. 首先定义算子 T_ε: $L^2(\boldsymbol{R}^n) \to C^\infty(\boldsymbol{R}^n)$ 为 $T_\varepsilon(f) = f * \chi_\varepsilon$. 则 (31) 式可以表达为: T_ε 是有界算子. 然后, (33) 式则表明, 在 $L^2(\boldsymbol{R}^n)$ 的子空间 $C_0^0(\boldsymbol{R}^n)$ 上, T_ε 在 $\varepsilon \to 0$ 时收敛于恒同算子, 两者合起来, 则得性质 (iii).

如果 ψ 是 $\boldsymbol{R}^n$ 上的一个外微分式, 则 $\psi * \chi_\varepsilon$ 是指 ψ 的各个系数对于 χ_ε 作卷积. 这时, 性质 (i)—(iii) 仍是成立的. 现在回到前面断言的证明. 先证明下面 (α) 和 (β) 两个事实:

(α) 设 $k \in C_0^0(\boldsymbol{R}^n)$, Ω 是 $\boldsymbol{R}^n$ 中的有界域. 定义算子 $K: L^2(\Omega) \to L^2(\boldsymbol{R}^n)$, 使得 $K(f) = f * k$. 则 K 是紧算子.

为此假定 $\{f_i\}$ 是 $L^2(\Omega)$ 中一致有界的序列, 不妨设 $|f_i|_{L^2(\Omega)} \leqslant 1$. 由定义及

Schwarz 不等式得到

$$|K(f_i)(x)| = \left| \int_\Omega f_i(y)k(x-y)\mathrm{d}y \right|$$
$$\leqslant |k|_{L^2} \cdot |f_i|_{L^2(\Omega)} \leqslant |k|_{L^2},$$

故 $\{K(f_i)\}$ 是一致有界的. 若 $x_1, x_2 \in \boldsymbol{R}^n$, 则

$$|K(f_i)(x_1) - K(f_i)(x_2)|$$
$$= \left| \int_\Omega f_i(y)[k(x_2-y)-k(x_1-y)]\mathrm{d}y \right|$$
$$\leqslant \sup_y |k(x_2-y)-k(x_1-y)| \cdot \int_\Omega |f_i(y)|\mathrm{d}y$$
$$\leqslant \sup_y |k(x_2-y)-k(x_1-y)| \cdot \left(\int_\Omega \mathrm{d}y \right)^{1/2} \cdot |f_i|_{L^2(\Omega)}.$$

因为 $k \in C_0^0(\boldsymbol{R}^n)$, 故 k 在 $\boldsymbol{R}^n$ 上一致连续, 所以有常数 $c > 0$, 使得 $\sup_y |k(x_2-y)-k(x_1-y)| \leqslant c|x_2-x_1|$. 由此可见, $\{K(f_i)\}$ 是等度连续序列. 由 Ascoli-Arzela 定理, 在 $\{K(f_i)\}$ 中存在 L^2-Cauchy 子序列, 这说明 K 是紧算子.

(β) 设 Ω 是 $\boldsymbol{R}^n$ 中的有界域, 并且 $\psi \in A^*(\boldsymbol{R}^n)$, 使得 $\mathrm{supp}\,\psi \subset \Omega$, 并且

$$\|\psi\|_1^2 \equiv \int_{\boldsymbol{R}^n} |\psi|^2 \mathrm{d}x + \int_{\boldsymbol{R}^n} \sum_A \left| \frac{\partial \psi}{\partial x^A} \right|^2 \mathrm{d}x < +\infty,$$

则存在与 ψ 无关的常数 $A > 0$, 使得

$$|\psi - \psi * \chi_\varepsilon|_{L^2} \leqslant \varepsilon \cdot A \cdot |\chi|_{L^2} \cdot \|\psi\|_1. \tag{34}$$

为证明这个事实, 命

$$g_y(x) = \psi(x+y) - \psi(x),$$

则

$$(\psi - \psi * \chi_\varepsilon)(x) = \psi(x) - \int_{\boldsymbol{R}^n} \psi(y)\chi_\varepsilon(x-y)\mathrm{d}y$$
$$= \int_{|y| \leqslant 1} [\psi(x) - \psi(x-\varepsilon y)]\chi(y)\mathrm{d}y$$
$$= -\int_{|y| \leqslant 1} g_{-\varepsilon y}(x)\chi(y)\mathrm{d}y.$$

由 Schwarz 不等式得到

$$|(\psi - \psi * \chi_\varepsilon)(x)|^2 \leqslant |\chi|_{L^2}^2 \cdot \int_{|y| \leqslant 1} |g_{-\varepsilon y}(x)|^2 \mathrm{d}y.$$

但是

$$g_{-\varepsilon y}(x) = \psi(x - \varepsilon y) - \psi(x)$$
$$= -\sum_{j=1}^{n} \varepsilon y^j \int_0^1 \frac{\partial \psi}{\partial x^j}(x - t\varepsilon y)\mathrm{d}t,$$

故

$$|g_{-\varepsilon y}(x)|^2 \leqslant \varepsilon^2 \sum_{j=1}^{n} (y^j)^2 \sum_{i=1}^{n} \int_0^1 \left|\frac{\partial \psi}{\partial x^i}(x - t\varepsilon y)\right|^2 \mathrm{d}t.$$

将上式两边在 $\boldsymbol{R}^n$ 上关于 x 求积分得到

$$\int_{\boldsymbol{R}^n} |g_{-\varepsilon y}(x)|^2 \mathrm{d}x \leqslant \varepsilon^2 \sum_{j=1}^{n} (y^j)^2 \int_0^1 \mathrm{d}t \int_{\boldsymbol{R}^n} \sum_{i=1}^{n} \left|\frac{\partial \psi}{\partial x^i}(x - t\varepsilon y)\right|^2 \mathrm{d}x$$
$$\leqslant \varepsilon^2 \sum_{j=1}^{n} (y^j)^2 \cdot \|\psi\|_1^2.$$

因此

$$|\psi - \psi * \chi_\varepsilon|_{L^2}^2 \leqslant \varepsilon^2 \cdot |\chi|_{L^2}^2 \cdot \|\psi\|_1^2 \cdot \int_{|y| \leqslant 1} \sum_{j=1}^{n} (y^j)^2 \mathrm{d}y,$$

只要取 $A^2 = \displaystyle\int_{|y| \leqslant 1} \mathrm{d}y$, 便得 (34) 式.

现在可以证明断言了. 由断言的假定, 我们有序列 $\{\psi_j\} \subset A^*, \operatorname{supp} \psi_j \subset \Omega$, 且存在 $\tilde{c}$ 使得 $\|\psi_j\|_1 \leqslant \tilde{c}$. 根据事实 (α), 对每一个固定的 ε, 在 $\{\psi_i * \chi_\varepsilon\}$ 中存在一个 L^2-Cauchy 子序列 $\{\psi_j * \chi_\varepsilon\}$. 根据事实 (β), 则有

$$|\psi_{j_1} - \psi_{j_2}|_{L^2} \leqslant |(\psi_{j_1} - \psi_{j_2}) - (\psi_{j_1} - \psi_{j_2}) * \chi_\varepsilon|_{L^2} + |(\psi_{j_1} - \psi_{j_2}) * \chi_\varepsilon|_{L^2}$$
$$\leqslant \varepsilon \cdot A \cdot |\chi|_{L^2} \cdot \|\psi_{j_1} - \psi_{j_2}\|_1 + |\psi_{j_1} * \chi_\varepsilon - \psi_{j_2} * \chi_\varepsilon|_{L^2}$$
$$\leqslant \varepsilon \cdot (2\tilde{c}A|\chi|_{L^2}) + |\psi_{j_1} * \chi_\varepsilon - \psi_{j_2} * \chi_\varepsilon|_{L^2},$$

所以子序列 $\{\psi_j\}$ 是 L^2-Cauchy 序列. 断言得证.

最后, 我们证明算子 P 的正则性定理. 我们需要下面的 (弱形式) **Sobolev 引理**　设 s 是任意的非负整数, 则

$$\underset{\sim}{H}_{n+s}(M) \subset C^s(M)$$

(其中 $C^s(M)$ 是指 M 上所有 s 阶连续可微的微分式的集合, 也就是它的元素在任意的局部坐标系下的表达式的系数是 s 阶连续可微函数, $n = \dim M$).

因为 $H_{n+s}(M)$ 中的元素实际上是一个等价类, 所以上述包含关系的意义是: 对于任意的 $\varphi \in \underset{\sim}{H}_{n+s}(M)$, 能找到一个 $f \in C^s(M)$, 使得在 M 上几乎处处有 $\varphi = f$. 此外, s 次连续可微性是一个局部的概念, 所以我们先证明下面的看上去似乎较弱的引理 5.

引理 5　设 $\varphi \in \underset{\sim}{H}_{n+s}(M)$, 且 $\operatorname{supp}\varphi$ 包含在 M 的某个坐标域内, 则 $\varphi \in C^s(M)$.

从引理 5 立刻可推出 Sobolev 引理. 取单位分解 $\{\alpha_j\}$, 使得每个 α_j 是光滑的, 它的支集包含在 M 的一个坐标域内, 并且 $\sum_j \alpha_j = 1$. 设 $\varphi \in \underset{\sim}{H}_{n+s}(M)$, 由定义可知 $\alpha_j \cdot \varphi \in \underset{\sim}{H}_{n+s}(M)$. 引理 5 蕴涵 $\alpha_j \cdot \varphi \in C^s(M)$, 所以 $\varphi = \sum_j \alpha_j \cdot \varphi \in C^s(M)$. Sobolev 引理得证.

引理 5 本身的证明则完全是 $\boldsymbol{R}^n$ 上的问题, 关键是下面的 (弱形式的)

Sobolev 不等式　设 Ω 是 $\boldsymbol{R}^n$ 中的一个有界域, 则有常数 $c > 0$, 使得任意的 $f \in C_0^\infty(\Omega)$ 都适合不等式

$$\max_\Omega |f| \leqslant c \cdot \|f\|_n. \tag{35}$$

如果把 $C_0^\infty(\Omega)$ 换成 $A_0^*(\Omega)$ (即 Ω 上有紧致支集的光滑外微分式), 则上述命题也成立.

加强的 Sobolev 不等式可看 [W1], 第 144 页, 目前情形的证明比较简单 (见 [HD], 第 87 页), 但对我们来说已足够用了, 因为 f 有紧致支集, 故

$$f(x^1, \cdots, x^n) = \int_{-\infty}^{x^1} \cdots \int_{-\infty}^{x^n} \frac{\partial^n f}{\partial x^1 \cdots \partial x^n}(t^1, \cdots, t^n)\mathrm{d}t^1 \cdots \mathrm{d}t^n,$$

于是

$$\begin{aligned}|f(x^1, \cdots, x^n)| &\leqslant \int_{-\infty}^{x^1} \cdots \int_{-\infty}^{x^n} \left|\frac{\partial^n f}{\partial x^1 \cdots \partial x^n}(t^1, \cdots, t^n)\right| \mathrm{d}t^1 \cdots \mathrm{d}t^n \\ &\leqslant \int_{\boldsymbol{R}^n} \left|\frac{\partial^n f}{\partial x^1 \cdots \partial x^n}\right| \mathrm{d}x = \int_\Omega \left|\frac{\partial^n f}{\partial x^1 \cdots \partial x^n}\right| \mathrm{d}x.\end{aligned}$$

由 Schwarz 不等式得到

$$|f(x^1, \cdots, x^n)|^2 \leqslant \mathrm{vol}(\varOmega) \cdot \int_{\boldsymbol{R}^n} \left| \frac{\partial^n f}{\partial x^1 \cdots \partial x^n} \right|^2 \mathrm{d}x$$
$$\leqslant \mathrm{vol}(\varOmega) \cdot \|f\|_n^2,$$

取 $c = \mathrm{vol}(\varOmega)$, 则 (35) 式成立.

回到引理 5, 设 $\varphi \in \underset{\sim}{H}_n(M)$, $\mathrm{supp}\,\varphi \subset$ 坐标球域 B^n, 则有序列 $\{\varphi_i\} \subset A_0^*(B^n)$, 使得 $\varphi_i \xrightarrow{\|\cdot\|_n} \varphi$. 根据 Sobolev 不等式,

$$\max_{B^n} |\varphi_i - \varphi_j| \leqslant c \cdot \|\varphi_i - \varphi_j\|_n \to 0,$$

故序列 $\{\varphi_i\}$ 在 B^n 上一致收敛于 f, f 是 B^n 上有紧致支集的连续的微分式, 因而 $\varphi_i \xrightarrow{L^2} f$. 另一方面又有 $\varphi_i \xrightarrow{L^2} \varphi$, 故几乎处处有 $\varphi = f$.

一般地, 如果 $\varphi \in \underset{\sim}{H}_{n+s}(M)$, $\mathrm{supp}\,\varphi \subset B^n$, 则有 $\{\varphi_i\} \subset A_0^*(B^n)$, 使得 $\varphi_i \xrightarrow{\|\cdot\|_{n+s}} \varphi$, 于是 $\mathrm{D}^s \varphi_i$ 是模 $\|\cdot\|_n$-Cauchy 序列, 因此 $\mathrm{D}^s \varphi_i$ 一致收敛于某个在 B^n 上有紧致支集的连续的微分式 $\tilde{f}$, 故 φ_i 一致收敛于 s 次连续可微的微分式 f, 所以 φ 与 f 几乎处处相等, 引理 5 证毕.

根据 Sobolev 引理, 算子 $P = \mathrm{d} + \delta$ 的正则性定理归结为证明:

引理 6　若 $f \in \underset{\sim}{H}_s(M)$, $Pf \in \underset{\sim}{H}_s(M)$, 则有 $f \in \underset{\sim}{H}_{s+1}(M)$.

这是因为如果 $\varphi \in \underset{\sim}{H}_0(M)$, 且 $P\varphi \in A^*$, 则 $P\varphi \in \underset{\sim}{H}_0(M)$, 由引理 6 得 $\varphi \in \underset{\sim}{H}_1(M)$; 但又有 $P\varphi \in A^* \subset \underset{\sim}{H}_1(M)$, 再用引理 6 得 $\varphi \in \underset{\sim}{H}_2(M)$. 依次类推, 最终得到 $\varphi \in \underset{\sim}{H}_s(M)$, $\forall s$. 根据 Sobolev 引理, $\varphi \in A^*(M)$. P 的正则性证毕.

引理 6 可以简化为

引理 7　设 $f \in \underset{\sim}{H}_s(M)$, 而且 $\mathrm{supp}\,f$ 包含在一个充分小的坐标邻域内; 若 $Pf \in \underset{\sim}{H}_s(M)$, 则 $f \in \underset{\sim}{H}_{s+1}(M)$.

引理 7 蕴涵引理 6 的证明　设 $f \in \underset{\sim}{H}_s(M)$, $Pf \in \underset{\sim}{H}_s(M)$, 要证 $f \in \underset{\sim}{H}_{s+1}(M)$. 取光滑函数 α, 使 $\mathrm{supp}\,\alpha$ 包含在一个充分小的坐标邻域内. 显然 $\alpha \cdot f \in \underset{\sim}{H}_s(M)$. 我们断言: $P(\alpha \cdot f) \in \underset{\sim}{H}_s(M)$. 这个非常直观的结论用广义函数去证是十分简单的. 由于我们不采用广义函数的方法, 而只用到定义本身的想法, 因此其证明显得有点累赘, 同时也是十分机械的. 为此要证: 存在 $\sigma \in \underset{\sim}{H}_s(M)$,

使得 $P(\alpha \cdot f) = \sigma(\text{弱})$. 如果 $f \in A^*$, 则由 (19) 和 (20), 立刻可算出

$$P(\alpha \cdot f) = \sum_j (X_j \alpha)[\omega^j \wedge f - i(X_j)f] + \alpha \cdot Pf. \tag{36}$$

现在要证明, 即使 $f \in \underset{\sim}{H}_s(M)$, 则 (36) 式仍然成立. 精确的说法是, 若元素 $g \in \underset{\sim}{H}_s(M)$ 满足条件 $Pf = g$ (弱), 又定义

$$\sigma \equiv \sum_j (X_j \alpha)[\omega^j \wedge f - i(X_j)f] + \alpha \cdot g, \tag{37}$$

则我们要证明 $P(\alpha \cdot f) = \sigma(\text{弱})$. 显然 $\sigma \in \underset{\sim}{H}_s(M)$, 所以这个等式与前面的断言等价.

现在证上面的等式. 取 $\{f_m\} \subset A^*$, 使得 $\|f - f_m\|_s \to 0$ (当 $m \to \infty$ 时). 由于 $Pf = g$ (弱), 故对任意的 $\varphi \in A^*$ 有

$$\begin{aligned}
(\varphi, g) = (P\varphi, f) &= \lim_{m \to \infty} (P\varphi, f_m) \\
&= \lim_{m \to \infty} (\varphi, Pf_m).
\end{aligned} \tag{38}$$

同时, 由 (36) 式得到 $\forall m$, 有

$$\sum_j (X_j \alpha)[\omega^j \wedge f_m - i(X_j)f_m] = P(\alpha \cdot f_m) - \alpha \cdot Pf_m. \tag{39}$$

所以 $\forall \varphi \in A^*$, 从 (37) 及 (39) 式得到

$$\begin{aligned}
(\varphi, \sigma) &= \lim_{m \to \infty} (\varphi, P(\alpha \cdot f_m) - \alpha \cdot Pf_m + \alpha g) \\
&= (P\varphi, \alpha f) - \lim_{m \to \infty} (\alpha \varphi, Pf_m) + (\varphi, \alpha g) \\
&= (P\varphi, \alpha f) - (\alpha \varphi, g) + (\alpha \varphi, g) \ (\text{用 (38) 式}) \\
&= (P\varphi, \alpha f).
\end{aligned}$$

根据弱导数的定义得到 $P(\alpha f) = \sigma(\text{弱})$. 断言得证.

现在有 $\alpha f \in \underset{\sim}{H}_s(M)$, 且 $P(\alpha f) \in \underset{\sim}{H}_s(M)$, 由引理 7 得到 $\alpha f \in \underset{\sim}{H}_{s+1}(M)$. 命 $\{\alpha_i\}$ 是 C^∞ 单位分解, 使得 $\mathrm{supp}\,\alpha_i$ 包含在一个充分小的坐标球域内. 由于每一个 $\alpha_i f \in \underset{\sim}{H}_{s+1}(M)$, 故 $f = \sum_i \alpha_i f \in \underset{\sim}{H}_{s+1}(M)$. 引理 6 得证.

引理 7 的证明　我们首先将引理 7 简化成为 $\boldsymbol{R}^n$ 上的问题, 然后对 $\boldsymbol{R}^n$ 上的 Sobolev 空间进行讨论, 最后才回到引理 7 的证明.

设 U 为 M 上的一个坐标邻域, $\{x^1, \cdots, x^n\}$ 为 U 上的坐标. 不妨假设坐标球 $\left\{ \sum_i (x^i)^2 \leqslant 4 \right\}$ 是包含在 U 内的紧集. 命 $B^n(\rho) \equiv \left\{ \sum_i (x^i)^2 < \rho^2 \right\}, \forall \rho \leqslant 2$. 现有 $f \in \underset{\sim}{H_s}(M), Pf \in \underset{\sim}{H_s}(M)$, 并且 $\operatorname{supp} f$ 包含在充分小的坐标邻域内. 不妨设 $\operatorname{supp} f \subset B^n(1) \equiv B^n$. 要证明 $f \in \underset{\sim}{H_{s+1}}(M)$. 可以把 $B^n(2)$ 看成 $\boldsymbol{R}^n$ 中半径为 2 的开球, 这样就得先了解 $\boldsymbol{R}^n$ 上的 Sobolev 空间 (参看 [W1], §13).

设 Ω 为 $\boldsymbol{R}^n$ 的一个开集. 对每个 $s \in \boldsymbol{Z}, s \geqslant 0$, 我们将定义 Sobolev 空间 $\overset{\circ}{H_s}(\Omega)$. 命 $C_0^\infty(\Omega)$ 为 Ω 上有紧致支集的 C^∞ 函数的集合. $\forall \varphi \in C_0^\infty(\Omega)$, 定义模 $|\varphi|_s$ 为

$$|\varphi|_s^2 \equiv \sum_{|\alpha| \leqslant s} \int_\Omega |\partial^\alpha \varphi|^2 \mathrm{d}x, \tag{40}$$

其中 $\alpha \equiv (\alpha_1, \cdots, \alpha_n), \alpha_i \in \boldsymbol{Z}, \alpha_i \geqslant 0$, 而且 $|\alpha| = \alpha_1 + \cdots + \alpha_n$,

$$\partial^\alpha = \frac{\partial^{\alpha_1}}{\partial(x^1)^{\alpha_1}} \cdots \frac{\partial^{\alpha_n}}{\partial(x^n)^{\alpha_n}}.$$

与模 $|\cdot|_s$ 相对应, 亦定义内积 $(,)_s$ 为

$$(\varphi, \psi)_s \equiv \sum_{|\alpha| \leqslant s} \int_\Omega \partial^\alpha \varphi \cdot \partial^\alpha \psi \mathrm{d}x. \tag{41}$$

自然, $|\varphi|_s^2 = (\varphi, \varphi)_s$.

现在我们加一个注记. 如果 (40) 和 (41) 中的 φ, ψ 是 p 次 C^∞ 微分形式, $\operatorname{supp} \varphi \subset \Omega$, $\operatorname{supp} \psi \subset \Omega$, 则这些定义可推广为

$$|\varphi|_s^2 \equiv \sum_{|\alpha| \leqslant s} \int_\Omega |\partial^\alpha \varphi|^2 \mathrm{d}x, \tag{40'}$$

$$(\varphi, \psi)_s \equiv \sum_{|\alpha| \leqslant s} \int_\Omega \langle \partial^\alpha \varphi, \partial^\alpha \psi \rangle \mathrm{d}x, \tag{41'}$$

其中若记 $\varphi = \sum_{i_1 < \cdots < i_p} \varphi_{i_1 \cdots i_p} \mathrm{d}x^{i_1} \wedge \cdots \wedge \mathrm{d}x^{i_p}$, 则

$$\partial^\alpha \varphi \equiv \sum_{i_1 < \cdots < i_p} (\partial^\alpha \varphi_{i_1 \cdots i_p}) \mathrm{d}x^{i_1} \wedge \cdots \wedge \mathrm{d}x^{i_p},$$

$$|\partial^\alpha \varphi|^2 \equiv \sum_{i_1 < \cdots < i_p} |\partial^\alpha \varphi_{i_1 \cdots i_p}|^2,$$

$$\langle \partial^\alpha \varphi, \partial^\alpha \psi \rangle \equiv \sum_{i_1 < \cdots < i_p} \partial^\alpha \varphi_{i_1 \cdots i_p} \partial^\alpha \psi_{i_1 \cdots i_p}.$$

用 $A_0^*(\Omega)$ 表示所有在 Ω 上具有 $C_0^\infty(\Omega)$ 系数的外微分式的集合. 根据定义, Ω 上的 **Sobolev 空间** $\underset{\sim}{H}_s(\Omega)$ 就是 $A_0^*(\Omega)$ 对于 $|\cdot|_s$ 模的完备化 (其实, 正确的记号应该是 $\overset{\circ}{H}_s(\Omega)$, 而 $H_s(\Omega)$ 是指 $A^*(\Omega)$ 对于 $|\cdot|_s$ 的完备化. 但是为求简便起见, 在这里我们采用了这个简化的记号). 根据微积分的分部积分公式, 知有

$$\int_\Omega \langle \varphi, \partial^\alpha \psi \rangle \mathrm{d}x = (-1)^{|\alpha|} \int_\Omega \langle \partial^\alpha \varphi, \psi \rangle \mathrm{d}x,$$

$\forall \varphi, \psi \in A_0^*(\Omega)$, 亦即

$$(\varphi, \partial^\alpha \psi)_0 = (-1)^{|\alpha|} (\partial^\alpha \varphi, \psi)_0. \tag{42}$$

由此可见, 若 S 是一个 m 阶的线性微分算子, 则有一个 m 阶的线性微分算子 S^*(称为 S 的形式共轭算子), 使得 $\forall \varphi, \psi \in A_0^*(\Omega)$ 有

$$(\varphi, S\psi)_0 = (S^*\varphi, \psi)_0. \tag{42'}$$

显然, 如果 S 是 ∂^α, 则 (42) 蕴含着 S^* 是 $(-1)^{|\alpha|}\partial^\alpha$. 容易验证:

(i) $\underset{\sim}{H}_0(\Omega) = L^2(\Omega)$;

(ii) $\forall t \geqslant s \geqslant 0, H_t(\Omega) \subset \underset{\sim}{H}_s(\Omega) \subset \underset{\sim}{H}_0(\Omega)$.

又定义: 设 S 是线性微分算子, $h \in \underset{\sim}{H}_s(\Omega)$. 如果存在 $g \in \underset{\sim}{H}_0(\Omega)$, 使得 $\forall \varphi \in A_0^*(\Omega)$ 有 $(h, S^*\varphi) = (g, \varphi)$, 则称 $Sh = g$(弱), 或 $Sh \in \underset{\sim}{H}_0(\Omega)$. 从 (42′) 式可见, 若 h 本身是 C^∞ 微分形式, 则 $Sh = g$(弱) 与普通意义下的 $Sh = g$ 是一致的. 又从一般性推论可知, 如果 $Sh = g$(弱), 则 g 在 $\underset{\sim}{H}_0(\Omega)$ 内是唯一的 (即除了在 Ω 的一个零测集上的值以外, g 是唯一确定的). 又有:

$$\text{若 } h \in \underset{\sim}{H}_s(\Omega), \quad \text{则 } \partial^\alpha h \in \underset{\sim}{H}_0(\Omega), \forall |\alpha| \leqslant s. \tag{43}$$

证明如下: 设 $h \in \underset{\sim}{H}_s(\Omega)$, 则存在序列 $\{h_i\} \subset A_0^*(\Omega)$, 使得当 $i \to \infty$ 时, $|h-h_i|_s \to 0$. 所以当 $i, j \to \infty$ 时, $|h_i - h_j|_s \to 0$. 由 $|\cdot|_s$ 的定义可知, $\forall \alpha, |\alpha| \leqslant s$, 则有 $|\partial^\alpha h_i - \partial^\alpha h_j|_0 \to 0$. 固定 α, 由于 $\underset{\sim}{H}_0(\Omega)$ 是完备的, 故有 $h^\alpha \in \underset{\sim}{H}_0(\Omega)$, 使得当 $i \to \infty$ 时, $|\partial^\alpha h_i - h^\alpha|_0 \to 0$. 所以, 如果 $\varphi \in A_0^*(\Omega)$, 则

$$\begin{aligned}
(h, \partial^\alpha \varphi)_0 &= \lim_{i\to\infty} (h_i, \partial^\alpha \varphi) \\
&= (-1)^{|\alpha|} \lim_{i\to\infty} (\partial^\alpha h_i, \varphi) \\
&= (-1)^{|\alpha|} (h^\alpha, \varphi)_0,
\end{aligned}$$

这就是说, $\partial^\alpha h = h^\alpha$(弱), (43) 得证.

很明显, 如果 $h \in H_s(\Omega), S$ 是 m 阶线性微分算子, $m \leqslant s$, 则由 (43) 得到 $Sh \in H_0(\Omega)$. 因此 (43) 对于阶不超过 s 的线性微分算子都是对的. 反过来, 下面的断言也成立:

$$\text{设 } h \in H_0(\Omega), \operatorname{supp} h \subset B^n, \text{ 而且 } \partial^\alpha h \in H_0(\Omega),$$
$$\forall \alpha, |\alpha| \leqslant s, \quad \text{则必有 } h \in H_s(\Omega). \tag{44}$$

这个断言的证明要用到前面所引进的卷积以及基本性质 (i)—(iii). 定义 $h_\varepsilon \equiv h * \chi_\varepsilon$, 其中 $\varepsilon < \dfrac{1}{2}$. 根据性质 (i) 和 (ii), 知有 $h_\varepsilon \in A_0^*(\Omega)$. 又根据性质 (iii), $|h - h_\varepsilon|_0 \to 0$ (当 $\varepsilon \to 0$ 时). 现在要证明: 若 $|\alpha| \leqslant s$, 则 $\{\partial^\alpha h_\varepsilon\}$ 在 $H_0(\Omega)$ 内收敛. 事实上, 根据定义,

$$\partial^\alpha h_\varepsilon(x) = \partial^\alpha (h * \chi_\varepsilon)(x) = \int_\Omega h(y) \partial_x^\alpha \chi_\varepsilon(x - y) \mathrm{d}y,$$

其中 ∂_x^α 表示是对于 x 的微分. 但是, 显然有 $\partial_x^\alpha \chi_\varepsilon(x-y) = (-1)^{|\alpha|} \cdot \partial_y^\alpha \chi_\varepsilon(x-y)$, 所以如果固定 x 而把 $\chi_\varepsilon(x-y)$ 看作 y 的函数, 则 $\chi_\varepsilon(x-y) \in C_0^\infty(\Omega)$ $\Big($其实, 既然知道 $\operatorname{supp} h_\varepsilon \subset B^n(1+\varepsilon)$, 那么只需考虑 $x \in B^n(1+\varepsilon)$. 于是, 作为 y 的函数, $\chi_\varepsilon(x-y)$ 满足 $\operatorname{supp} \chi_\varepsilon(x-y) \subset B^n(1+2\varepsilon) \subset B^n(2) \subset \Omega$, 其中取 $\varepsilon < \dfrac{1}{2}\Big)$. 所以, 由弱导数的定义 (参看 (42)) 得

$$\partial^\alpha h_\varepsilon(x) = (-1)^{|\alpha|}(h, \partial_y^\alpha \chi_\varepsilon)$$
$$= (\partial^\alpha h, \chi_\varepsilon)$$
$$= \int_\Omega (\partial^\alpha h)(y) \chi_\varepsilon(x-y) \mathrm{d}y$$
$$= (\partial^\alpha h * \chi_\varepsilon)(x).$$

再次利用性质 (iii) 得到当 $\varepsilon \to 0$ 时, 有 $\partial^\alpha h_\varepsilon = (\partial^\alpha h) * \chi_\varepsilon \xrightarrow{L^2(\Omega)} \partial^\alpha h$. 由于 $\forall |\alpha| < s, \{\partial^\alpha h_\varepsilon\}$ 是 $H_0(\Omega)$ 内的 Cauchy 序列, 从 $|\cdot|_s$ 模的定义可知 $\{h_\varepsilon\}$ 是 $H_s(\Omega)$ 内的 Cauchy 序列. 命 $\{h_\varepsilon\}$ 在 $H_s(\Omega)$ 内收剑于 $\overline{h} \in H_s(\Omega)$. 但是, 如果把 $\overline{h}$ 和 h 都看作 $H_0(\Omega)$ 内的元素, 则有 $h_\varepsilon \to h$ 和 $h_\varepsilon \to \overline{h}$, 所以 $h = \overline{h}$. 因此, $|h - h_\varepsilon|_s \to 0$, 亦即断言 (44) 成立.

现在回到原来的问题: 设 $f \in H_s(M)$, 而且 $\operatorname{supp} f \subset B^n, Pf \in H_s(M)$. 要证 $f \in H_{s+1}(M)$. 命 $\Omega = B^n(2)$, 上面的假设因此可以写成 $f \in H_s(\Omega), Pf \in H_s(\Omega)$

(参看 (17) 式后面的注记). 所以引理 7 变成: 设 $f \in \underset{\sim}{H_s}(\Omega), \operatorname{supp} f \subset B^n, Pf \in \underset{\sim}{H_s}(\Omega)$, 则 $f \in \underset{\sim}{H_{s+1}}(\Omega)$. 我们将要证明一个看上去比较弱的断言:

$$\text{若 } f \in \underset{\sim}{H_0}(\Omega), \operatorname{supp} f \subset B^n, \quad Pf \in \underset{\sim}{H_0}(\Omega), \quad \text{则 } f \in \underset{\sim}{H_1}(\Omega). \tag{45}$$

我们先指出引理 7 可以从 (45) 推出. 为此, 我们考虑算子 P 在局部坐标 $\{x^i\}$ 下的表达式. 命 $\mathrm{D}_i \equiv \mathrm{D}_{\frac{\partial}{\partial x^i}}$, 又命黎曼度量的局部表示是 $\sum_{i,j} g_{ij} \mathrm{d}x^i \mathrm{d}x^j$. 从 (19) 和 (20) 立刻可得

$$\mathrm{d} = \sum_i \mathrm{d}x^i \wedge \mathrm{D}_i, \tag{46}$$

$$\delta = -\sum_{j,k} g^{jk} \cdot i\left(\frac{\partial}{\partial x^j}\right) \mathrm{D}_k. \tag{47}$$

设 Γ^i_{jk} 是 Christoffel 符号, 即

$$\Gamma^i_{jk} = \frac{1}{2} \sum_l g^{il} \left(\frac{\partial g_{jl}}{\partial x^k} + \frac{\partial g_{lk}}{\partial x^j} - \frac{\partial g_{jk}}{\partial x^l} \right),$$

则对于任意一个 p 次外微分式

$$\varphi \equiv \sum_{i_1, \cdots, i_p} \frac{1}{p!} \varphi_{i_1 \cdots i_p} \mathrm{d}x^{i_1} \wedge \cdots \wedge \mathrm{d}x^{i_p},$$

必有

$$\mathrm{D}_j \varphi = \sum_{i_1, \cdots, i_p} \frac{1}{p!} (\mathrm{D}_j \varphi_{i_1 \cdots i_p}) \mathrm{d}x^{i_1} \wedge \cdots \wedge \mathrm{d}x^{i_p},$$

其中

$$\mathrm{D}_j \varphi_{i_1 \cdots i_p} = \frac{\partial \varphi_{i_1 \cdots i_p}}{\partial x^j} - \sum_{\nu=1}^p \sum_k \varphi_{i_1 \cdots i_{\nu-1} k i_{\nu+1} \cdots i_p} \Gamma^k_{i_\nu j}. \tag{48}$$

由 (46) 立即可得

$$\mathrm{d}\varphi = \sum_{i_1, \cdots, i_{p+1}} \frac{1}{(p+1)!} (\mathrm{d}\varphi)_{i_1 \cdots i_{p+1}} \mathrm{d}x^{i_1} \wedge \cdots \wedge \mathrm{d}x^{i_{p+1}}, \tag{49}$$

其中

$$(\mathrm{d}\varphi)_{i_1 \cdots i_{p+1}} = \sum_{\nu=1}^{p+1} (-1)^{\nu-1} \mathrm{D}_{i_\nu} \varphi_{i_1 \cdots \widehat{i_\nu} \cdots i_{p+1}}$$

($\widehat{i_\nu}$ 表示该指标被删除), 又由 (47) 式得到

$$\delta\varphi = \sum_{i_1,\cdots,i_{p-1}} \frac{1}{(p-1)!} (\delta\varphi)_{i_1\cdots i_{p-1}} \mathrm{d}x^{i_1} \wedge \cdots \wedge \mathrm{d}x^{i_{p-1}}, \qquad (50)$$

其中

$$(\delta\varphi)_{i_1\cdots i_{p-1}} = -\sum_{j,k} g^{jk} \mathrm{D}_j \varphi_{ki_1\cdots i_{p-1}}.$$

已知 $P = \mathrm{d} + \delta$, 故 (49), (50) 说明 P 是一阶线性微分算子. 用 (42′) 的记号, P 有形式共轭算子 P^*. 显然, $\partial^\alpha P - P\partial^\alpha$ 也是线性微分算子, 而且它的形式共轭算子是 $(-1)^{|\alpha|}(P^*\partial^\alpha - \partial^\alpha P^*)$. 我们要指出线性微分算子 $\partial^\alpha P - P\partial^\alpha$ 的阶不会超过 $|\alpha|$, 即对于任意的 $\varphi \in A_0^*(\Omega), (\partial^\alpha P - P\partial^\alpha)\varphi$ 只涉及 $\partial^\beta\varphi$, 其中 $|\beta| \leqslant |\alpha|$. 实际上, 对于 p 次微分式 φ 有

$$(\partial^\alpha \circ \mathrm{d} - \mathrm{d} \circ \partial^\alpha)\varphi = \frac{1}{(p+1)!} \sum_{i_1,\cdots,i_{p+1}} [\partial^\alpha(\mathrm{d}\varphi)_{i_1\cdots i_{p+1}}$$
$$-(\mathrm{d}(\partial^\alpha\varphi))_{i_1\cdots i_{p+1}}] \cdot \mathrm{d}x^{i_1} \wedge \cdots \wedge \mathrm{d}x^{i_{p+1}},$$

而且

$$\partial^\alpha(\mathrm{d}\varphi)_{i_1\cdots i_{p+1}} - (\mathrm{d}(\partial^\alpha\varphi))_{i_1\cdots i_{p+1}}$$
$$= \sum_{\nu=1}^{p+1} (-1)^{\nu+1}\{\partial^\alpha(\mathrm{D}_{i_\nu}\varphi_{i_1\cdots\widehat{i_\nu}\cdots i_{p+1}}) - \mathrm{D}_{i_\nu}(\partial^\alpha\varphi_{i_1\cdots\widehat{i_\nu}\cdots i_{p+1}})\},$$

在上式中 $(|\alpha|+1)$ 次偏微商的项是彼此抵消的. 另外,

$$(\partial^\alpha \circ \delta - \delta \circ \partial^\alpha)\varphi = -\frac{1}{(p-1)!} \sum_{i_1,\cdots,i_{p-1}} \sum_{j,k} [\partial^\alpha(g^{jk}\mathrm{D}_j\varphi_{ki_1\cdots i_{p-1}})$$
$$-g^{jk}\mathrm{D}_j(\partial^\alpha\varphi_{ki_1\cdots i_{p-1}})]\mathrm{d}x^{i_1} \wedge \cdots \wedge \mathrm{d}x^{i_{p-1}},$$

其中涉及 $\varphi_{ki_1\cdots i_{p-1}}$ 的 $(|\alpha|+1)$ 次偏微商的项也是彼此抵消的. 由此可见, 算子 $\partial^\alpha P - P\partial^\alpha = (\partial^\alpha \circ \mathrm{d} - \mathrm{d} \circ \partial^\alpha) + (\partial^\alpha \circ \delta - \delta \circ \partial^\alpha)$ 在形式上是一个 $(|\alpha|+1)$ 阶微分算子, 但是由于巧妙的相互抵消, 故实际上它只是一个 $|\alpha|$ 阶算子. 这个观察是很重要的.

现在可以证明 (45) 蕴涵引理 7. 设 $f \in H_s(\Omega), Pf \in H_s(\Omega), \operatorname{supp} f \subset B^n$. 要证明 $f \in H_{s+1}(\Omega)$. 若 $|\alpha| \leqslant s$, 则 $\partial^\alpha P - P\partial^\alpha$ 的阶不会超过 s, 由 (43) 得到 $(\partial^\alpha P - P\partial^\alpha)f \in H_0(\Omega)$. 但是, 由假设 $Pf \in H_s(\Omega)$, 又由 (43) 得到 $\partial^\alpha Pf \in$

$H_0(\Omega)$, 故 $P\partial^\alpha f \in H_0(\Omega)$, 且 $\partial^\alpha f \in H_0(\Omega)$; 由 (45) 得到 $\partial^\alpha f \in H_1(\Omega), \forall |\alpha| \leqslant s$. 再次用 (43) 得到 $\dfrac{\partial}{\partial x^i}(\partial^\alpha f) \in H_0(\Omega), \forall i$, 即 $\partial^\beta f \in H_0(\Omega), \forall |\beta| \leqslant s+1$. 由 (44) 可知 $f \in H_{s+1}(\Omega)$. 引理 7 得证.

当然我们还要补证 (45). 根据 Gårding 不等式, 存在 $c_1 > 0, c_2 > 0$, 使得对任意的 $\varphi \in A_0^*(\Omega)$ 有

$$|\varphi|_1^2 \leqslant \frac{1}{c_1}(|P\varphi|_0^2 + c_2|\varphi|_0^2) \tag{51}$$

(为方便起见, 对任意的 s, 我们用 $H_s(\Omega)$ 的模 $|\cdot|_s$ 而不用模 $\|\cdot\|_s$). 对充分小的 $\varepsilon > 0, \delta > 0$, 命

$$\varphi_{\varepsilon,\delta} \equiv f * \chi_\varepsilon - f * \chi_\delta.$$

根据卷积的性质 (iii) 立得

$$|\varphi_{\varepsilon,\delta}|_0 \to 0 \ (当 \ \varepsilon \to 0, \delta \to 0 \ 时). \tag{52}$$

此外

$$\begin{aligned}
|P\varphi_{\varepsilon,\delta}|_0 &= |P(f * \chi_\varepsilon) - P(f * \chi_\delta)|_0 \\
&\leqslant |P(f * \chi_\varepsilon) - (Pf) * \chi_\varepsilon|_0 + |(Pf) * \chi_\varepsilon - (Pf) * \chi_\delta|_0 \\
&\quad + |(Pf) * \chi_\delta - P(f * \chi_\delta)|_0,
\end{aligned}$$

又由卷积的性质 (iii) 得到右端的第二项

$$|(Pf) * \chi_\varepsilon - (Pf) * \chi_\delta|_0 \to 0 (当 \ \varepsilon, \delta \to 0 \ 时).$$

如果我们证明了

$$|P(f * \chi_\varepsilon) - (Pf) * \chi_\varepsilon|_0 \to 0 \ (当 \ \varepsilon \to 0 \ 时), \tag{53}$$

则前面的不等式告诉我们

$$|P\varphi_{\varepsilon,\delta}|_0 \to 0 (当 \ \varepsilon, \delta \to 0 \ 时). \tag{54}$$

现在用 $\varphi_{\varepsilon,\delta}$ 取代 (51) 中的 φ, 然后用 (52), (54) 两式, 则当 $\varepsilon, \delta \to 0$ 时 $|\varphi_{\varepsilon,\delta}|_1 \to 0$, 即 $\{f * \chi_\varepsilon\}$ 在 $H_1(\Omega)$ 内一定收敛于某个 $\psi \in H_1(\Omega)$. 但是性质 (iii) 说 $\{f * \chi_\varepsilon\}$ 在 $H_0(\Omega)$ 内收敛于 f, 且 $H_1(\Omega) \subset H_0(\Omega)$, 由极限的唯一性得到 $f = \psi$. (45) 得证.

剩下要证明的是 (53), 它基本上是经典的 **Friedrichs 引理**. 由 (49), (50) 可知 P 是一阶线性微分算子, 所以可以把 P 象征性地写成 $\sum_i a_i\partial_i + b$, 其中 $\partial_i \equiv \dfrac{\partial}{\partial x^i}$, a_i, b 是 C^∞ 函数 (更确切地说, 若把微分式用它的分量来表示, 则 a_i, b 应是由 C^∞ 函数构成的方阵). 已知 $f \in \underset{\sim}{H_0}(\Omega), Pf \in \underset{\sim}{H_0}(\Omega)$, 因为 $bf \in \underset{\sim}{H_0}(\Omega)$, 故而 $\left(\sum_i a_i\partial_i f\right) \in \underset{\sim}{H_0}(\Omega)$ $\Big($更确切地说, 设 $g \in \underset{\sim}{H_0}(\Omega)$, 使得 $Pf = g$(弱), 则 $(g,\varphi)_0 = (f, P^*\varphi)_0, \forall \varphi \in A_0^*(\Omega)$, 其中 P^* 是 P 的形式共轭算子. 所以 $(g - bf, \varphi)_0 = -\left(f, \sum_i a_i\partial_i\varphi\right)_0, \forall \varphi \in A_0^*(\Omega)$. 由于 $(g - bf) \in \underset{\sim}{H_0}(\Omega)$, 这说明 $\sum_i a_i\partial_i f = g - bf$ (弱)$\Big)$. 现引进记号 $Q \equiv \sum_i a_i\partial_i$, 即

$$P = Q + b.$$

这样, 我们有

$$|P(f*\chi_\varepsilon) - (Pf)*\chi_\varepsilon|_0 \leqslant |Q(f*\chi_\varepsilon) - (Qf)*\chi_\varepsilon|_0$$
$$+|b(f*\chi_\varepsilon) - (bf)*\chi_\varepsilon|_0,$$

右端的第二项可以改写成

$$|b(f*\chi_\varepsilon) - (bf)*\chi_\varepsilon|_0 = |b(f*\chi_\varepsilon - f) + (bf - (bf)*\chi_\varepsilon)|_0$$
$$\leqslant \max_{\overline{\Omega}}|b| \cdot |f*\chi_\varepsilon - f|_0 + |bf - (bf)*\chi_\varepsilon|_0,$$

所以性质 (iii) 蕴涵着 $|b(f*\chi_\varepsilon) - (bf)*\chi_\varepsilon| \to 0$ (当 $\varepsilon \to 0$ 时). 因此, 如果我们能证明

$$|Q(f*\chi_\varepsilon) - (Qf)*\chi_\varepsilon|_0 \to 0 \text{ (当 } \varepsilon \to 0 \text{ 时)}, \tag{55}$$

则 (53) 得证, 因而 Hodge 定理的证明就全部完成了.

我们用处理卷积性质 (iii) 的方法来处理 (55). $\forall \varepsilon < \dfrac{1}{2}$, 定义算子 $T_\varepsilon : A_0^*(B^n) \to A_0^*(\Omega)$, 使得 $\forall \varphi \in A_0^*(B^n)$,

$$T_\varepsilon(\varphi) \equiv Q(\varphi*\chi_\varepsilon) - (Q\varphi)*\chi_\varepsilon. \tag{56}$$

我们先证明, 对于 $A_0^*(B^n)$ 和 $A_0^*(\Omega)$ 上的 $|\cdot|$ 模, T_ε 的算子模 $\|T_\varepsilon\|$ 有一个不依赖于 ε 的上界. 由直接计算得到

$$(T_\varepsilon\varphi)(x) = \sum_i a_i(x) \int_{\mathbf{R}^n} \frac{\partial\varphi(x-\varepsilon y)}{\partial x^i}\chi(y)\mathrm{d}y$$
$$-\sum_i \int_{\mathbf{R}^n} a_i(x-\varepsilon y)(\partial_i\varphi)(x-\varepsilon y)\chi(y)\mathrm{d}y.$$

由于

$$\frac{\partial\varphi(x-\varepsilon y)}{\partial x^i} = (\partial_i\varphi)(x-\varepsilon y) = -\frac{1}{\varepsilon}\frac{\partial\varphi(x-\varepsilon y)}{\partial y^i},$$

用分部积分可得

$$(T_\varepsilon\varphi)(x) = \sum_i a_i(x) \int_\Omega \frac{\varphi(x-\varepsilon y)}{\varepsilon}(\partial_i\chi)(y)\mathrm{d}y$$
$$-\sum_i \int_\Omega \varphi(x-\varepsilon y)\left\{\frac{a_i(x-\varepsilon y)}{\varepsilon}(\partial_i\chi)(y) - \chi(y)\frac{\partial a_i(x-\varepsilon y)}{\partial x^i}\right\}\mathrm{d}y$$
$$= \int_\Omega \varphi(x-\varepsilon y)\sum_i \frac{a_i(x)-a_i(x-\varepsilon y)}{\varepsilon}(\partial_i\chi)(y)\mathrm{d}y$$
$$+ \int_\Omega \chi(y)\varphi(x-\varepsilon y)\sum_i (\partial_i a_i)(x-\varepsilon y)\mathrm{d}y.$$

设 $\forall i, |\mathrm{d}a_i|$ 在 $B^n\left(\frac{3}{2}\right)$ 上的一个上界为 E, 则当 $\varepsilon < \frac{1}{2}$ 时,

$$\left|\frac{1}{\varepsilon}(a_i(x)-a_i(x-\varepsilon y))\right| \leqslant \sqrt{n}E|y|.$$

因此

$$|(T_\varepsilon\varphi)(x)| \leqslant nE\int_\Omega |\varphi(x-\varepsilon y)|\cdot|\mathrm{d}\chi(y)|\cdot|y|\mathrm{d}y$$
$$+nE\int_\Omega |\chi(y)|\cdot|\varphi(x-\varepsilon y)|\mathrm{d}y$$
$$= nE\int_\Omega |\varphi(x-\varepsilon y)|\cdot\beta(y)\mathrm{d}y$$
$$= nE(|\varphi|*\beta)(x),$$

其中 $\beta(y) \equiv |y|\cdot|\mathrm{d}\chi(y)| + |\chi(y)|$. 用证明 (31) 式的办法立刻可以估计 $(|\varphi|*\beta)^2$ 的积分, 即

$$|T_\varepsilon\varphi|_0^2 \leqslant n^2E^2|\beta|_{L^1}^2\cdot|\varphi|_0^2,$$

所以 $\|T_\varepsilon\| \leqslant nE|\beta|_{L^1}$. 显然右端不依赖 ε. 所以算子 T_ε 在 $A_0^*(B^n)$ 上有一个不依赖 ε 的上界 $nE|\beta|_{L^1}$. 由于 $A_0^*(B^n)$ 是 $H_0(B^n)$ 的一个稠密子集, T_ε 有唯一的一个扩充 $\widetilde{T}_\varepsilon : H_0(B^n) \to H_0(\Omega)$, 使得 $\|\widetilde{T}_\varepsilon\| \leqslant nE|\beta|_{L^1}$.

现在回去考虑 (55). 因为 $f \in H_0(\Omega), \operatorname{supp} f \subset B^n$, 所以 $f \in H_0(B^n)$, 而且存在序列 $\{f_i\} \subset A_0^*(B^n)$, 使得当 $i \to \infty$ 时 $|f - f_i|_0 \to 0$. 我们要证明: $\widetilde{T}_\varepsilon f = Q(f * \chi_\varepsilon) - (Qf) * \chi_\varepsilon$, 即对于任意的 $\varphi \in A_0^*(\Omega)$ 有

$$(\widetilde{T}_\varepsilon f, \varphi)_0 = (Q(f * \chi_\varepsilon) - (Qf) * \chi_\varepsilon, \varphi)_0. \tag{57}$$

注意: $\operatorname{supp} \widetilde{T}_\varepsilon f \subset B^n\left(\dfrac{3}{2}\right)$. 这是因为, 一方面 $\operatorname{supp} T_\varepsilon f_i \subset B^n\left(\dfrac{3}{2}\right), \forall i$; 另一方面,

$$|\widetilde{T}_\varepsilon f - T_\varepsilon f_i|_0 = |\widetilde{T}_\varepsilon f - \widetilde{T}_\varepsilon f_i|_0 \leqslant \|\widetilde{T}_\varepsilon\| \cdot |f - f_i|_0 \to 0,$$

所以有 $T_\varepsilon f_i \xrightarrow{L^2} \widetilde{T}_\varepsilon f$. 同理, $\operatorname{supp}(Q(f * \chi_\varepsilon) - (Qf) * \chi_\varepsilon) \subset B^n\left(\dfrac{3}{2}\right)$. 所以不妨设 $\varphi \in A_0^*\left(B^n\left(\dfrac{3}{2}\right)\right)$. 故有

$$
\begin{aligned}
(\widetilde{T}_\varepsilon f, \varphi)_0 &= \lim_{i \to \infty} (\widetilde{T}_\varepsilon f_i, \varphi)_0 = \lim_{i \to \infty} (T_\varepsilon f_i, \varphi)_0 \\
&= \lim_{i \to \infty} (Q(f_i * \chi_\varepsilon), \varphi)_0 - \lim_{i \to \infty} ((Qf_i) * \chi_\varepsilon, \varphi)_0 \\
&= \lim_{i \to \infty} (f_i * \chi_\varepsilon, Q^*\varphi)_0 - \lim_{i \to \infty} ((Qf_i) * \chi_\varepsilon, \varphi)_0 \\
&= (f * \chi_\varepsilon, Q^*\varphi)_0 - \lim_{i \to \infty} ((Qf_i) * \chi_\varepsilon, \varphi)_0 \quad (\text{用 (31) 式}) \\
&= (Q(f * \chi_\varepsilon), \varphi)_0 - \lim_{i \to \infty} ((Qf_i) * \chi_\varepsilon, \varphi)_0.
\end{aligned}
$$

从卷积的定义可见, 如果命 $\chi_\varepsilon^-(z) \equiv \chi_\varepsilon(-z)$, 则有

$$
\begin{aligned}
((Qf_i) * \chi_\varepsilon, \varphi)_0 &= \int_{\mathbf{R}^n} (Qf_i)(y)\mathrm{d}y \int_{\mathbf{R}^n} \varphi(x)\chi_\varepsilon^-(y-x)\mathrm{d}x \\
&= \int_{\mathbf{R}^n} (Qf_i)(y) \cdot (\varphi * \chi_\varepsilon^-)(y)\mathrm{d}y.
\end{aligned}
$$

所以 $\forall \varphi \in A_0^*\left(B^n\left(\dfrac{3}{2}\right)\right)$ 有

$$((Qf_i) * \chi_\varepsilon, \varphi)_0 = (Qf_i, \varphi * \chi_\varepsilon^-)_0. \tag{58}$$

显然 $\operatorname{supp} \varphi * \chi_\varepsilon^- \subset \Omega$, 故 $\varphi * \chi_\varepsilon^- \in A_0^*(\Omega)$; 因此 $(Qf_i, \varphi * \chi_\varepsilon^-)_0 = (f_i, Q^*(\varphi * \chi_\varepsilon^-))_0$.

这蕴涵着

$$(\widetilde{T}_\varepsilon f, \varphi)_0 = (Q(f * \chi_\varepsilon), \varphi)_0 - \lim_{i \to \infty} (f_i, Q * (\varphi * \chi_\varepsilon^-))_0$$

$$= (Q(f * \chi_\varepsilon), \varphi)_0 - (f, Q^*(\varphi * \chi_\varepsilon^-))_0$$

$$= (Q(f * \chi_\varepsilon), \varphi)_0 - (Qf, \varphi * \chi_\varepsilon^-)_0 \quad (\text{因为已知 } Qf \in \underset{\sim}{H_0}(\Omega))$$

$$= (Q(f * \chi_\varepsilon) - (Qf) * \chi_\varepsilon, \varphi)_0 \quad (\text{再次用 (58) 式}),$$

(57) 证毕. 因此

$$|Q(f * \chi_\varepsilon) - (Qf) * \chi_\varepsilon|_0 = |\widetilde{T}_\varepsilon f|_0$$

$$\leqslant |\widetilde{T}_\varepsilon f - \widetilde{T}_\varepsilon f_l|_0 + |\widetilde{T}_\varepsilon f_l|_0$$

$$\leqslant \|\widetilde{T}_\varepsilon\| \cdot |f - f_l|_0 + |\widetilde{T}_\varepsilon f_l|_0.$$

任给 $\delta > 0$, 取充分大的 l 可以使 $|f - f_l|_0 < \delta/(2nE|\beta|_{L^1})$. 此外, 又可以取充分小的 ε, 使 $|\widetilde{T}_\varepsilon f_l|_0 < \dfrac{\delta}{2}$. 这是因为从卷积定义知道 $\partial_i(f_l * \chi_\varepsilon) = (\partial_i f_l) * \chi_\varepsilon$, 所以当 $\varepsilon \to 0$ 时有

$$\widetilde{T}_\varepsilon f_l = T_\varepsilon f_l = \sum_i a_i(\partial_i f_l * \chi_\varepsilon) - \left(\sum_i a_i \partial_i f_l\right) * \chi_\varepsilon$$

$$\xrightarrow{L^2} \sum_i a_i(\partial_i f_l) - \sum_i a_i \partial_i f_l = 0,$$

其中我们用了卷积的性质 (iii). 所以只要 ε 充分小, 就有

$$|Q(f * \chi_\varepsilon) - (Qf) * \chi_\varepsilon|_0 \leqslant \|\widetilde{T}_\varepsilon\| \cdot \delta/(2nE|\beta|_{L^1}) + \frac{\delta}{2} \leqslant \delta.$$

(55) 得证, 亦即 Hodge 定理证毕.

注记 这里给出的 Hodge 定理的证明在某方面与 [GH] 中给出的证明相似, 但不同的是我们没有用 Fourier 级数. 采用标准的偏微分方程的方法看来是可取的, 因为它为初学者提供了一个窥视椭圆型方程理论内幕的机会. 另一个与 [GH] 不同的地方是避免用广义函数和引进 $\underset{\sim}{H_{-s}}(M)$ $(s > 0)$. 因为没有理由引进一些在这里实在是不需要的东西. 从微分几何的角度看来, 这个证明的最显著的特点是观察到: 常用的关于 Δ 的标准恒等式 (即所谓的 Weitzenböck 公式) 事实上能够解释为控制 Δ 的基本先验估计 (也就是 Gårding 不等式).

这里给出的证明或许是最初等的、最简单的, 因此它不可能提供最多的信息. 在 [R] 中, de Rham 的证明的内容比较丰富, 他把算子 G 直接表示成积分算子 (因而自然是紧算子), 并且积分算子的核几乎是用显式表示出来了. 这对于许多用途而言是十分重要的.

Hodge 定理的应用　我们现在要给出 Hodge 定理在黎曼几何中所引出的最重要的结果. 应该指出的是, Hodge 定理的最大用处是在 Kähler 几何中, 特别是在超越代数几何中. 要充分地讨论这些定理, 需要定义 Kähler 几何的许多基本概念, 无疑要占用很长的篇幅, 这是本书所力不能及的. 所以我们在这里只能提几件事. 首先, 同样的想法可以用来证明关于上同调群 $H^q(M, \Omega^p(E))$ 的 Hodge 定理, 其中 E 是紧致复流形 M 上的全纯向量丛. 这是近代了解复流形的第一步, 从而 Kodaira 消没定理及其推广的证明才有可能. 这些定理构成了超越代数几何近代理论的真正基础 (参看 [GH] 或 [W2], [W4]). 在 Kähler 流形上, Hodge 定理能进一步加细, 即 $H^r(M) \cong \mathscr{H}^r \cong \bigoplus_{p+q=r} \mathscr{H}^{p,q}$. 后一个分解是很了不起的, 它导致模理论 (The Theory of Moduli) 中所谓 Hodge 结构的想法. 对于这些内容可看文集 [GR] 中 P. A. Griffiths 的论文及其中所列举的文献.

关于 Hodge 定理在黎曼几何中的应用可看 [W2] 和 [W4], 特别是其中的 §3. 设 M 是 n 维紧致、有定向黎曼流形, $\{X_i\}$ 和 $\{\omega^i\}$ 分别是局部的标架场和余标架场, 我们已经用过下面的公式: 设 $\varphi \in A^*$, 则

$$\Delta\varphi = -\sum_i D^2_{X_i X_i}\varphi + \sum_{i,j} \omega^i \wedge i(X_j) R_{X_i X_j}\varphi.$$

利用 (26) 式, 我们有

$$\langle \Delta\varphi, \varphi \rangle = \sum_i |D_{X_i}\varphi|^2 + \left\langle \sum_{i,j} \omega^i \wedge i(X_j) R_{X_i X_j}\varphi, \varphi \right\rangle + \frac{1}{2}\Delta|\varphi|^2.$$

若 φ 是调和形式, $\Delta\varphi = 0$, 再利用引理 1 得到

$$\int_M \sum_i |D_{X_i}\varphi|^2 \Omega + \int_M F(\varphi)\Omega = 0, \tag{59}$$

其中

$$F(\varphi) = \left\langle \sum_{i,j} \omega^i \wedge i(X_j) R_{X_i X_j}\varphi, \varphi \right\rangle.$$

在每一点 $x \in M, F(\varphi)$ 只是 $\varphi(x)$ 的二次型. 我们称 F 是**拟正的**, 如果 F 是处处半正定的, 而且在某一点 $x \in M, F$ 是正定的. 若 F 是拟正的, 则对于任意的局部标架场 $\{X_i\}, \mathrm{D}_{X_i}\varphi \equiv 0$, 即 φ 是平行的. 但在 F 正定的点 $x \in M$, 必有 $\varphi(x) = 0$, 否则 $\displaystyle\int_M F(\varphi)\Omega > 0$, 这与 (59) 式相矛盾. 再由 φ 的平行性可知必定处处有 $\varphi = 0$. 所以 F 的拟正性蕴涵着 M 上所有的调和 p-形式为零. 同理, F 的半正定性蕴涵着 M 上每一个调和 p-形式是平行的.

有两种情形可以保证 $F > 0$ 或 $F \geqslant 0$.

情形 1　设 $p = 1$, 则 $F(\varphi) = \mathrm{Ric}(\varphi^{\#}, \varphi^{\#})$, 其中 $\varphi^{\#}$ 是与 φ 相对应的向量场, 即对任意的切向量场 X 有

$$\langle \varphi^{\#}, X \rangle = \varphi(X).$$

显然, 在 n 维流形上至多有 n 个实线性无关的平行 1-形式. 由此得到

Bochner 定理　若 M 是 n 维紧致可定向黎曼流形, 它的 Ricci 曲率是拟正的, 则 M 上所有的调和 1-形式皆为零. 若它的 Ricci 曲率 $\geqslant 0$, 则在 M 上至多有 n 个实线性无关的调和 1-形式.

根据 Hodge 定理和 de Rham 定理, Bochner 定理等价于关于第一个 Betti 数 $b_1(M)$ 的估计:

$$
\begin{aligned}
&\text{若 Ricci 曲率拟正, 则 } b_1(M) = 0,\\
&\text{若 Ricci 曲率非负, 则 } b_1(M) \leqslant n = \dim M.
\end{aligned}
\tag{60}
$$

这些结果并不是最好的. 根据 Cheeger-Gromoll ([CG]) 关于非负 Ricci 曲率流形的结构定理 (我们在本书的第三章要讨论这个定理), 若 M 是有非负 Ricci 曲率的紧致流形, 则它的通用覆盖流形 $\widetilde{M}$ 可以等距地分解为积流形 $\widetilde{M_0} \times \boldsymbol{R}^k$, 其中 $\widetilde{M_0}$ 是紧致的, $\boldsymbol{R}^k$ 有平坦的黎曼度量. 这自然胜于只知道 $b_1(M) \leqslant n$. 另一方面, 如果 $k > 0$, 因为 $\widetilde{M_0} \times \boldsymbol{R}^k$ 是黎曼积流形, 它的度量是这两个空间的度量的积. 从一些初等的推证 (参看本书第二章 §1 中引理 2 的证明) 立知, 如果 $\widetilde{X}$ 是任意的与 $\boldsymbol{R}^k$ 相切的切向量, 则 $\widetilde{M_0} \times \boldsymbol{R}^k$ 的 Ricci 张量 $\widetilde{\mathrm{Ric}}$ 一定满足 $\widetilde{\mathrm{Ric}}(\widetilde{X}, \widetilde{X}) = 0$. 但是 M 与 $\widetilde{M_0} \times \boldsymbol{R}^k$ 局部等距, 因此在 M 的每一点一定有切向量 X 使 $\mathrm{Ric}(X, X) = 0$. 如果我们假定 M 的 Ricci 曲率是拟正的, 则上面的论证说明 $k = 0$, 于是 $\widetilde{M} = \widetilde{M_0}$, 即 M 的通用覆盖流形是紧致的, 所以覆盖映射

$\pi : \widetilde{M} \to M$ 是一个有限覆盖, 这蕴涵着 $\pi_1(M)$ 是一个有限群. 这个结论自然是比 $b_1(M) = 0$ 来得强.

情形 2 设 $p \neq 0, n$. 定义曲率算子 $\mathscr{R} : \bigwedge^2 M_x \otimes \bigwedge^2 M_x \to \mathbf{R}$, 使得 $\mathscr{R}(X \wedge Y, Z \wedge W) = \langle R_{XY} Z, W \rangle$. Singer-Meyer 定理 (见 [W2] 或 [W4] 的定理 3) 说: 如果 $\mathscr{R}$ 是拟正的, 或非负的, 则 F 是拟正的, 或非负的, 因此在紧致可定向的 n 维黎曼流形上, 如果曲率算子是拟正的 (或非负的), 则每一个调和 p-形式 $(0 < p < n)$ 是零 (或平行的).

麻烦在于曲率算子 $\mathscr{R}$ 没有恰当的几何解释. 例如, 正截面曲率不能保证 $\mathscr{R}$ 是正定的. 这从下面的一系列事实可以看出来. R. Geroch ([GE]) 给出一个 6 维黎曼流形的例子, 它的截面曲率是正的, 但是 Gauss-Bonnet 被积式 (参看本书的第四章) 不是逐点为正的. P. Klembeck 简化了 Geroch 的例子 (参看 [KL]). 另一方面, 属于 B. Kostant 和 K. Johnson 的一个口头流传的定理说: $\mathscr{R}$ 的正定性蕴涵着 Gauss-Bonnet 被积式逐点为正的性质 (参看 [KU], 第 191 页). 所以 Geroch 的例子给出了一个截面曲率为正的黎曼度量, 但是它的曲率算子 $\mathscr{R}$ 不是正定的.

尽管如此, 在这方面最近有两个结果是值得提出来供参考的. 首先要指出上述 Singer-Meyer 定理所提出的问题就是: 如果一个单连通紧致的黎曼流形有拟正的 $\mathscr{R}$, 则它是否与单位球面同胚, 或甚至微分同胚? Micallef 和 J. D. Moore 在最近一篇文章 [MM] 中用调和映照的方法, 给出这个问题的部分答案. 他们证明 $\pi_p(M) = 0, \forall p = 1, 2, \cdots, (\dim M - 1)$, 利用 Poincaré 猜想在维数 $\geqslant 4$ 情形的解, 得出同胚的结果 (在三维情形, Poincaré 猜想尚未有解, 但这时他们只需用 Hamilton 关于三维流形的工作). 至于微分同胚的问题, Hamilton 在这方面有一个开创性的想法, 而且证明了维数是 3 和 4 的情形 (参见 [HA]). Chow 和 Yang ([CY]) 总结了 [MM], [HA] 和其他人的工作而证明了一个分类定理: 设 M 是一个单连通的紧致黎曼流形, 其曲率算子 $\mathscr{R}$ 是半正定的, 则 M 与一个积空间等距, 其中每一个 M_i 或者与一个紧致不可约对称空间等距, 或者与复射影空间 $P_n \mathbf{C}$ 双全纯同胚, 或者与四元数射影空间 $P_n \mathbf{H}$ 微分同胚, 或者与单位球面 S^n 同胚. (注记: [MM] 的定理要求 $\mathscr{R}$ 是处处正定的. 但是加上 [CY] 的结果就得知, 只需知道 $\mathscr{R}$ 是拟正的.) 读者可以参阅本书第二章 §4 中 (c) 的讨论, [W4] §3 的定理 3 以及 §6.3 的定理 12 的讨论.

Hodge 定理在黎曼几何及其有关领域引进一些新观念和新观点, 因此它起着至关重要的媒介作用. 要是没有 Hodge 定理的想法, 很难设想有后面的发展. 例如, 前面提到的 Kodaira 消没定理的证明就受到 Bochner 定理的证明的启发. 另一个例子是 (60) 的第二个结论. 从分析的角度看, 可以提这样的问题: 定理的条件是否是最精确的? 比如, 是否存在 $\varepsilon > 0$, 使得当 $\mathrm{Ric}(M) \geqslant -\varepsilon^2$ 时, 仍旧有 $b_1(M) \leqslant n$? 当然, 上面的提法是不很适当的. 因为我们一开始就可以取 $b_1(M) > n$ 的紧致流形 M; 而对于任意的 $\varepsilon > 0$, 在 M 上必存在黎曼度量, 使它的 Ricci 曲率有下界 $-\varepsilon^2$. 实际上因为 M 的紧致性, M 上的黎曼度量 g 的 Ricci 曲率必有下界, 不妨设 $\mathrm{Ric}(g) \geqslant -A^2$. 对于取定的 $\varepsilon > 0$, 命 $\widetilde{g} = \dfrac{A}{\varepsilon}g$, 则 $\widetilde{g}$ 也是 M 上的黎曼度量, 并且 $\mathrm{Ric}(\widetilde{g}) \geqslant -\varepsilon^2$. 由此可见, 应该考虑的是与度量的伸缩无关的几何条件. 例如, 若 δ 是 M 的直径, 则条件 $\delta^2 \cdot \mathrm{Ric}(M) \geqslant -\varepsilon^2$ 与度量的伸缩无关. 事实上, Gromov ([GLP]) 已经证明:

存在只与 n 有关的 $\varepsilon > 0$, 只要 n 维紧致黎曼流形

M 满足条件 $\delta^2 \cdot \mathrm{Ric}(M) \geqslant -\varepsilon^2$, 就有 $b_1(M) \leqslant n$.

在本书的第五章, 我们还会讨论这个定理. Gromov 的证明用了一些新的想法, 与 Bochner 定理的证明完全不同. 后来, S. Gallot, P. Bérard 等大大地推广了 Bochner 技巧来重新证明 Gromov 的定理 (见 [GA1], [GA2], [BE]). 因此在这方面是应该还有重大发展的.

　　关于 Hodge 定理在黎曼几何中的应用, 还要提到一个未解决的问题: 正截面曲率的紧致流形的第二个 Betti 数 $b_2(M) \leqslant 1$ 是否一定成立? 至今既无反例, 也无足够的证据支持这种猜想. 在这方面的第一个有意义的结果是 M. Berger ([B1]) 给出的. 他证明了:

(A) 若 M 是 $(2m+1)$ 维紧致黎曼流形, 它的截面曲率

满足 $\dfrac{2(m-1)}{8m-5} < K \leqslant 1$, 　则 $b_2(M) = 0$.

根据 Poincaré 对偶定理, 当 $m = 2$ 时, 定理 (A) 成为:

设 M 是 5 维紧致黎曼流形, 它的截面曲率满足

$2/11 < K \leqslant 1$, 　则 M 是实同调球, 即 $b_i(M) = 0, 1 \leqslant i \leqslant 4$.

后来, 他把上面的曲率条件改进为 $\dfrac{4}{23} < K \leqslant 1$ ([B2]). 在同一篇文章里, Berger

还得到

(B) 对于 4 维紧致黎曼流形, 若 $\dfrac{4}{17} < K \leqslant 1$, 且 α 是 $H^2(M, \boldsymbol{R})$ 中任意一个非零元素, 则 $\alpha^2 \neq 0$.

现在我们知道 (B) 是相当弱的结果. 因为球定理 (The Sphere Theorem) 说: 截面曲率适合 $\dfrac{1}{4} < K \leqslant 1$ 的单连通紧致黎曼流形必同胚于球面 (见 [W3], §8, §9), 所以 $H^i(M, \boldsymbol{Z}) = 0, 1 \leqslant i \leqslant \dim M - 1$.

定理 (A) 的证明是通过精细地估计曲率的界, 进而证明 $F(\varphi)$ 在每一点是正定的. G. Tsagas 给出了定理 (A), (B) 的一些不太要紧的改进 ([T1], [T2]), 定理 (B) 的有意义的补充是 D. Hulin 在最近给出的. 在 [HU1] 中他证明了:

若 M 是 4 维紧致黎曼流形, 并且 $\dfrac{4}{19} \leqslant K \leqslant 1$, 则映射

$$H^2(M, \boldsymbol{R}) \times H^2(M, \boldsymbol{R}) \ni (\alpha, \beta)$$

$$\mapsto \alpha \wedge \beta \in H^4(M, \boldsymbol{R}) \simeq \boldsymbol{R}$$

是非奇异的.

同时他证明了 (见 [HU1] 和 [HU2]):

(C) 设 M 是 n 维紧致黎曼流形, 若有一个充分小的 (但是可以直接计算出来的) 正数 ε, 使得 $\dfrac{1}{4} - \varepsilon \leqslant K \leqslant 1$, 则 $b_2(M) \leqslant 1$.

定理 (C) 的证明要点是在上述假定下, 证明非零的调和 2 次微分式必定是平行的、唯一的. 定理 (C) 与球定理的可能的推广有联系, 我们将在第五章再回来讨论这个问题.

你会感觉到上面这些定理虽然不是很漂亮, 但却是十分有趣的. 由于 Hodge 定理在 Betti 数与调和形式之间建立了联系, 进而通过 (59) 在 Betti 数与曲率之间建立了联系, 所以人们对于它在大范围黎曼几何中所起的枢纽作用一直抱有很大期望. 虽然到目前为止, Hodge 定理在黎曼几何中所产生的影响, 远远不能和它在 Kähler 几何及超越代数几何中所起的作用相比, 但是从对于黎曼几何的总体了解的角度看来, Hodge 定理是必不可少的.

参考文献

[B1] M. Berger, Sur quelques varietes riemanniennes suffisamment pincees, *Bull. Soc. Math. France*, 88(1960), 57—71.

[B2] M. Berger, Sur les varietes (4/23)-pincees de dimension 5, *C. R. Acad. Sci. Paris*, 257(1963), 4122—4125.

[BE] P. H. Berard, From Vanishing Theorems to Estimating Theorems: The Bochner Technique Revisited, Inst. Matem. Pure Applicada, Rio de Janeiro, 1986.

[CG] J. Cheeger and D. Gromoll, The splitting theorem for manifolds of nonnegative Ricci curvature, *J. Diff. Geom.*, 6(1971), 119—128.

[CY] B. Chow and D. Yang, A classification of compact Riemannian manifolds with nonnegative curvature operator, preprint (unpublished).

[GA1] S. Gallot, A Sobolev inequality and some geometric applications, Spectra of Riemannian Manifolds, Kaigai Publications, Tokyo, 1983, 45—55.

[GA2] S. Gallot, Inegalites isoperimetriques, courbure de Ricci et invariants geometriques I, II, *C. R. Acad. Sci. Paris*, 296 (1983), 333—336, 365—368.

[GE] R. Geroch, Positive sectional curvature does not imply positive Gauss-Bonnet integrand, *Proc. Amer. Math. Soc.*, 54 (1976), 267—270.

[GH] P. Griffiths and J. Harris, Principles of Algebraic Geometry, John Wiley and Sons, New York, 1978.

[GLP] M. Gromov, J. Lafontaine et P. Pansu, Structures Metriques pour les Varietes Riemanniennes, Cedic-Fernand Nathan, Paris, 1981.

[GR] P. A. Griffiths (ed.), Topics in Trenscendental Algebraic Geometry, Annals of Math. Studies, Princeton University Press, 1984.

[HA] R. S. Hamilton, Four-manifolds with positive curvature tensor, *J. Diff. Geom.*, 24 (1986), 153—179.

[HO] L. Hörmander, An Introduction to Complex Analysis in Several Variables, D. van Nostrand, Princeton, 1966.

[HU1] D. Hulin, Le second nombre de Betti d'une variete riemannienne (1/4)-pincee, *Annales Inst. Fourier (Grenoble)*, 33 (1983), 167—182.

[HU2] D. Hulin, Pinching and Betti numbers, *Annals of Global Analysis and Geometry*, 3 (1985), 85—93.

[KL] P. F. Klembeck, On Geroch's counterexample to the algebraic Hopf conjecture, *Proc. Amer. Math. Soc.*, 59 (1976), 334—336.

[KU] R. S. Kulkarni, On the Bianchi identities, *Math Annalen*, 199 (1972), 175—204.

[MM] M. J. Micallef and J. D. Moore, Minimal two-spheres and the topology of manifolds with positive curvature on totally isotropic two-planes, *Ann. of Math.*, 127 (1988), 199—227.

[N] R. Narasimhan, Analysis on Real and Complex Manifolds, North Holland, Amsterdam, 1973.

[R] G. de Rham, Varietes Differentiables, Hermann, Paris, 1960. (English translation: Differentiable Manifolds, Grundleren Series 266, Springer-Verlag, 1984.)

[S] E. Spanier, Algebraic Topology, McGraw Hill, New York, 1966.

[T1] G. Tsagas, An improvement of the method of Lichnerowicz-Bochner on the Betti numbers and curvature of a compact manifold, *Ann. Mat. Pure Appl.*, 83 (1969), 227—234.

[T2] G. Tsagas, On the second cohomology group of a pinched Riemannian manifold, *Ann. Mat. Pure Appl.*, 86 (1970), 299—311.

[W1] 伍鸿熙, 吕以辇, 陈志华, 紧黎曼曲面引论, 科学出版社, 1981; 高等教育出版社, 2016.

[W2] 伍鸿熙, 微分几何中的 Bochner 技巧, 数学进展, 10(1981), 57—76; 11(1982), 19—61; 高等教育出版社, 2017.

[W3] 伍鸿熙, 沈纯理, 虞言林, 黎曼几何初步, 北京大学出版社, 1989; 高等教育出版社, 2014.

[W4] H. Wu, The Bochner Technique in Differential Geometry, Mathematical Reports, Volume 3, part 2, Harwood Academic Publishers, London-Paris, 1988.

[WO] J. A. Wolf, Spaces of Constant Curvature, 3rd ed., Publish or Perish, 1974.

[Y] 吉田耕作, 泛函分析 (程其襄译), 上海科学技术出版社, 1957.

第二章   和乐群

本章讨论关于黎曼流形的和乐群 (holonomy group) 的主要结果及其在 1980 年以后的新发展. 在一般书籍中不但没有关于这个题目的比较详细的阐述, 甚至于不给出和乐群的定义 (但是可以参阅 [KN] 和 [BES2], 特别是 [BES2] 的第 10 章). 究其原因, 可能是在 1956—1980 年这二十五年中, 和乐群被认为是一个次要的概念. 这一点在下文中将有更详细的解释. 但是自 1980 年开始, 有数篇文章指出和乐群应该是黎曼几何的主要研究工具之一. 同时, 过去十年的另一些工作也大大地增进了对和乐群本身的了解. 所以在这个时候对和乐群作一个系统的介绍, 似乎是一件应该做的事. 此外, 在这个领域之内, 有一些结果无论从哪个角度看来都是十分优美的.

这一章有两点是比较特别的. 第一, 由于这个讨论所牵涉的幅面比较广, 我们不可能给出所有定理的证明. 自然我们会叙述必要的定义和提供证明的大意. 希望读者从引用的文献中继续深入研究. 其次, 这一章是从历史源流的角度来写的, 从 1925 年开始, 到 1987 年为止. 读者习惯了一般数学书籍的定义 → 定理 → 证明的叙述形式, 也许会觉得这种写法很奇怪. 但是任何一个数学工作者都需要一点历史观. 不认识过去, 则不可能测度未来. 我们希望借这个题目, 带给读者一些新的观点.

§1 基本概念及结果

和乐群这个概念是 Elie Cartan 在 1925 年首先引进的 (见 [CAR2], 第 18—29 页). 在这篇文章中, 和乐群这个名词并未出现. 在较迟的两篇文章 [CAR1] 和 [CAR3] 中, 他才开始用这个名词. 事实上, 对于任意一个主丛上的联络都可以定义和乐群. 可是在本节中, **和乐群**是指在黎曼流形上对于一个固定点同伦于零的闭曲线所诱导的切空间上的等距同构所构成的群. 说得更精确一点, 设 M 为黎曼流形, $x \in M, \gamma$ 是由 x 到 y 的分段光滑曲线, 则由沿 γ 的平行移动得到等距同构 $\widetilde{\gamma}: M_x \to M_y$. 如果 $x = y$, 则有等距自同构 $\widetilde{\gamma}: M_x \to M_x$. 所谓以 x 为基点的**和乐群** H 定义为

$$H = \{\widetilde{\gamma}: \gamma \text{ 是以 } x \text{ 为基点的同伦于零的分段光滑闭曲线}\}.$$

所以 H 是内积空间 M_x 的等距自同构群的子群, 即 $H \subset O(n)$, 其中 $n = \dim M, O(n)$ 为正交群. 我们同时亦引进

$$H^* = \{\widetilde{\gamma}: \gamma \text{ 是以 } x \text{ 为基点的分段光滑闭曲线}\},$$

称 H^* 为以 x 为基点的**整体和乐群**. 显然 H 是 H^* 的子群. 在本章中, 我们比较注重 H.

关于这两个定义需要加一些按语来澄清一些可能出现的混淆. 首先, 上面所定义的 H 在一般的文献中被称为*狭义齐性和乐群* (the restricted homogeneous holonomy group), 而 H^* 是*齐性和乐群*. 这里的*齐性*是指上面的平移 $\widetilde{\gamma}$ 是在通常意义的线性联络下的平移, 而不是所谓*对应的仿射联络*下的平移 (参看 [KN], 第 130—131 页). *狭义*是指在 H 的定义内所用到的 γ 都是同伦于零的闭曲线而非任意的闭曲线. 我们故意改动了这两个标准名词, 一方面是因为这似乎比较恰当, 另一方面是因为 H 对我们更为重要, 所以应该给它一个比较简单的称呼. 从概念上看来, H 比较重要的原因是, 通过下文的和乐定理我们对 H 的认识要丰富得多. 第二点是在上面的讨论中, 我们故意不谈所用曲线 γ 的可微性, 其实不论用分段 C^1 的闭曲线或者分段 C^∞ 的闭曲线, 所得到的 H 和 H^* 是一样的. 这是 Nomizu 和 Ozeki 的一个注记 (见 [KN], 第 85—87 页). 在下面的讨论中, 我们将略去*分段光滑*这四个字, 而只提*闭曲线*. 第三点, 如上所述, H 和 H^* 的定义是依赖基点的. 如果 $H(x)$ 和 $H(y)$ 是分别以 x 和 y 为基点的和乐群, 则不难看到

$H(x) = \widetilde{\zeta}^{-1} H(y) \widetilde{\zeta}$, 其中 ζ 是任意的从 x 到 y 的曲线. 同理, $H^*(x) = \widetilde{\zeta}^{-1} H^*(y) \widetilde{\zeta}$. 特别是, $H(x)$ 与 $H(y)$ 同构, $H^*(x)$ 与 $H^*(y)$ 同构. 下面我们将不特别指明基点为 x. 最后, 上面所给出的 H 和 H^* 的定义, 显然不涉及黎曼度量, 而只需要有联络就行了 (就是说, 只要有平移的定义就够了). 但是, 关于一般线性联络的和乐群, 除了下面的和乐定理以外, 并没有特别精彩的结果, 所以不如一开始就考虑黎曼度量的 Levi-Civita 联络好了.

现在要指出, H 是特殊正交群 SO(n) 内的**弧连通子群**, 即对每一个 $h \in H$, 必有曲线 $\zeta : [0,1] \to H$ 将 H 的单位元素 e 与 h 连接起来. 理由是, 如果 $h = \widetilde{\gamma}, \gamma$ 是一条同伦于零的闭曲线, 则有单参数曲线族 $\{\gamma_t\}$, 使得 $\gamma_1 = \gamma, \gamma_0 = \{x\}$ (常值路径). 于是所要的曲线 ζ 可以定义为 $\zeta(t) = \widetilde{\gamma}_t$. 由 Kuranishi-Yamabe 定理 (参阅 [KN], Appendix 4) 知道, 任意李群内的弧连通子群一定是李子群. 所以 H 是 SO(n) 内的连通李子群. 同时用一些初等的推理, 也可以证明 H^* 是正交群 O(n) 内的李子群, 并且 H^* 的单位元素的连通分支就是 H (见 [KN], 第 73 页). 一般来说, H^* 有无限 (但是可数) 多个分支, 因此是比较难处理的. 这就是上面我们已经说过的比较注重 H 的原因之一.

命 H 的李代数为 $\mathfrak{y}$, 称为**和乐代数**. 由于 H 内每个元素都是切空间 M_x 的线性自同构, 所以 $\mathfrak{y}$ 的元素都是 M_x 的自同态, 因此可以用矩阵来表示. 说得更清楚一点, 设 $A \in \mathfrak{y}$, 则在 H 中存在曲线 $\sigma : [0,1] \to H$, 使得 $\sigma(0) = e, \dot{\sigma}(0) = A$. 这样, A 所对应的自同态可以定义为

$$A(X) = \frac{\mathrm{d}}{\mathrm{d}t} \sigma(t)(X) \bigg|_{t=0}, \quad \forall X \in M_x. \tag{1}$$

因为 H 是 SO(n) 的李子群, 所以 $\mathfrak{y}$ 是 $\mathfrak{so}(n)$ 的李子代数, 其中 $\mathfrak{so}(n)$ 是 SO(n) 的李代数, 亦即所有反对称 $n \times n$ 矩阵的集合. 特别是, 每个 $A \in \mathfrak{y}$ 本身是反对称矩阵. 在刻画 $\mathfrak{y}$ 之前, 让我们先回顾一下有关的历史发展.

Elie Cartan 在 1926 年的文章 [CAR3] 中引进和乐群这个名词时, 说了一句很有意思的话: 我提议称这个群为和乐群. 我敢说这个群应该在一般的黎曼流形理论中, 扮演一个重要的角色 ([CAR3], 第 2 页; 此处是意译). 显然, Cartan 对这个新的不变量抱有很大的期望. 但是在 1926—1949 年这二十五年中, 除了 Cartan 自己的一篇文章 [CAR4] 深入地研究了对称空间的和乐群以外, 在这方面并没有其他可圈可点的结果 (在 [CAR4] 中, Cartan 第一次定义了对称空间, 并且证明一个单连通对称空间的和乐群一定与它的迷向群同构. 他用这个事实来进行对

称空间的分类工作). 在 1950 年另一个杰出的几何学家响应了 Cartan 对和乐群的重视. 在当年的国际数学家会议上, 陈省身给了一个主要演讲, 该演讲的主题是我们现在所称的 Chern-Weil 同态在拓扑及几何中所起的作用 ([CHN1]). 但是在最后一段中, 他却引进和乐群作为终结. 这个段落的开头是这样的: 在结束之前, 我要提及一个概念, 就是所谓的和乐群. 虽然这个概念和上述讨论是没有关联的, 但是它将会在联络理论中占一个重要的地位. 为什么 Cartan 和陈省身都这么看重和乐群这个概念? 我们可以作这样的猜测: 从 Felix Klein 的 Erlangen Program(1871) 开始, 所有的几何学家都向往用群论来了解几何学的可能途径. 一般的黎曼流形的不变量 (例如曲率、测地线, 等等) 都是和分析有关的, 而和乐群是一个李群. 更玄妙的是, 这个李群的定义本身已包含了流形上所有平移的信息. 这自然使人想到, 如果能够了解这个群就离了解流形的全部不远了. 特别是在 1950 年时, 人们已开始重视李群, 而且已充分了解到一般的代数不变量 (如同伦群、同调群, 等等) 在拓扑学中是如何起决定性作用的. 有了这个背景, 自然会联想到和乐群在黎曼几何中也可能有同等的重要性.

在 1950 年有另外一篇文章对近代几何的发展有深远的影响, 这就是 Ehresmann 所写的、对任意主丛上的联络作出严格定义的文章 [EH]. 虽然 Ehresmann 的主要想法溯源于 Elie Cartan 的早期工作, 但是他给出的这个精简、明确的联络定义是对近代几何起枢纽作用的一个贡献. 可是, Ehresmann 的工作只限于澄清和总结过去的几何学研究, 例如 Elie Cartan 在 1920 年左右关于几何学的文章, 陈省身的 Gauss-Bonnet 定理的证明 (见下面的第四章), 等等. 用这个定义来开创新局面的, 首推 1953 年的 Ambrose-Singer 关于和乐定理的文章 [AMS]. 据 Ambrose 自己说, 他那时要急切弄清楚的是, 一个联络的曲率张量究竟曲在哪里? 众所周知, 欧氏空间 R^n (关于它的典范度量) 是平坦的、无曲率的, 而且它的和乐群就是由单位元素组成的. 如果能够把曲率张量与和乐群联系起来, 证明曲率张量直接控制着平行移动, 就会充分地显示曲的意义. 在 Cartan 的 [CAR1](p.47) 和 [CAR3] (p.5) 中有同样一句话: 和乐群是由绕着无穷小的闭曲线的平行移动生成的(意译). Ambrose 和 Singer 从这里得到启示, 而证明了这个领域里的经典定理:

Ambrose-Singer 和乐定理 ([AMS])   设 R 是黎曼流形 M 的曲率张量, η 是 M 的和乐代数, 则

$$\mathfrak{y} = \mathrm{Span}\{\widetilde{\zeta}^{-1} \circ R_{\widetilde{\zeta}(X)\widetilde{\zeta}(Y)} \circ \widetilde{\zeta} : X, Y \in M_x, \zeta \text{ 是任意的从 } x \text{ 出发的曲线}\}.$$

由于 $\mathfrak{y}$ 是一个有限维的李代数, 所以上式的右边其实只要用适当选出的有限多条曲线 ζ 就足够了. 如果我们把 $\mathfrak{y}$ 看成一组矩阵, 则这些矩阵可以用如下的方式表达: 设 $\zeta_1, \cdots, \zeta_k$ 为一组由 x 至 $y_1, \cdots, y_k$ 的曲线. 在 M_x 中取定一个基底 $\{e_1, \cdots, e_n\}$. 对于每一个 i, 计算线性变换 $R_{ZW} : M_{y_i} \to M_{y_i}$ 关于基底 $\{\widetilde{\zeta_i}(e_1), \cdots, \widetilde{\zeta_i}(e_n)\}$ 的矩阵, 其中 Z, W 取遍整个 M_{y_i}. 则必有适当的 $\zeta_1, \cdots, \zeta_k$, 使得这些矩阵线性张成的空间就是 $\mathfrak{y}$. 为了下面 §4 的需要, 我们再叙述另一个表达和乐定理的等价方法. 对每个 $y \in M$, 定义 M_y 上的一组线性变换

$$h(y) = \mathrm{Span}\{R_{XY} : X, Y \in M_y\}.$$

命 $\mathfrak{gl}(M_y)$ 为 M_y 上的自同态环, 即所有的 $n \times n$ 矩阵的集合. 于是 $h(y)$ 是 $\mathfrak{gl}(M_y)$ 内的一个子空间, 但不一定是李子代数. 如果 ζ 是一条连接 x 与 y 的曲线, 则 $\widetilde{\zeta}^{-1} h(y) \widetilde{\zeta}$ 是 $\mathfrak{gl}(M_x)$ 内的子空间. 和乐定理说明有适当的从 x 出发的曲线 $\zeta_1, \cdots, \zeta_k$, 每条 ζ_i 连接 x 与 y_i, 使得 $\{\widetilde{\zeta_i}^{-1} h(y_i) \widetilde{\zeta_i} : i = 1, \cdots, k\}$ 在 $\mathfrak{gl}(M_x)$ 内线性张成的子空间就是和乐代数. 因此有

推论 设对于每条由 x 出发的曲线 ζ 都有 $\widetilde{\zeta}^{-1} h(y) \widetilde{\zeta} = h(x)$, 其中 y 是 ζ 的终点, 则每个 $h(y)$ 就是和乐代数.

在这里我们不打算给出和乐定理的证明, 请大家直接去读 [AMS] 好了. 这不仅是为了节省篇幅, 同时也是因为这篇文章写得非常清楚. 到目前为止, 还没有一个人找出比 [AMS] 更简单的关于和乐定理的证明 (顺便提一下, 在 [AMS] 中第一次引进了三个现为大家通用的名词: diffeomorphism, horizontal vector, vertical vector). [AMS] 证明和乐定理的最主要一步就是先证明文献 [KN] 中第 83—85 页所提到的和乐群约化定理. 所以 [KN] 所给出的和乐定理的证明就是 [AMS] 原来的证明. 这一点在 [KN] 内没有说清楚, 使人遗憾.

我们已经在上面提起, 这个和乐定理其实对于主丛上的联络都是成立的. 虽然目前我们只需要考虑黎曼流形的特殊情形, 但是 [AMS] 的证明并不因此而简化. 另一方面, 线性联络的和乐定理同时也被 Nijenhuis 独立证明, 见 [N]. 不幸的是, 因为 [AMS] 的定理更广泛, 而且其证明也更优美, 所以比较起来 [N] 就不为大家所知. 还有一点, 在上面叙述和乐定理之前, 我们录出了 Elie Cartan 的一句

话. 由这句话我们知道 Elie Cartan 大概隐约地知道和乐定理是怎么一回事. 但是 Elie Cartan 从来没有明确地写下过和乐定理, 更谈不上证明. 可是 [KN](见第 288 页) 却断言 Elie Cartan 的和乐定理是首先由 Ambrose-Singer 严格给予证明的. 读者自己可以看出这与事实是不符的.

虽然我们不证明和乐定理, 但是应该给出一个直观的解释, 说明和乐代数是与曲率有关的. 固定 $x \in M$, 我们将具体地写出一条以 x 为基点的分段光滑闭曲线 γ, 然后直接算出当 γ 充分小时向量 X 沿 γ 平移一周所得的增量, 其中就出现了曲率. 为此, 设 $\{y^1, \cdots, y^n\}$ 是以 x 为中心的法坐标系, 即是说

$$\begin{cases} y^i(x) = 0, & \forall i = 1, \cdots, n, \\ \Gamma^i_{jk}(x) = 0, & \forall i, j, k, \end{cases}$$

其中 Γ^i_{jk} 就是相应的 Christoffel 符号. 我们在 $y^3 = \cdots = y^n = 0$ 所定义的曲面中取 γ 为图 1 所示的环路; 命

$$\overline{\Delta y^1} = (\Delta y^1, 0, \cdots, 0),$$
$$\overline{\Delta y^2} = (0, \Delta y^2, 0, \cdots, 0),$$

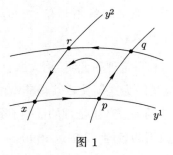

图 1

则 γ 的四个角点 x, p, q, r 可以分别写成: $p = x + \overline{\Delta y^1}, q = p + \overline{\Delta y^2}, r = q - \overline{\Delta y^1}$. 记

$$X = \sum_i X^i \left. \frac{\partial}{\partial y^i} \right|_x.$$

将 X 沿环路 γ 平移至 p, q, r, x, 则分别得到 $X|_p \in M_p$, $X|_q \in M_q$, $X|_r \in M_r$ 和 $\widetilde{X}|_x \in M_x$. 自然, 我们要计算的是 $\Delta X \equiv \widetilde{X}|_x - X$, 这里 ΔX 就是向量 X 绕 γ 平移一周的变差. 命 $\Delta X = \sum_i (\Delta X^i) \left. \frac{\partial}{\partial x^i} \right|_x$. 让 $\Delta y^1, \Delta y^2$ 充分小, 由 Taylor 展

开式得到

$$X^i|_p = X^i|_x + \left.\frac{\partial X^i}{\partial y^1}\right|_x (\Delta y^1) + \frac{1}{2} \left.\frac{\partial^2 X^i}{(\partial y^1)^2}\right|_x (\Delta y^1)^2 + \cdots,$$

$$X^i|_q = X^i|_p + \left.\frac{\partial X^i}{\partial y^2}\right|_p (\Delta y^2) + \frac{1}{2} \left.\frac{\partial^2 X^i}{(\partial y^2)^2}\right|_p (\Delta y^2)^2 + \cdots,$$

$$X^i|_r = X^i|_q - \left.\frac{\partial X^i}{\partial y^1}\right|_q (\Delta y^1) + \frac{1}{2} \left.\frac{\partial^2 X^i}{(\partial y^1)^2}\right|_q (\Delta y^1)^2 + \cdots,$$

$$\widetilde{X}^i|_x = X^i|_r - \left.\frac{\partial X^i}{\partial y^2}\right|_r (\Delta y^2) + \frac{1}{2} \left.\frac{\partial^2 X^i}{(\partial y^2)^2}\right|_r (\Delta y^2)^2 + \cdots.$$

把以上各式相加得到

$$\begin{aligned}
\Delta X^i &= (\widetilde{X}^i - X^i)|_x \\
&= (\Delta y^1)\left(\left.\frac{\partial X^i}{\partial y^1}\right|_x - \left.\frac{\partial X^i}{\partial y^1}\right|_q\right) + (\Delta y^2)\left(\left.\frac{\partial X^i}{\partial y^2}\right|_p - \left.\frac{\partial X^i}{\partial y^2}\right|_r\right) \\
&\quad + \frac{1}{2}(\Delta y^1)^2\left(\left.\frac{\partial^2 X^i}{(\partial y^1)^2}\right|_x + \left.\frac{\partial^2 X^i}{(\partial y^1)^2}\right|_q\right) \\
&\quad + \frac{1}{2}(\Delta y^2)^2\left(\left.\frac{\partial^2 X^i}{(\partial y^2)^2}\right|_p + \left.\frac{\partial^2 X^i}{(\partial y^2)^2}\right|_r\right) + \cdots.
\end{aligned}$$

若 $(Z^1, \cdots, Z^n)$ 是沿任意一条曲线 $(\gamma^1(t), \cdots, \gamma^n(t))$ 的平行向量场, 则它满足方程组

$$\frac{\mathrm{d}Z^i}{\mathrm{d}t} + \sum_{j,k} \Gamma^i_{jk} \dot{\gamma}^j Z^k = 0.$$

在前面的环路中, 从 q 到 r 的曲线是 $t \to (\Delta y^1 - t, \Delta y^2, 0, \cdots, 0)$, $0 \leqslant t \leqslant \Delta y^1$, 则上面的方程成为

$$\frac{\partial X^i}{\partial y^1} + \sum_k \Gamma^i_{1k} X^k = 0,$$

所以

$$\begin{aligned}
\left.\frac{\partial X^i}{\partial y^1}\right|_q &= -\sum_k \Gamma^i_{1k} X^k|_q \\
&= -\sum_k \left(\Gamma^i_{1k}|_x + \left.\frac{\partial \Gamma^i_{1k}}{\partial y^1}\right|_x (\Delta y^1) + \left.\frac{\partial \Gamma^i_{1k}}{\partial y^2}\right|_x (\Delta y^2) + \cdots\right) \\
&\quad \times \left(X^k|_x + \left.\frac{\partial X^k}{\partial y^1}\right|_x (\Delta y^1) + \left.\frac{\partial X^k}{\partial y^2}\right|_x (\Delta y^2) + \cdots\right) \\
&= -\sum_k \left(\left.\frac{\partial \Gamma^i_{1k}}{\partial y^1}\right|_x (\Delta y^1) + \left.\frac{\partial \Gamma^i_{1k}}{\partial y^2}\right|_x (\Delta y^2)\right) X^k|_x + \cdots.
\end{aligned}$$

同理得到

$$\left.\frac{\partial X^i}{\partial y^1}\right|_x = -\sum_k (\Gamma_{1k}^i X^k)|_x = 0,$$

$$\left.\frac{\partial X^i}{\partial y^2}\right|_p = -\sum_k \left.\frac{\partial \Gamma_{2k}^i}{\partial y^1}\right|_x (\Delta y^1) \cdot X^k|_x + \cdots,$$

$$\left.\frac{\partial X^i}{\partial y^2}\right|_r = -\sum_k \left.\frac{\partial \Gamma_{2k}^i}{\partial y^2}\right|_x (\Delta y^2) \cdot X^k|_x + \cdots,$$

因此

$$\Delta X^i = (\Delta y^1)(\Delta y^2)\left\{\left.\frac{\partial \Gamma_{1k}^i}{\partial y^2}\right|_x - \left.\frac{\partial \Gamma_{2k}^i}{\partial y^1}\right|_x\right\} X^k|_x$$

$$= (R_{\frac{\partial}{\partial y^1} \frac{\partial}{\partial y^2}} X)^i|_x (\Delta y^1)(\Delta y^2) + \cdots,$$

即当环路充分小时, ΔX 近似于 (曲率)× (面积). 这就直接说明了曲率和平行移动的密切关系.

现在回到一般黎曼流形的讨论. 通过和乐定理得知, 和乐代数是由曲率张量所控制的. 然而曲率张量要遵守两个 Bianchi 恒等式, 所以我们从直观上可以觉察到, 一个由曲率张量生成的李代数 $\mathfrak{y}$ 是不可能有太多自由的. 比方说, $\mathfrak{y}$ 不可能太小. 我们通过下面两个简单的例子作出解释.

例 1 取

$$g = \begin{bmatrix} 0 & a & & 0 \\ a & 0 & 0 & b \\ 0 & & -b & 0 \end{bmatrix} \in \mathfrak{so}(4),$$

其中 a, b 是非零实数. 用 $\mathfrak{g}$ 表示 $\mathfrak{so}(4)$ 中由 g 生成的李子代数. 我们断言: $\mathfrak{g}$ 不可能是任何四维黎曼流形的和乐代数.

用反证法. 假定 $\mathfrak{g}$ 是某个黎曼流形 M 的和乐代数, 取 $x \in M$ 及单位正交基底 $\{e_1, e_2, e_3, e_4\} \subset M_x$. 则对任意的 $1 \leqslant A, B \leqslant 4$, 应该有 $R_{e_A e_B} \in \mathfrak{g}$. 约定指标的取值范围是

$$1 \leqslant \alpha, \beta, \gamma \leqslant 2, \quad 3 \leqslant i, j, k \leqslant 4.$$

因为 $g(e_\alpha) \in \mathrm{Span}\{e_1, e_2\}$, 故

$$\langle R_{e_\alpha e_i} e_A, e_B \rangle = \langle R_{e_A e_B} e_\alpha, e_i \rangle$$

$$= \langle t \cdot g(e_\alpha), e_i \rangle = 0,$$

其中假定 $R_{e_A e_B} = t \cdot g, t \in \boldsymbol{R}$. 因此 $R_{e_\alpha e_i} = 0$. 由 Bianchi 恒等式得到

$$R_{e_\alpha e_i} e_\beta + R_{e_i e_\beta} e_\alpha + R_{e_\beta e_\alpha} e_i = R_{e_\beta e_\alpha} e_i = 0.$$

若命 $R_{e_\beta e_\alpha} = s \cdot g$, 则

$$0 = R_{e_\beta e_\alpha} e_1 = s \cdot g(e_1) = -ase_2,$$

故 $s = 0, R_{e_\beta e_\alpha} = 0$. 同理可得 $R_{e_i e_j} = 0$, 因此 $R_{e_A e_B} = 0$. 用 $\widetilde{\zeta}^{-1} R_{\widetilde{\zeta}(X)\widetilde{\zeta}(Y)} \widetilde{\zeta}$ 代替 R, 同样会得到

$$\widetilde{\zeta}^{-1} R_{\widetilde{\zeta}(X)\widetilde{\zeta}(Y)} \widetilde{\zeta} = 0, \quad \forall X, Y \in M_x.$$

于是根据和乐定理, M 的和乐代数是零, 与假设矛盾.

注记 把上面的论证略加推广就变成下文的引理 1 的证明. 说得更精确一点, $\mathfrak{g}$ 之所以不能是任何流形的和乐代数, 主要原因是 $\mathfrak{g}$ 在 $\boldsymbol{R}^4$ 上的作用是完全可约的, 即 $\boldsymbol{R}^4$ 可以分解成 $\mathfrak{g}$ 的两个真不变子空间的直和. 可是上面的论证 (即下面的引理 1 的证明) 基本上指出, 若 $\mathfrak{g}$ 是和乐代数, 则对应的 $\mathfrak{g}$ 本身必须是两个李代数的直和. 特别是, 应该有 $\dim \mathfrak{g} \geqslant 2$, 这与 $\dim \mathfrak{g} = 1$ 矛盾.

例 2 设 M 是有常曲率 $k \neq 0$ 的黎曼流形, R 是 M 在点 x 的曲率张量, 则对任意的 $X, Y, Z \in M_x$ 有

$$R_{XY} Z = k(\langle X, Z \rangle Y - \langle Y, Z \rangle X)$$

(参看 [KN], 第 200 页). 在 M_x 中取单位正交基底 $\{e_1, \cdots, e_n\}$, 则变换 $R_{e_i e_j}(i < j)$ 的矩阵是 kE_{ij}, 其中 E_{ij} 是在第 i 行、第 j 列的元素为 1, 在第 j 行、第 i 列的元素为 -1, 而其他元素为 0 的矩阵, 即 $\{E_{ij} : i < j\}$ 构成了 $\mathfrak{so}(n)$ 的基底. 所以 M 的和乐代数是 $\mathfrak{so}(n)$.

仅由这两个例子就可以看出, 如果 $\mathfrak{so}(n)$ 内一个李子代数 η 是由一组曲率张量线性生成的, 则 η 一定受到相当严格的限制. 在 1955 年, Marcel Berger 首先有系统地给出这个想法的确切意义, 这就是 §2 中要讨论的 Berger 分类定理. 数年以后 (1962 年), J. Simons 更进一步地从抽象的观点将这个想法大大地澄清和加深了. 这也是在 §2 中要讨论的.

现在要指出, 我们可以简化对和乐群的讨论, 即不必考虑一般的和乐群, 只要讨论不可约的和乐群就行了. **不可约和乐群**是指和乐群 H 在切空间 M_x 上的

作用是不可约的 (即不存在任何真不变子空间). 在解释这句话之前, 我们先引进其他有关的定义. 称整体和乐群 H^* 是不可约的, 如果 H^* 在 M_x 上的作用不可约. 若黎曼流形 M 的整体和乐群不可约, 则称 M 是**不可约流形**. 希望下面几个注记能帮助读者将这些定义之间的关系弄清楚:

(A) 如果黎曼流形 M 的和乐群 H 不可约, 则 H^* 一定不可约, 特别是, M 为不可约流形.

(B) 反过来说, 如果 M 是一个不可约流形, 则其和乐群 H 不一定是不可约的. 例如: 命 M_0 是在 $\boldsymbol{R}^3$ 中定义的圆锥

$$M_0 \equiv \{(x,y,z) : z = \sqrt{x^2 + y^2}, (x,y,z) \neq (0,0,0)\},$$

则可以直接算出 M_0 的整体和乐群 H^* 是 SO(2) 内由 β 生成的离散子群, 这里 β 是角度为 $\sqrt{2}\pi$ 的旋转. 所以 M_0 是不可约的. 另一方面, M_0 是一个平坦流形, 所以和乐定理蕴含着 $H = \{1\}$, 它自然是可约的.

(C) 如果将流形 M 的和乐代数 η 看成 M_x 上的一组线性变换, 则 η 在 M_x 上的作用是不可约的, 当且仅当 H 是不可约的. 这个断言是 (1) 的直接推论.

(D) 如果黎曼流形 M 是单连通的, 则 $H = H^*$. 于是在这种情况下, M 的不可约性等价于和乐群 H 的不可约性, 因而也等价于和乐代数 η (在 M_x 上的作用) 的不可约性 (见 (C)).

(E) 设 M 是任意的黎曼流形, $\pi : \overline{M} \to M$ 是通用覆盖, $\overline{H}$ 和 H 分别是 $\overline{M}$ 和 M 的和乐群, 则在某种意义下有 $\overline{H} = H$. 这就是说, 设 $\overline{x} \in \overline{M}, x \in M$, 而且 $\pi(\overline{x}) = x$; 如果我们用 $\pi_* : \overline{M}_{\overline{x}} \to M_x$ 将 $\overline{M}_{\overline{x}}$ 与 M_x 等同起来, 则 $\overline{H}$ 与 H 重合. 理由是投影 π 将 $\overline{M}$ 上所有的闭曲线 (必定同伦于零) 与 M 上所有同伦于零的闭曲线建立了一一对应, 如果 $\overline{\gamma}$ 和 γ 是在这个一一对应之下的对应闭曲线, 则由于 π 是局部等距映射, $\overline{\gamma}$ 和 γ 在 $\overline{M}_{\overline{x}}$ 和 M_x 上所诱导的等距同构一定是相同的, 即 $\overline{H} = H$.

(F) 如果黎曼流形 M 的和乐群是不可约的, 则 M 的通用覆盖 $\overline{M}$ 必是不可约流形. 逆定理亦成立.

由于 (D)—(F) 的缘故, 如果只考虑和乐群, 则不妨假设流形 M 是单连通的, 现在讨论 H 的可约性. 固定 $x \in M$, 设 V 是 M_x 内对于 H 的一个不变子空间. 由于 H 是 M_x 的等距变换群的子群, 所以 V 的正交补 $V^\perp$ 对于 H 也是不变的.

因此立刻可以推知 M_x 有如下的正交直和:

$$M_x = E \oplus M_x^1 \oplus \cdots \oplus M_x^m, \tag{2}$$

其中

$$\begin{cases} E \perp M_x^i, \forall i; M_x^i \perp M_x^j, \forall i \neq j; \\ H \text{ 在 } E \text{ 上的作用是平凡的}; \\ \forall i, M_x^i \text{ 是 } H \text{ 的不变子空间, 并且 } H \text{ 在} \\ \quad M_x^i \text{ 上的作用是不可约的}. \end{cases}$$

在下面我们将会证明, 这个正交直和分解 (2) 除了 $M_x^1, \cdots, M_x^m$ 的次序之外是唯一的, 称为 M_x 对于 H 的**典范分解**. 这个分解的重要性从下面两个引理可以看出来; 同时, 这两个引理也说明了为什么只考虑不可约的和乐群已经够了.

引理 1 设 M 是任意的单连通黎曼流形, $x \in M$, 而且和乐群 H 在 M_x 上诱导出一个正交直和分解 (2). 则在和乐代数 $\mathfrak{h}$ 内存在理想 $\mathfrak{h}_1, \cdots, \mathfrak{h}_m$, 使得

(a) $\mathfrak{h} = \mathfrak{h}_1 \oplus \cdots \oplus \mathfrak{h}_m$ (直和);

(b) 每个 $\mathfrak{h}_i$ 在 M_x^i 上的作用是不可约的, 而且每个 $\mathfrak{h}_i$ 在 $M_x^j (j \neq i)$ 上的作用恒等于零;

(c) 对于每个 i 有

$$\mathfrak{h}_i = \mathrm{Span}\{\widetilde{\zeta}^{-1} R_{\widetilde{\zeta}(X)\widetilde{\zeta}(Y)} \widetilde{\zeta} : X, Y \in M_x^i, \zeta \text{ 是任意的从 } x \text{ 出发的曲线}\}.$$

引理 2 记号及假设如引理 1, 又设 M 是完备的, 则存在不可约的黎曼流形 $M^1, \cdots, M^m$, 使其和乐群 $H_1, \cdots, H_m$ 满足 $H \cong H_1 \times \cdots \times H_m$.

注记 (i) 引理 1 的结论只限于和乐代数 $\mathfrak{h}$ 而不涉及和乐群 H 本身. 一方面是因为我们的证明方法只能做到这一步, 另一方面是因为从和乐定理的观点看来, (c) 的结论是非常要紧的. 在 [KN] 第六章的 §5 中, 证明了 H 本身有一组正规子群 $H_1, \cdots, H_m$, 使得每个 H_i 在 M_x^i 上的作用是不可约的, 而且 H 与 $H_1 \times \cdots \times H_m$ 同构. 这个证明需要用所谓的 factorization lemma([KN], Appendix 7). 但是从这个证明不能推出每个 H_i 的李代数一定满足引理 1 的 (c).

(ii) 对于引理 1 中的理想 $\mathfrak{h}_i$, 命 H_i 是它在 H 内所对应的李子群, 则可以证明 H_i 不只是一个抽象的李群, 而且一定是某个黎曼流形的和乐群. 这个证明需

要用到下面的 §2 中 Simons 所给出的 Berger 分类定理的证明, 以及 §3 所指出的在 (16) 式所列出的每个群的可实现性.

(iii) 顺便指出, 和乐群 H 一定是 SO(n) 内的闭子群. 这是因为有下面的事实: 在 SO(n) 内的连通、不可约子群都是闭子群 (见 [KN], Appendix 5), 再加上 (i) 所提到的结果便得证.

对我们来说, 从上面这两个引理所得到的最重要的结论就是, 基本上任意的和乐代数都是一组不可约和乐代数的直和. 而且如果 M 本身是完备的话, 则 M 的和乐群是一组不可约和乐群的积. 这就解释了在讨论和乐群的时候不妨只限于不可约的和乐群.

在证明引理 1 和引理 2 之前, 我们先指出如何从引理 1 推出正交分解 (2) 的唯一性. 由于 E 是 M_x 中使 H 的作用是平凡的子空间 (即 E 是 M_x 中在 H 作用下的不动点集), 所以 E 的唯一性是明显的. 现在只需证明, 如果 M_x 有正交直和分解

$$M_x = E \oplus N^1 \oplus \cdots \oplus N^k,$$

使得 $\forall i, H(N^i) \subset N^i$, 而且 H 在 N^i 上的作用是不可约的, 则 N^i 必恒同于某一个 M_x^j. 由此容易验证 $k = m$. 为简单起见, 只考虑 $i = 1$, 即 N^1. 设 $X \in N^1, X \neq 0$. 我们可以把 X 按照 (2) 写成

$$X = e + X_1 + \cdots + X_m, \tag{3}$$

其中 $e \in E, X_j \in M_x^j, \forall j$. 我们断言: 必存在一个 j 使得 $X_j \neq 0$. 若不然, $X = e \in E$, 故 $0 \neq X \in N^1 \cap E$, 这与 $N^i \cap E = \{0\}$ 相矛盾. 因此不妨设 $X_2 \neq 0$. 现在要证明 $N^1 = M_x^2$. 由于 N^1, M_x^2 都是在 H 的作用下的不可约不变子空间, 所以只需要证明 $N^1 \cap M_x^2 \neq \{0\}$ 就行了. 我们断言: 若 $0 \neq A \in \mathfrak{y}_2$, 则 $A(X) \in N^1 \cap M_x^2$. 由于 $X \in N^1$, 显然 $A(X) \in N^1$. 同时 $A(e) = 0$ ($\mathfrak{y}$ 在 E 上的作用恒等于零, 见 (1)), 以及 $A(X_j) = 0, \forall j \neq 2$ (见引理 1 的 (b)). 所以由 (3) 得到 $A(X) = A(X_2) \in M_x^2$, 断言得证. 最后要证明存在 $A_0 \in \mathfrak{y}_2$, 使得 $A_0(X) \neq 0$. 若 $A(X) = 0, \forall A \in \mathfrak{y}_2$, 则根据引理 1 的 (a) 和 (b), 必有 $B(X) = 0, \forall B \in \mathfrak{y}$. 因此 $g(X) = X, \forall g \in H$, 故 $X \in E$, 这与 $E \cap N^1 = \{0\}$ 相矛盾. 所以 A_0 的存在性得证. 现有 $0 \neq A_0(X) \in N^1 \cap M_x^2$, 于是 $N^1 = M_x^2$, (2) 的唯一性由此得证.

在给出引理 1 的证明之前, 先作一个关于和乐群的基本观察. 切丛 TM 的子丛称为 M 上的一个**分布** (这是 [CV] 的用语). 称 M 上的分布 $\mathscr{T}$ 是**平移不变**

的, 若对于 M 上的任意两点 x, y, 及任何从 x 到 y 的曲线 ζ, 都满足 $\widetilde{\zeta}(\mathscr{T}_x) = \mathscr{T}_y$, 其中 $\mathscr{T}_x = \mathscr{T} \cap M_x, \mathscr{T}_y = \mathscr{T} \cap M_y$.

第一和乐原理 在黎曼流形 M 上取定一点 x, 则 M_x 内所有对于整体和乐群 H^* 不变的子空间与 M 上所有平移不变的分布一一对应. 更确切地说, 若 T 为 M_x 内的 H^* 不变子空间, 则对应的分布 $\mathscr{T}$ 定义为

$$\mathscr{T}_y = \widetilde{\zeta}(T), \quad \forall y \in M,$$

其中 ζ 为任意的由 x 至 y 的曲线.

证明 首先指出 $\mathscr{T}$ 的定义是有意义的, 即: 如果 ξ 是另外一条从 x 到 y 的曲线, 则一定有 $\widetilde{\zeta}(T) = \widetilde{\xi}(T)$. 这是因为如果我们把 ξ 的**逆曲线**记作 ξ^{-1} (即 $\xi^{-1} : [0,1] \to M$, 使得 $\xi^{-1}(t) = \xi(1-t)$), 又用 $\xi^{-1}\zeta$ 表示先走完 ζ、然后走 ξ^{-1} 的闭曲线, 则 $\widetilde{\xi}^{-1} \circ \widetilde{\zeta} \in H^*$. 由假设知道, $\widetilde{\xi}^{-1} \circ \widetilde{\zeta}(T) = T$, 即 $\widetilde{\zeta}(T) = \widetilde{\xi}(T)$.

由上述 $\mathscr{T}$ 的定义立知 $\mathscr{T}$ 是一个平移不变的分布. 至于 T 和 $\mathscr{T}$ 之间一一对应的证明是初等的, 在此略去.

引理 1 的证明 对应于分解 (2), 我们在 M 上定义分布 $\mathscr{T}^1, \cdots, \mathscr{T}^m$ 和 $\mathscr{E}$, 使得当 ζ 是任意的从 x 到 y 的曲线, 则

$$\mathscr{E}_y = \widetilde{\zeta}(E), \quad \mathscr{T}_y^i = \widetilde{\zeta}(M_x^i), \quad \forall i.$$

由于 M 是单连通的, 所以 $H = H^*$, 故第一和乐原理说明 $\mathscr{E}, \mathscr{T}^1, \cdots, \mathscr{T}^m$ 的定义都是合理的. 因为 (2) 是正交直和, 所以在每一点 $y \in M$, 也有正交直和

$$M_y = \mathscr{E}_y \oplus \mathscr{T}_y^1 \oplus \cdots \oplus \mathscr{T}_y^m.$$

现在定义 $\mathfrak{y}$ 内的一组线性子空间 $\mathfrak{y}_1, \cdots, \mathfrak{y}_m$, 使得 $\forall i$,

$$\mathfrak{y}_i = \mathrm{Span}\{\widetilde{\zeta}^{-1} R_{\widetilde{\zeta}(X)\widetilde{\zeta}(Y)} \widetilde{\zeta} : X, Y \in M_x^i, \zeta \text{ 是任意的从 } x \text{ 出发的曲线}\}.$$

于是引理 1 的 (c) 是当然成立的. 余下的是证明每个 $\mathfrak{y}_i$ 是 $\mathfrak{y}$ 的理想, 而且 (a) 和 (b) 也成立.

首先作一些初步的推论. 由于 $\mathscr{E}, \mathscr{T}^1 \cdots, \mathscr{T}^m$ 都是平移不变的, 如果 H_y 是以 y 为基点的和乐群, 则

$$g(e) = e, \quad \forall g \in H_y, \forall e \in \mathscr{E}_y, \tag{4}$$

$$g(\mathscr{T}_y^i) \subset \mathscr{T}_y^i, \quad \forall g \in H_y, \forall i. \tag{5}$$

从 (1) 和 (4) 可得对每一点 $y \in M$ 有

$$A(e) = 0, \quad \forall e \in \mathscr{E}_y, \quad \forall A \in \mathfrak{y}(y), \tag{6}$$

其中 $\mathfrak{y}(y)$ 是 H_y 的李代数. 现设 $e \in \mathscr{E}_y, Y \in M_y$, 则对于 $W, Z \in M_y$ 有

$$\langle R_{eY}W, Z \rangle = \langle R_{WZ}e, Y \rangle = 0,$$

其中第二个等号用到 (6) 及 $R_{WZ} \in \mathfrak{y}(y)$ (和乐定理). 因为这个等式对于任意的 W, Z 都成立, 所以

$$R_{eY} = 0, \quad \forall e \in \mathscr{E}_y, \quad \forall Y \in M_y, \quad \forall y \in M. \tag{7}$$

现设 $T_i \in \mathscr{T}_y^i$, 由 (5), (1) 可得 $R_{WZ}T_i \in \mathscr{T}_y^i, \forall W, Z \in M_y$. 由于当 $i \neq j$ 时, $\mathscr{T}_y^i \perp \mathscr{T}_y^j$, 故

$$\langle R_{T_iT_j}W, Z \rangle = \langle R_{WZ}T_i, T_j \rangle = 0, \quad \forall W, Z \in M_y,$$

由此得到

$$R_{T_iT_j} = 0, \quad \forall T_i \in \mathscr{T}_y^i, \quad T_j \in \mathscr{T}_y^j, i \neq j, \quad \forall y \in M. \tag{8}$$

由和乐定理得知

$$\mathfrak{y} = \mathrm{Span}\{\widetilde{\zeta}^{-1} R_{\widetilde{\zeta}(X)\widetilde{\zeta}(Y)}\widetilde{\zeta} : X, Y \in M_x, \zeta \text{ 是任意的从 } x \text{ 引出的曲线}\},$$

将其中的 X, Y 按照 (2) 表示成:

$$X = e_X + X_1 + \cdots + X_m,$$

$$Y = e_Y + Y_1 + \cdots + Y_m,$$

其中 $e_X, e_Y \in E, X_i, Y_i \in M_x^i$, 则由 (7) 和 (8) 立得

$$\mathfrak{y} = \mathfrak{y}_1 + \cdots + \mathfrak{y}_m$$

(不一定是直和). 现在要证 $\mathfrak{y}_i \cap \mathfrak{y}_j = \{0\}, \forall i \neq j$. 先证明

$$\mathfrak{y}_i|_{M_x^k} = 0, \quad \forall i \neq k. \tag{9}$$

其实, 对于任意的 $W_i, Z_i \in \mathscr{T}_y^i, Y_k \in \mathscr{T}_y^k, y \in M$, 我们有

$$R_{W_iZ_i}Y_k + R_{Z_iY_k}W_i + R_{Y_kW_i}Z_i = 0,$$

由 (8) 式可知上面的第二项、第三项都是零, 故 $R_{W_i Z_i} Y_k = 0$. 再从 $\mathfrak{y}_i$ 的定义得知 (9) 式成立. 现在假定 $A \in \mathfrak{y}_i \cap \mathfrak{y}_j, i \neq j$, 则 $A(M_x^k) = 0, \forall k = 1, \cdots, m$ (两次利用 (9) 式). 再加上 (6), 便有 $A(M_x) = 0$, 故 $A = 0$, 所以 $\mathfrak{y}_i \cap \mathfrak{y}_j = \{0\}, \forall i \neq j$. 因此引理 1 的 (a) 成立. 其次证明 (b). (9) 式蕴含着 $\mathfrak{y}_i$ 在 M_x^i 上的作用与 $\mathfrak{y}$ 在 M_x^i 上的作用是重合的, 而后者是不可约的 (因为假定 H 在 M_x^i 上的作用是不可约的, 见 (2) 式前面的注记 (C)), 因此 $\mathfrak{y}_i$ 在 M_x^i 上的作用是不可约的. 再加上 (9) 式, 于是 (b) 得证. 最后要证明 $\mathfrak{y}_i(\forall i)$ 是理想. (a) 意味着, $\forall i, [\mathfrak{y}, \mathfrak{y}_i] = \bigoplus_{j=1}^{m} [\mathfrak{y}_j, \mathfrak{y}_i]$. 但 (9) 则蕴含着 $[\mathfrak{y}_j, \mathfrak{y}_i] = 0, \forall j \neq i$, 所以

$$[\mathfrak{y}, \mathfrak{y}_i] = [\mathfrak{y}_i, \mathfrak{y}_i]. \tag{10}$$

取 $A, B \in \mathfrak{y}_i$, 用 (a) 则 $[A, B] = \sum_{j=1}^{m} A_j$, 其中 $A_j \in \mathfrak{y}_j$. 再由 (9) 推出 $[A, B](M_x^j) = 0, \forall j \neq i$. 所以上面的 $A_j = 0, \forall j \neq i$. 这意味着 $[A, B] = A_i \in \mathfrak{y}_i$, 因此 $[\mathfrak{y}_i, \mathfrak{y}_i] \subset \mathfrak{y}_i$; 加上 (10) 式立得 $[\mathfrak{y}, \mathfrak{y}_i] \subset \mathfrak{y}_i$. 这就说明 $\mathfrak{y}_i$ 是 $\mathfrak{y}$ 的理想. 证毕.

引理 2 的证明 由于 M 是一个单连通的完备黎曼流形, 所以根据 de Rham 分解定理 (见本章的附录), 对于典范分解 (2), M 必等距于一组黎曼流形的积 $R^k \times M^1 \times \cdots \times M^m$, 其中 $k = \dim E, \dim M^i = \dim M_x^i, \forall i$, $\boldsymbol{R}^k$ 的度量是标准的平坦度量, 而每个 M^i 则是单连通的完备黎曼流形. 从和乐群的定义, 立即得知 M 的和乐群 H 与 $\boldsymbol{R}^k \times M^1 \times \cdots \times M^m$ 的和乐群同构. 我们将证明:

$$\begin{gathered} \text{如果黎曼流形 } M^1, M^2 \text{ 的和乐群分别是 } H_1, H_2, \\ \text{则 } M^1 \times M^2 \text{ 的和乐群与 } H_1 \times H_2 \text{ 同构.} \end{gathered} \tag{11}$$

反复应用 (11) 则得到 H 与 $H_1 \times \cdots \times H_m$ 同构, 其中 H_i 是 M^i 的和乐群, $\forall i$. 现在用典范分解 (2) 的唯一性, 再加上明显的简单的推理便可知每个 H_i 是不可约的.

剩下要证明 (11). 由于一般文献对于积流形的基本性质讲得较少, 我们在这里特别地给出一些细节的讨论. 设 M^i 的黎曼度量是 $\langle,\rangle_i (i = 1, 2)$. 根据积流形的定义, 自然投影

$$\pi_i : M^1 \times M^2 \to M^i \quad (i = 1, 2)$$

是光滑映射. 因此在每一点 $x = (x_1, x_2) \in M = M^1 \times M^2$ 我们有切映射 $(\pi_i)_*$:

$M_x \to M^i_{x_i}$. 很明显, 映射

$$\sigma_x \equiv (\pi_1)_* \oplus (\pi_2)_* : M_x \to M^1_{x_1} \oplus M^2_{x_2}$$

是同构. 事实上, σ_x 是维数相同的两个线性空间之间的同态, 因此只要证明这是满映射就行了. 为此, 对于 $X_i \in M^i_{x_i}$ 取曲线 $\gamma_i(t)$, 使得 $\gamma_i(0) = x_i, \gamma'_i(0) = X_i$, 则 $\gamma(t) = (\gamma_1(t), \gamma_2(t))$ 是 M 中从 x 出发的一条曲线, 并且 $\pi_i \circ \gamma(t) = \gamma_i(t)$, 所以 $(\pi_i)_*(\gamma'(0)) = X_i$, 即 $\sigma_x(\gamma'(0)) = (X_1, X_2)$. 由此可见, 积流形 M 在任意一点 $x = (x_1, x_2)$ 的切向量 X 可以唯一地表示成 (X_1, X_2), 其中 $X_i \in M^i_{x_i}$. 于是, $M = M^1 \times M^2$ 的积度量定义如下: 设 $X = (X_1, X_2), Y = (Y_1, Y_2) \in M_x$, 则

$$\langle X, Y \rangle \equiv \langle X_1, Y_1 \rangle_1 + \langle X_2, Y_2 \rangle_2.$$

设 U_i 是流形 M^i 在点 x_i 的一个邻域, 则 $U = U_1 \times U_2$ 是 M 在点 $x = (x_1, x_2)$ 的一个邻域. 分别在 U_1, U_2 上取局部标架场 $\{E_1, \cdots, E_n\}$ 和 $\{E_{n+1}, \cdots, E_{n+m}\}$, 其中 $n = \dim M^1, m = \dim M^2$. 命

$$\overline{E}_j = (E_j, 0), \quad \overline{E}_\alpha = (0, E_\alpha),$$
$$1 \leqslant j \leqslant n, \quad n+1 \leqslant \alpha \leqslant n+m,$$

则 $\{\overline{E}_1, \cdots, \overline{E}_n, \overline{E}_{n+1}, \cdots, \overline{E}_{n+m}\}$ 构成邻域 U 上的标架场, 并且

$$\langle \overline{E}_j, \overline{E}_\alpha \rangle = 0, \quad [\overline{E}_j, \overline{E}_\alpha] = 0, \quad \forall j, \alpha.$$

若 Y, Z 是定义在 U 上的切向量场, 则它们可以分别表示成

$$Y = \sum_j y^j \overline{E}_j + \sum_\alpha y^\alpha \overline{E}_\alpha,$$
$$Z = \sum_j z^j \overline{E}_j + \sum_\alpha z^\alpha \overline{E}_\alpha,$$

其中 $y^j, y^\alpha, z^j, z^\alpha$ 都是 U 上的光滑函数. 由此可见

$$Y_1 \equiv (\pi_1)_* Y = \sum_{j=1}^n y^j E_j, \quad Y_2 \equiv (\pi_2)_* Y = \sum_{\alpha=n+1}^{n+m} y^\alpha E_\alpha,$$
$$Z_1 \equiv (\pi_1)_* Z = \sum_{j=1}^n z^j E_j, \quad Z_2 \equiv (\pi_2)_* Z = \sum_{\alpha=n+1}^{n+m} z^\alpha E_\alpha.$$

要指出的是, 当 $x_2 = \pi_2(x)$ 的值固定时, Y_1, Z_1 才是 U_1 上的切向量场; 同理, Y_2, Z_2 是 U_2 上以 $x_1 = \pi_1(x)$ 为参数的切向量场.

假定流形 M^i 上度量 $\langle,\rangle_i$ 的 Levi-Civita 联络是 $\mathrm{D}^i(i = 1, 2)$. 则在流形 $M = M^1 \times M^2$ 上定义联络 D 如下: 设 Y, Z 是 M 上任意两个切向量场, 对任意一点 $x = (x_1, x_2) \in U$, 命

$$(\mathrm{D}_Y Z)(x) = \left(\mathrm{D}^1_{Y_1} Z_1 + \sum_{j=1}^{n} Y_2(Z^j) E_j, \mathrm{D}^2_{Y_2} Z_2 + \sum_{\alpha=n+1}^{n+m} Y_1(z^\alpha) E_\alpha \right), \quad (12)$$

其中在求导 $\mathrm{D}^1_{Y_1} Z_1, Y_1(z^\alpha)$ 时, 变量 $x_2 = \pi_2(x)$ 是作为参数看待的, 同理在求导 $\mathrm{D}^2_{Y_2} Z_2, Y_2(z^j)$ 时, 变量 $x_1 = \pi_1(x)$ 是作为参数看待的. 容易验证, 上面定义的 D 确实是 M 上的联络, 而且它是 M 上关于积度量的 Levi-Civita 联络, 称为 $M = M^1 \times M^2$ 上的**积联络**.

设 $\gamma_{(1)}$ 是 M 内一条与 M^1 相切的曲线, 即 $\gamma_{(1)}$ 可以表示成 $\gamma_{(1)}(t) = (\gamma_1(t), x_2)$, 其中 $x_2 \in M^2, \gamma_1(t)$ 是 M^1 内的一条曲线. 因此 $\gamma'_{(1)}(t) = (\gamma'_1(t), 0)$. 设 $X(t) \equiv (X_1(t), X_2(t))$ 是一个沿 $\gamma_{(1)}$ 定义的切向量场, 即 $\forall t, X(t) \in M_{\gamma_{(1)}(t)}$, 并且 $X_1(t) \in M^1_{\gamma_1(t)}, X_2(t) \in M^2_{x_2}$. 利用 (12) 立即得到:

$$\begin{aligned} &X(t) \text{ 是沿 } \gamma_{(1)} \text{ 的平行向量场, 当且仅当 } X_1(t) \\ &\text{是 } M^1 \text{ 内沿 } \gamma_1 \text{ 的平行向量场, 并且 } X_2(t) \text{ 是} \\ &M^2_{x_2} \text{ 内的常值向量.} \end{aligned} \quad (13)$$

更一般地, 设 γ 是 M 内的一条曲线, $X(t)$ 是沿 γ 定义的切向量场. 曲线 γ 可以表示成 $\gamma(t) = (\gamma_1(t), \gamma_2(t))$, 其中 γ_i 是 M^i 内的曲线, 并且 $\gamma'(t) = (\gamma'_1(t), \gamma'_2(t))$. 同时, 切向量场 $X(t)$ 可以表示成 $X(t) = (X_1(\gamma_1(t), \gamma_2(t)), X_2(\gamma_1(t), \gamma_2(t)))$, 其中 $X_i(\gamma_1(t), \gamma_2(t)) \in M^i_{\gamma_i(t)}$. 由 (12) 可知,

$$\begin{aligned} &\mathrm{D}_{\gamma'(t)} X(t)|_{t=t_0} \\ &= \Big(\mathrm{D}^1_{\gamma'_1(t)}(X_1(\gamma_1(t), \gamma_2(t_0))) + \frac{\mathrm{d}}{\mathrm{d}t}(X_1(\gamma_1(t_0), \gamma_2(t))), \\ &\quad \mathrm{D}^2_{\gamma'_2(t)}(X_2(\gamma_1(t_0), \gamma_2(t))) + \frac{\mathrm{d}}{\mathrm{d}t}(X_2(\gamma_1(t), \gamma_2(t_0))) \Big) \Big|_{t=t_0} \\ &= (\mathrm{D}^1_{\gamma'_1(t)} X_1(\gamma_1(t), \gamma_2(t)), \mathrm{D}^2_{\gamma'_2(t)} X_2(\gamma_1(t), \gamma_2(t)))|_{t=t_0}. \end{aligned}$$

注意到 $X_1(\gamma_1(t_0), \gamma_2(t))$ 是 $M^1_{\gamma_1(t_0)}$ 中的向量函数, 所以 $\frac{\mathrm{d}}{\mathrm{d}t}(X_1(\gamma_1(t_0), \gamma_2(t)))$ 是

有意义的; 同理 $\dfrac{\mathrm{d}}{\mathrm{d}t}(X_2(\gamma_1(t), \gamma_2(t_0)))$ 也是有意义的. 此外, 第一个等号后面的式子要求切向量场 X 在曲线 $\gamma(t)$ 的附近作局部扩充, 但是联络的局部性质说明 $\mathrm{D}_{\gamma'(t)}X(t)|_{t=t_0}$ 与 $X(t)$ 的扩充是无关的. 由此得到:

$$X(t)是沿\ \gamma\ 平行的向量场, 当且仅当在\ M^i\ 内$$
$$存在沿\ \gamma_i\ 平行的向量场\ X_i(t), 使得 \tag{14}$$
$$X(t) = (X_1(t), X_2(t)).$$

现在可以着手证明 (11). 固定 $x = (x_1, x_2) \in M = M^1 \times M^2$. 设 γ 是 M 内以 x 为基点的闭曲线, $\gamma(0) = \gamma(1) = x$. 将 γ 写成 $\gamma = (\gamma_1, \gamma_2)$, 其中 γ_i 是 M^i 内的闭曲线, $\gamma_i(0) = \gamma_i(1) = x_i, i = 1, 2$. 考虑平移 $\tilde{\gamma}$ 在 M_x 上的作用. 假定 $\tilde{\gamma}(X) = Y$, 则存在沿 γ 的平行向量场 $T(t)$, 使得 $T(0) = X, T(1) = Y$. 将 X, Y 分别写成 $X = (X_1, X_2), Y = (Y_1, Y_2)$, 并且 $T(t) = (T_1(t), T_2(t))$, 则有

$$T_1(0) = X_1, \quad T_1(1) = Y_1,$$
$$T_2(0) = X_2, \quad T_2(1) = Y_2.$$

此外, 由 (14) 得知 $T_i(t)$ 是沿 γ_i 的平行向量场, $i = 1, 2$. 在 M 内定义曲线 $\gamma_{(1)}, \gamma_{(2)}$, 使得 $\gamma_{(1)}(t) = (\gamma_1(t), x_2), \gamma_{(2)}(t) = (x_1, \gamma_2(t))$, 则 $\gamma_{(1)}, \gamma_{(2)}$ 也是以 x 为基点的闭曲线. 根据 (13), 向量场 $t \mapsto (T_1(t), X_2)$ 是沿 $\gamma_{(1)}$ 平行的向量场, 于是 $\tilde{\gamma}_{(1)}(X) = (T_1(1), X_2) = (Y_1, X_2)$. 同理, $\tilde{\gamma}_{(2)}(Y_1, X_2) = (Y_1, Y_2) = Y$. 所以 $\tilde{\gamma}_{(2)} \circ \tilde{\gamma}_{(1)}(X) = Y = \tilde{\gamma}(X)$. 由于 X 是 M_x 内的任意一个元素, 所以 $\tilde{\gamma}_{(2)} \circ \tilde{\gamma}_{(1)} = \tilde{\gamma}$. 用同样的推理, 只是将指标 1 和 2 对调, 则得 $\tilde{\gamma}_{(1)} \circ \tilde{\gamma}_{(2)} = \tilde{\gamma}$. 因此

$$\tilde{\gamma} = \tilde{\gamma}_{(1)} \circ \tilde{\gamma}_{(2)} = \tilde{\gamma}_{(2)} \circ \tilde{\gamma}_{(1)}. \tag{15}$$

注意: $\tilde{\gamma}_{(1)}$ 在 $(0, M^2_{x_2})$ 上的作用是平凡的, 且 $\tilde{\gamma}_{(2)}$ 在 $(M^1_{x_1}, 0)$ 上的作用也是平凡的. 所以, 如果定义

$H_{(1)} = \{\tilde{\gamma}_{(1)} : \gamma_{(1)} = (\gamma_1, x_2),$ 其中 γ_1 是 M^1 内以 x_1 为基点的任意闭曲线$\}$,

$H_{(2)} = \{\tilde{\gamma}_{(2)} : \gamma_{(2)} = (x_1, \gamma_2),$ 其中 γ_2 是 M^2 内以 x_2 为基点的任意闭曲线$\}$,

则由 (15) 可见 $H = H_{(1)} \cdot H_{(2)}$, 并且 $H_{(i)}$ 是 H 内的正规子群, $i = 1, 2$. 从 $H_{(1)}$ 和 $H_{(2)}$ 的定义, 立即可知 $H_{(1)} \cap H_{(2)} = \{1\}$ (1 指单位元素), 所以我们有群的直乘积 $H = H_{(1)} \times H_{(2)}$. 显然 $H_{(i)}$ 与 M^i 的和乐群 H_i 是同构的, 于是 (11) 得证. 引理 2 证毕.

§2 Berger 分类定理及其影响

现在开始讨论 Berger 分类定理. 在叙述定理本身之前, 我们提醒读者: 一个黎曼流形 M 的和乐群是不可约的, 当且仅当 M 的通用覆盖流形 $\overline{M}$ 是不可约流形 (参看 §1 的 (D)—(F)). 所以, 在下面的讨论中有时假设 M 的和乐群不可约, 有时假设 M 是单连通的不可约流形, 因为这两者是等价的.

Berger 分类定理 ([BER1]) 设 M 是一个 d 维非局部对称、有不可约和乐群 H 的黎曼流形, 则 H 只可能是如下所列出的群之一 ($n \geqslant 1$):

$$
\begin{array}{ll}
\mathrm{SO}(n), d = n; & \mathrm{U}(n), d = 2n; \\
\mathrm{SU}(n), d = 2n, n \geqslant 2; & \mathrm{Sp}(n), d = 4n; \\
\mathrm{Sp}(n) \cdot \mathrm{Sp}(1), d = 4n; & \mathrm{Spin}(9), d = 16; \\
\mathrm{Spin}(7), d = 8; & \mathrm{G}_2, d = 7.
\end{array}
\tag{16}
$$

在下面我们会逐步给出这个定理中所用到的各概念的定义, 以及 (16) 所列的各个群的定义, 特别是, 如何将每个群与 $\mathrm{SO}(d)$ 内某个子群等同起来. 但在着手讨论之前, 我们应该立刻指出这个定理的一个推论: 除了三个特例之外 ($d = 7, 8, 16$), 一个非局部对称流形的不可约和乐群只有五种可能性, 即 $\mathrm{SO}(n), \mathrm{U}(n)$, $\mathrm{SU}(n), \mathrm{Sp}(n)$ 及 $\mathrm{Sp}(n) \cdot \mathrm{Sp}(1)$. 在 §3 对于每一个群进行讨论之后, 我们会看到一个更使人震惊的事实. 如果一个黎曼流形的 Ricci 曲率是常数, 则称它为 Einstein 流形. 如果 M 不是 Einstein 流形, 而且 M 的和乐群 H 是不可约的, 则 (不论维数如何) H 只有两个可能性, 即特殊正交群 $\mathrm{SO}(n)$ 和酉群 $\mathrm{U}(n)$. 另一个同样使人震惊的事实是: 在 Berger 分类定理的相同假设下, 如果维数 d 是奇数, 而且 $d \neq 7$, 则 H 只有一个可能性, 即 $\mathrm{SO}(d)$. 如果 $d = 7$, 则 H 只有两个可能性, $\mathrm{SO}(7)$ 或 G_2.

现在对 Berger 定理中的概念作一些解释. 首先略微讨论所谓局部对称流形的基本性质 (这方面最基本的参考书是 [HE]. 但亦可看 [KNⅡ], 第 XI 章). 称一个黎曼流形是**局部对称**的, 如果它的曲率张量 R 是一个平行张量场, 即 $DR \equiv 0$. 一个等价的说法是: 若 $\zeta : [0, 1] \to M$ 是 M 上任意一条曲线, $X, Y, Z \in M_{\zeta(0)}$, 则必有

$$
\widetilde{\zeta}(R_{XY}Z) = R_{\widetilde{\zeta}(X)\widetilde{\zeta}(Y)}\widetilde{\zeta}(Z).
\tag{17}
$$

从和乐定理的推论即得

引理 3　设 M 是一个局部对称的黎曼流形, $x \in M, R$ 是 M 的曲率张量, 则 M 的和乐代数 $\mathfrak{h}$ 是

$$\mathfrak{h} = \mathrm{Span}\{R_{XY} : X, Y \in M_x\}.$$

另一个与 $\mathrm{D}R \equiv 0$ 等价的说法是: 在每一点 $x \in M$, 设 B 是在 x 的一个测地法坐标域, 使得 $\exp_x^{-1} : B \to M_x$ 有定义, 则映射 $\sigma : B \to B$,

$$\sigma(y) = \exp_x[- \exp_x^{-1} y], \quad \forall y \in B \tag{18}$$

必为等距映射.

如果每一个如 (18) 所定义的映射 σ 可以扩展成为整体的等距映射 $\sigma : M \to M$, 则称 M 为**对称空间** (或更精确一点, 称为**黎曼对称空间**). Elie Cartan 的一个基本定理说: 一个完备、单连通的局部对称黎曼流形必定是一个黎曼对称空间 (这个事实是 Ambrose 等距定理的直接推论, 见 [AM]). 从我们目前的需要来说, 关于对称空间有四个事实是非常要紧的:

(α) 所有单连通、不可约对称空间已被 Elie Cartan 完全分类. 见 [HE] 第 IX 章 §4 (这个分类的证明只在 [HE] 的第二版才给出). 特别是, 这种流形可以写成 $M \cong G/K$, 其中 G 是 M 的等距变换群. 如果 M 是非紧的, 则迷向群 K 可以刻画为 G 内的一个极大紧子群. 事实上, G 总是一个单的李群, Cartan 的分类就是列出所有这样的一对 (G, K) 的可能性.

(β) 一个单连通对称空间 M 必定等距于积 $\boldsymbol{R}^k \times M^1 \times \cdots \times M^m$, 其中 $k \geqslant 0, \boldsymbol{R}^k$ 是有标准平坦度量的欧氏空间, 每个 M^i 是单连通、不可约对称空间 (这个分解显然和 de Rham 分解定理有密切的关系).

(γ) 一个单连通、不可约对称空间的和乐群必定与它的迷向群同构.

(δ) 任何一个局部对称黎曼流形 M, 不论完备与否, 必定与一个对称空间局部等距 (见 [KN II], 第 229 页和第 223—234 页).

有了 (α)—(δ) 这四个事实, 加上引理 3, 立刻得到下面的引理:

引理 4　一个局部对称黎曼流形的和乐群必定与一个单连通对称空间的和乐群同构 (而后者已完全被分类).

为了以后的一个特殊需要, 特别是下面 §3 的 (V) 中对 $\mathrm{Sp}(n) \cdot \mathrm{Sp}(1)$ 的讨论, 我们要将上面的事实 (γ) 和引理 4 说得更清楚一点. 如 (α) 所述将 M 写成

G/K, 其中 G 是单李群, M 就是 K 在 G 内的所有陪集的集合. 不妨设 $x \in M$ 就是子群 K 本身. 若将 G 的李代数 $\mathfrak{g}$ 写成直和 $\mathfrak{g} = \mathfrak{k} \oplus \mathfrak{m}$, 其中 $\mathfrak{k}$ 是 K 的李代数, $\mathfrak{m}$ 是 $\mathfrak{k}$ 在 $\mathfrak{g}$ 内对于 $\mathfrak{g}$ 的 Killing 形式的正交补, 则可将 M_x 与 $\mathfrak{m}$ 等同. 由 Killing 形式的不变性, 得知 $\mathrm{Ad}(k)(\mathfrak{m}) \subset \mathfrak{m}, \forall k \in K$. 所以 $k \mapsto \mathrm{Ad}(k)$ 就定义了迷向群 K 在 $\mathfrak{m}$ 上的所谓**迷向表示** $\mathrm{Ad} : K \to O(\mathfrak{m})$, 其中 $O(\mathfrak{m})$ 表示 $\mathfrak{m}$ 上的正交线性变换群. 事实上, Ad 的微分 $\mathrm{ad} : \mathfrak{k} \to \mathfrak{o}(\mathfrak{m})$ ($\mathfrak{o}(\mathfrak{m})$ 表示 $O(\mathfrak{m})$ 的李代数, 亦即 $\mathfrak{m}$ 上所有的反对称线性变换的集合) 满足 $\mathrm{ad}(X)(Y) = [X, Y], \forall X \in \mathfrak{k}, \forall Y \in \mathfrak{m}$. 由于 $\mathfrak{g}$ 是单李代数, ad 一定是单的李代数同态. 所以 $\mathrm{Ad} : K \to O(\mathfrak{m})$ 是一个浸入, 亦即 $\mathrm{Ad} : K \to \mathrm{Ad}(K)$ 是一个覆盖映射. 由于 $\mathfrak{m}$ 与 M_x 等同, $\mathrm{Ad}(K)$ 成为 M_x 上的等距变换群. (γ) 的意思是: $\mathrm{Ad}(K)$ 就是 M 的和乐群. 所以迷向群 K 到和乐群的覆盖映射是直接由 Ad 给出来的. 至于上述事实的证明, 基本上在下面关于 Simons 的 Berger 定理的证明、特别是 (23) 式以下的讨论中已经给出来了.

由引理 4 以及 Berger 的分类定理, 可知一个不可约的和乐群是已经被完全分类的. 在 (16) 所列出的群当中, $SO(n), U(n), Sp(n) \cdot Sp(1)$ 和 $\mathrm{Spin}(9)$ 已经早就知道是对称空间的和乐群, 而余下的群则已先后被证明不可能是任何对称空间的和乐群 (参看下面 §3 的详细讨论以及有关的文献). 当然, 一个很有趣的问题是: 在 (16) 中所列出的每一个群是否都一定是一个**非局部对称黎曼流形**的和乐群? 经过很多人努力, 现在我们可以说: $\mathrm{Spin}(9)$ 只能是一个局部对称流形的和乐群, 但其他的群都可以被实现为一个非局部对称流形的和乐群. 其中的细节可看 §3.

在上面我们已经提到过, 一直到 1955 年 (Berger 的分类定理发表的一年) 为止, 和乐群对于几何学家的吸引力在于它似乎可以被用来区分一般的非等距的黎曼流形. Berger 定理粉碎了这个幻想, 因为和乐群的可能性实在是太少了. 因此, 尽管 Elie Cartan 和陈省身对和乐群的期望很高, 在后来的二十五年中 (1956—1980), 大家对这个群的兴趣大大减弱. 和乐群的研究变成了一个小题目. 我们可以通过一个实例来说明这个现象. 在 1954 年, 陈省身推广了在 Hodge 理论内一个所谓 Lefschetz 分解的定理 ([CHN2], 这篇文章直至 1957 年才面世). 我们先略微解释什么是 Lefschetz 分解. 若 M 是一个紧的 n 维 Kähler 流形 (定义见 §3 中引理 7 的证明), 命 H^m 为上同调群 $H^m(M, \mathbf{C})$. 根据第一章所证明的 Hodge 定理, 可以将 H^m 与 m 次 (复) 调和形式认同. 若 Ω 是 M 的 Kähler 形式, 熟

知 $\Omega \in H^2$. 同时由于 M 是 Kähler 流形 (即 $d\Omega = 0$), 可证: 如果 η 是一个调和形式, 则 $\Omega \wedge \eta$ 仍然是调和的. 因此可以定义算子 $L : H^m \to H^{m+2}, \forall m \geqslant 0$, 使得 $L(\eta) = \Omega \wedge \eta$. 命 $P^{n-k} \equiv \ker\{L^{k+1} : H^{n-k} \to H^{n+k+2}\}$, 它称为**本源上同调** (primitive cohomology). Lefschetz 分解就是指恒等式 $H^m = \bigoplus_k L^k P^{m-2k}$ (见 [GH], p.122). 要说清楚这个定理的意义就得先说清楚所谓 Lefschetz 超曲面定理, 在这里只能略过不谈. Lefschetz 分解的证明, 一般是依靠一些所谓 Kähler 度量的 Hodge 恒等式. 好处是比较简单, 而弊处就是使人产生一种错觉, 以为这个分解的成立, 可能是 Kähler 度量的一个出人意料的推论. 陈省身的文章 [CHN2] 指出, 其实这个分解是有一个深入的群论性质的理由的. 更精确一点, Lefschetz 分解其实是 U(n) 表示理论的一个自然推论. 下面作一些比较详细的解释.

首先我们考虑如何在黎曼几何的范围内去认识 Kähler 度量的问题. 不难证明 (见 §3 的引理 7), 黎曼流形 M 是 Kähler 流形的充要条件是 M 的整体和乐群 H^* 满足 $H^* \subset$ U(n)($\dim_R M = 2n$). 这个包含关系的确切意义在下面的 (37) 有解释. 因此, 一般来说, 我们可以考虑一个 n 维紧致黎曼流形 M, 以及 SO(n) 内的一个紧子群 G, 然后对 $H^* \subset G$ 的包含关系进行研究. 陈省身在 [CHN2] 中的主要定理的粗略说法就是: 对于每一个包含关系 $H^* \subset G$, 必定有一个对应的 Lefschetz 分解, 而且当 $G =$ U($n/2$) 时, 所得到的分解就是古典的、原来的 Lefschetz 分解. 细节如下. 固定一点 $x \in M$. 由于 G 作用于 M_x, 所以也作用于 $\bigwedge^m M_x^* \equiv M_x^* \wedge \cdots \wedge M_x^*$ (m 次), 其中 M_x^* 是 M_x 的对偶空间. 其定义是:

$$(g(f))(X) \equiv f(g(X)), \quad \forall g \in G, \forall f \in M_x^*, \forall X \in M_x,$$
$$g(f_1 \wedge \cdots \wedge f_m) \equiv g(f_1) \wedge \cdots \wedge g(f_m),$$
$$\forall g \in G, \forall f_1, \cdots, f_m \in M_x^*.$$

现设在 G 的作用下, $\bigwedge^m M_x^*$ 有一个不变子空间 W, 即 $G(W) \subset W$. 由于 $H^* \subset G$, 所以 W 亦是 H^* 的不变子空间. 命 $\bigwedge^m TM^*$ 为余向量丛 TM^* 的 m 次外积. 用第一和乐原理的办法, 显然可以用 W 来定义这个向量丛 $\bigwedge^m TM^*$ 的一个子丛 $\mathscr{W}$, 使 $\mathscr{W}$ 为一个平移不变的子丛. 换句话说, 设 $y \in M, \zeta$ 是从 x 到 y 的曲线, 所以平移同构 $\zeta : M_x \to M_y$ 诱导出 $\bar{\zeta} : \bigwedge^m M_x^* \to \bigwedge^m M_y^*$, 使得 $\forall f_1, \cdots, f_m \in M_x^*$ 有

$$\bar{\zeta}(f_1 \wedge \cdots \wedge f_m) = (\bar{\zeta}^*)^{-1} f_1 \wedge \cdots \wedge (\bar{\zeta}^*)^{-1} f_m.$$

$\mathscr{W}$ 的定义就是: $\mathscr{W}_y \equiv \overline{\zeta}(W)$, 这个定义不依赖 ζ 的选取. 注意, $\mathscr{W}_y$ 是 $\bigwedge^m M_y^*$ 的子空间, $\forall y \in M$. 所以有正交投影 $Q_y : \bigwedge^m M_y^* \to \mathscr{W}_y, \forall y \in M$. 如果 η 是一个 m 次外形式, 则可定义外形式 $Q\eta$, 使得 $(Q\eta)(y) = Q_y(\eta(y))$. 这样, $Q\eta$ 是一个取值于 $\mathscr{W}$ 的外形式, 即 $(Q\eta)(y) \in \mathscr{W}_y, \forall y \in M$. 陈省身在 [CHN2] 中的主要定理说: Q 与 Laplace 算子 Δ 可交换, 即 $Q\Delta = \Delta Q$. 这个定理蕴涵着, 如果 η 是一个调和形式, 则 $Q\eta$ 也是一个调和形式. 同时, 如果我们命 $\mathscr{W}^\perp$ 为 $\mathscr{W}$ 在 $\bigwedge^m TM^*$ 内的正交补, 则也有对应的正交投影 $Q^\perp : \bigwedge^m TM^* \to \mathscr{W}^\perp$. 于是, $\forall \eta, \eta = Q\eta + Q^\perp\eta$, 即任何的调和形式都可以表达为两个调和形式的和, 一个取值在 $\mathscr{W}$ 内, 另一个取值在 $\mathscr{W}^\perp$ 内. 由于 G 是紧李群, 所以 $\bigwedge^m M_x^*$ 在 G 的作用下分解成 G 的不可约不变子空间 $W_1, \cdots, W_k$ 的正交直和. 所以, 上面的论证加上归纳法就导致下面的定理:

任何 m 次调和形式 η 都是 k 个调和形式 $\eta_1, \cdots, \eta_k$ 的和, 而且每个

η_i 取值于 $\mathscr{W}_i$, 其中 $\mathscr{W}_i$ 是对于 W_i 所定义的 $\bigwedge^m TM^*$ 的子丛.

如果 $G = \mathrm{U}(n/2) \subset \mathrm{SO}(n)$, 则黎曼度量成为 Kähler 度量. 现在考虑 $\mathrm{U}(n/2)$ 在 $\bigwedge^m M_x^*$ 上的作用. 沿用前面的记号, 若 P^{m-2k} 是 H^{m-2k} 内的本源上同调, 则可以将每个 $L^k P^{m-2k}(x)$ 看成 $\bigwedge^m M_x^*$ 内的一个子空间. 在 [CHN2] 中, 陈省身算出 $L^k P^{m-2k}(x)$ 其实就是 $\bigwedge^m M_x^*$ 中在 $\mathrm{U}(n/2)$ 的作用下的不可约不变子空间 (说得更精确一点, 已知 M_x 是复向量空间, 所以可以定义 $(M_x^*)'$ 为 M_x 上所有复线性泛函的空间, $(M_x^*)''$ 为 M_x 上所有共轭复线性泛函的空间. 于是 $(M_x^*)' \subset M_x^*, (M_x^*)'' \subset M_x^*$, 同时 $\bigoplus_{p+q=m} (\bigwedge^p (M_x^*)') \wedge (\bigwedge^q (M_x^*)'') \subset \bigwedge^m M_x^*$. $L^k P^{m-2k}(x)$ 是 $\mathrm{U}(n/2)$ 在左边作用下的一个不可约子空间). 所以, 陈省身的定理包含了古典的 Lefschetz 分解定理.

从概念上看来, 陈省身的这个定理是非常好的, 因为它不仅加深了我们对于 Lefschetz 分解的了解, 而且保证了一旦得知整体和乐群 H^* 是 $\mathrm{SO}(n)$ 内的一个真子群, 就可以得到一个新的广义 Lefschetz 分解. 问题是, H^* 的可能性有多少? Berger 分类定理所给出的答案是: 很少. 所以, 陈省身的这个定理的普遍性就自然受到极大的限制. 为了简化讨论起见, 目前不妨只考虑单连通的紧致流形 M, 所以有 $H^* = H$. 另一方面, 不妨设 M 是不可约的 (参看引理 2). 再者, 对称空间的上同调是应该可以用李群理论来控制的, 而不需要求助于这种一般性的定理,

所以不妨只考虑非局部对称的流形. 那么在 (16) 所列的群当中, 除了 Spin(7) 和 G_2 两个特例之外, 只有 $U(n), SU(n), Sp(n), Sp(n) \cdot Sp(1)$ 可供挑选 (在上面我们已经提到过, Spin(9) 只能是局部对称流形的和乐群). 如果 $H \subset U(n)$, 这就是古典的 Kähler 流形的情形. 如果 $H \subset SU(n)$, 则所得的分解仍是古典的 Lefschetz 分解. 如果 $H \subset Sp(n)$, 由于亦有 $Sp(n) \subset U(2n)$ (见 §3 中 IV 的讨论), 所以一方面这些流形也是 Kähler 流形, 另一方面在这种情形所得的广义 Lefschetz 分解可以用经典的 Kähler 流形的办法算出来 (见 [WA]), 而不必借助于陈省身的定理. 于是, [CHN2] 的定理唯一能够给出新信息的情况就只有 $H \subset Sp(n) \cdot Sp(1)$. (这个问题后来由 [KR] 和 [BON1] 这两篇文章解决了.)

把陈省身定理说清楚之后, 现在回来讨论上文要说明的历史性问题, 就是在 1956—1980 年间, 几何学家对和乐群的态度. 在 1962 年 5 月, A. Weil 在 Bourbaki 讨论班作了一个学术报告, 介绍 [CHN2]. Weil 当时并不知道 Berger 的分类定理, 但事后 Borel 和 Lichnerowicz 告诉了他. 所以在发表的演讲稿 [WE] 中, Weil 加了一个后记 (Post-scriptum) 提及这件事, 并补充说: Berger 这个分类性的结果显示和乐群的可能性是狭窄到使人难以置信. ⋯⋯ 这自然大大地减弱了上面所报道的定理的重要性. Weil 在写这个后记时, 不一定具体地知道陈省身这个定理只能在 $H \subset Sp(n) \cdot Sp(1)$ 的情况下才能超越古典的 Lefschetz 分解. 但是他这几句话就足以很好地说明, 为什么在这一段时间里大家对和乐群的态度是如此冷淡.

在这里我们应该指出一个事实, 就是在一般情形下, 和乐群 H 和整体和乐群 H^* 的关系是不太明确的. 所以尽管 Berger 的定理将 H 作了分类, 但是对于 H^* 则只带来一点零碎的信息. 比方说, 在前面我们已从 (16) 作出了一个推论, 就是如果维数 d 是奇数, 而且 $d \neq 7$, 则有 $H = SO(d)$. 在这种情形下, 自然也有 $H^* = H = SO(d)$. 沿用这个想法, Berger 在 [BER1] (p.327) 中证明了: 设 M 是一个有定向的、非局部对称、有不可约和乐群 H 的黎曼流形, 则在下面任意一个假设下都有 $H = H^*$:

(a) M 的维数是奇数;

(b) $H = U(2n + 1)$;

(c) $H = Sp(n) \cdot Sp(1)$, 或 Spin(7), 或 G_2.

另外还有一个相近的结果: 一个紧致、不可约且 Ricci 曲率 $\geqslant 0$ 的黎曼流形的整

体和乐群 H^* 一定是 O(n) 内的紧致李子群. 这是由 J. A. Wolf, Cheeger-Gromoll, Berger 的工作合力而得的, 见 [CG].

下面要讨论的是有关 Berger 分类定理的发展, 特别是它的应用. 首先要提请读者注意一个非常突出的事实, 就是在 (16) 所列出的群当中, 如果再加上 Sp$(n) \times$ SO(2) (这个群作用于单位球面 S^{4n-1}), 就得到了所有能够在欧氏空间的单位球面上有可迁作用的连通紧致李群 (见 [BOR1], [BOR2] 和 [MONS]. **可迁性** 是指球面上任意一点在该群作用下的轨道恰是该球面本身). 第一个指出这个事实的人是 A. Borel (在一般的书籍甚至文章中, 在这方面的一个常见的错误是以为 (16) 已经列出所有能在球面上有可迁作用的群. 而事实上, 正如上面所说, 还需要加上 Sp$(n) \times$ SO(2) 才行. 自然, [BES2] 中的叙述是正确的). 所以从 Berger 的分类定理我们得到

定理 1 设 M 是一个非局部对称的黎曼流形. 如果 M 的和乐群是不可约的, 则 H 在切空间的单位球面上的作用必定是可迁的.

我们可以把这个定理说得更清楚一点. 在上面已经讲过, 局部对称黎曼流形的和乐群必定与一个单连通对称空间的和乐群同构 (引理 4). 一个有趣的事实是, 对称空间的和乐群的可迁性是可以直接用它的秩来表达的 (所谓对称空间的**秩**是指它的极大全测地平坦子流形的维数). 从分类理论得知, 紧致、秩为 1 的单连通对称空间就是单位球面 S^n, 复射影空间 $P_n\mathbf{C}$, 四元数射影空间 $P_n\mathbf{H}$ 和 Cayley 射影平面 $P_2\mathbf{Ca}$. 它们的和乐群分别是 SO(n), U(n), Sp$(n) \cdot$ Sp(1) 和 Spin(9). 这些都已经出现在 (16) 之中, 所以它们都在单位球面上有可迁的作用. (每一个紧致的单连通对称空间 M 都有一个非紧的**对偶对称空间** M'. 这个 M' 必与欧氏空间可微同胚, 而且 M' 和 M 有相同的和乐群, 参看 [HE] 第 199 页. 例如, 有常曲率 $+1$ 的单位球面 S^n 的对偶就是有常曲率 -1 的双曲空间 H^n. 为了简便起见, 一般说来我们只需要讨论紧致的对称空间.) 反过来说, 秩为 k $(k \geqslant 2)$ 的局部对称空间的和乐群是不可能可迁地作用在单位球面上的. 这个断言的证明如下. 设 M 是单连通对称空间. 取 $x \in M$, 命 N 是通过 x 的一个极大全测地平坦子流形. 假定 M 的秩 $\geqslant 2$, 因此 $\dim N \geqslant 2$. 由初等的对称空间理论得知, N 满足 $R_{XY} = 0$, 其中 X, Y 是 N 的切向量 ([HE] 中定理 4.2, 第 180 页). 于是 $\forall Z, W \in M_x$, 有 $\langle R_{ZW}X, Y \rangle = \langle R_{XY}Z, W \rangle = 0$, 因此 $\forall Z, W \in M_x, R_{ZW}N_x \perp N_x$. 根据引理 3, 这等价于 $\mathfrak{y}(N_x) \perp N_x$, 其中 $\mathfrak{y}$ 是和乐

代数, 因而它的成员是作用在 M_x 上的线性变换. 由于 N_x 的维数大于 1, 所以 $\dim \mathfrak{y}(N_x) \leqslant n-2$ (其中 $n = \dim M$). 特别是, 如果 $X \in N_x \cap S$ (S 是指 M_x 内的单位球面), 则 $\dim \mathfrak{y}(X) \leqslant n-2$. 从直观上来看, 这就证明了 H 在 S 上的作用是不可迁的, 因为由 (1) 得到 $\dim H(X) \leqslant n-2, \forall X \in N_x \cap S$, 即 X 在 H 作用下的轨道的维数 $\leqslant n-2$, 这与可迁性矛盾. 这个推导是不够严格的, 因为 $H(X)$ 的维数还得好好地定义. 我们现在给出一个比较严格的论证. 定义映射 $\varphi : H \to S$, 使得 $\varphi(g) = g(X)$, 其中 X 是 S 上的一个固定元素. 注意: 若 e 是 H 内的单位元素. 则 $\varphi(e) = X$, 所以 $\mathrm{d}\varphi_e : H_e \to S_X$, 其中 H_e 是 H 在 e 处的切空间, 亦即李代数 $\mathfrak{y}$. 因此, 由 (1) 式得到 $\mathrm{d}\varphi_e(A) = A(X), \forall A \in \mathfrak{y}$, 于是 $\mathrm{d}\varphi_e(\mathfrak{y}) = \mathfrak{y}(X)$, 所以 $\mathrm{d}\varphi_e$ 作为线性映射的秩是 $\operatorname{rank} \mathrm{d}\varphi_e = \dim \mathfrak{y}(X)$. 若取 $X \in N_x \cap S$, 则 $\operatorname{rank} \mathrm{d}\varphi_e \leqslant n-2$. 现在我们可以用这个不等式来证明 H 在 S 上的作用是不可迁的. 假如 H 在 S 上的作用是可迁的, 则 $\varphi(H) = S$. 根据 Morse-Sard 定理可知, 一定有 $h \in H$, 使得 $\mathrm{d}\varphi$ 在 h 处的秩 $= \dim S = n-1$. 现有交换图表:

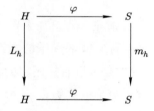

其中 $L_h : H \to H$ 是李群 H 的左平移, 即 $L_h(g) = hg, \forall g \in H$. 又 $m_h : S \to S$, 使得 $m_h(Y) = h(Y), \forall Y \in S$. L_h 及 m_h 显然都是可微同胚, 所以 $\mathrm{d}L_h$ 和 $\mathrm{d}m_h$ 都是同构. 于是我们有下面的交换图表:

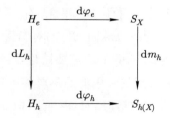

由此得到 $\operatorname{rank} \mathrm{d}\varphi_h = \operatorname{rank} \mathrm{d}\varphi_e \leqslant n-2$, 这与 $\operatorname{rank} \mathrm{d}\varphi_h = n-1$ 相矛盾. 所以 H 在 S 上的作用是不可迁的. 总结这个讨论, 并且用引理 4, 则有

引理 5 设 M 是一个局部对称的、有不可约和乐群 H 的黎曼流形, $x \in M$,

则 H 在 M_x 中的单位球面上有可迁作用当且仅当 M 的秩等于 1.

由定理 1 和引理 5, 我们便得到一个非常精彩的定理刻画所有秩 $\geqslant 2$ 的局部对称空间:

定理 2 若一个单连通、不可约黎曼流形 M 的和乐群在切空间的单位球面上的作用是不可迁的, 则 M 必定是一个秩 $\geqslant 2$ 的局部对称空间.

假如我们愿意以 [BOR1], [BOR2] 和 [MONS] 的分类定理为出发点, 即所有在单位球面上有可迁作用的连通、紧致李群是 (16) 所列的各个群加上 $\mathrm{Sp}(n) \times \mathrm{SO}(2)$, 则由定理 2 或定理 1 就可以推出 Berger 的分类定理. 事实上, 只要证明 $\mathrm{Sp}(n) \times \mathrm{SO}(2)$ 不可能是和乐群就行了, 这一点在 [BER1] 的第 316 页已被证实了. 所以定理 2 和 Berger 分类定理是等价的. 另一方面, 这两个定理有一个微妙的区别, 就是 Berger 的定理把和乐群的可能性逐一列出, 而定理 2 则与任何分类理论毫无关系. 所以, 一个很自然的问题是: 定理 2 是否有一个直接的、内蕴的证明? 要知道为什么这个问题是有意思的, 我们就得粗略地说一下 Berger 在 [BER1] 里是如何证明他的分类定理的. 由假设, 和乐代数 $\mathfrak{y}$ 是不可约的. 不可约的李代数 (甚至李群) 早已被 Elie Cartan 完全分类, 这个分类是用单李群的分类作出的 (后者也是 Elie Cartan 的工作). 加上 $\mathfrak{y} \subset \mathfrak{so}(d)$ 的要求, 立即可以看出 $\mathfrak{y}$ 的可能性已经不多了. 可是根据和乐定理, $\mathfrak{y}$ 一定是由一组曲率算子 $\{R_i\}$ 线性生成的. 熟知曲率张量 R 必定满足 Bianchi 恒等式

$$R_{XY}Z + R_{YZ}X + R_{ZX}Y = 0. \tag{19}$$

由于 $\mathfrak{y} = \mathrm{Span}\{R_i\}$, 加上每个 R_i 要满足 (19), 结果发现在大多数情形下每个 R_i 都得恒等于零 (这个现象在 §1 的例 1 中已经见过了). 这就等于说, 在大多数情况下 $\mathfrak{so}(d)$ 内的不可约李子代数是不可能作为和乐代数的. 经过一个冗长的逐一消去过程, 剩下来的李代数只能是 (16) 所列的各个群的李代数. 仅仅从这个简短的叙述中, 读者一定已经可以看到这种证明方法是不可能增进我们对于定理 2 的任何了解的. 所以在 Berger 的文章 [BER1] 发表以后, 大家要求有一个定理 2 的直接证明. 七年之后, J. Simons 在 1962 年发表的文章 [SIM] 中给出了这个证明. 到目前为止, Simons 的证明仍然是对于曲率张量所作的在代数方面最精细的分析. (一个有趣的巧合是, [BER1] 和 [SIM] 分别是 Berger 和 Simons 的博士论文.)

Simons 的想法可以很粗地说一说. 他首先将和乐群作一个纯粹代数性的推广, 然后用线性代数来证明, 如果这种和乐群不能在单位球面上有可迁作用, 则它一定是一个对称空间的和乐群. 这是 [SIM] 的主要定理, 也是该文章最精彩的部分. 最后他把代数与几何联结起来就得到定理 2. 在下面的几个段落里, 我们再给出一些细节 (都取材于 [SIM]).

设 V 是一个 n 维内积空间. 称 V 上的一个 (1,3) 型张量 R 为**曲率张量**, 如果 R 满足熟知的恒等式. 就是说, 如果用记号 $R_{xy} : V \to V, \forall x, y \in V$, 则对于所有的 $x, y, z, w \in V$ 必有如下的恒等式:

$$R_{xy} = -R_{yx}, \tag{20.1}$$

$$R_{xy}z + R_{yz}x + R_{zx}y = 0, \tag{20.2}$$

$$\langle R_{xy}z, w \rangle = -\langle R_{xy}w, z \rangle, \tag{20.3}$$

$$\langle R_{xy}z, w \rangle = \langle R_{zw}x, y \rangle. \tag{20.4}$$

在 V 上的所有曲率张量的集合记为 $\mathscr{R}$, 显然 $\mathscr{R}$ 为向量空间. 若 $g \in O(n)$ (即正交群, 亦看作 V 的线性等距自同构群), $R \in \mathscr{R}$, 命

$$(g(R))_{xy} = gR_{g^{-1}(x)g^{-1}(y)}g^{-1}. \tag{21}$$

易证 $g(R)$ 也满足 (20.1)—(20.4), 所以 $g(R) \in \mathscr{R}$. 于是 (21) 定义了 $O(n)$ 在 $\mathscr{R}$ 上的一个表示. 设 G 是 $O(n)$ 的一个连通紧致李子群, $\mathfrak{g}$ 是 G 的李代数. 若 $\forall x, y \in V$ 有 $R_{xy} \in \mathfrak{g}$, 则称 G 为曲率张量 R 的和乐群. 又称这样的 $\{V, R, G\}$ 为一个和乐系统. 易证: 若 G 是 R 的和乐群, 则 $\forall g \in G, G$ 也是 $g(R)$ 的和乐群 (从 Ambrose-Singer 和乐定理的观点看来, 这一大堆定义其实是自然不过的事实).

设 $\{V, R, G\}$ 是一个和乐系统, 若 $\forall g \in G, g(R) = R$, 则称该和乐系统是对称的. 将 (17) 和 (21) 相对照 (注意: 我们可以把 (17) 式写成 $R_{xy} = \widetilde{\zeta}^{-1} R_{\widetilde{\zeta}(X)\widetilde{\zeta}(Y)} \widetilde{\zeta}$) 就会明白, 对称和乐系统这个概念也是理所当然的. 更进一步我们要指出, 对称的和乐系统在某种意义下与对称空间是等价的. 原因是这样: 既然已知 G 作用于 $\mathscr{R}$, 所以由 (1) 式 $\mathfrak{g}$ 亦作用于 $\mathscr{R}$. 用 (1) 及初等的推证不难看出, $\forall A \in \mathfrak{g}$, 有

$$A(R)_{xy} = -R_{A(x)y} - R_{xA(y)} - [R_{xy}, A]. \tag{22}$$

易见 $A(R)$ 也是一个曲率张量, 而且如果 G 是 R 的和乐群, 及 $A \in \mathfrak{g}$, 则 G 也是 $A(R)$ 的和乐群. 因为 (1) 的关系, $\{V, R, G\}$ 是对称和乐系统的充要条件是 $A(R) = 0, \forall A \in \mathfrak{g}$. (这个断言当然依赖 G 的连通性.) 所以 $\{V, R, G\}$ 是对称和乐系统当且仅当 $\forall A \in \mathfrak{g}, \forall x, y \in V$, 有

$$R_{A(x)y} + R_{xA(y)} + [R_{xy}, A] = 0. \tag{23}$$

设 $\{V, R, G\}$ 是一个和乐系统. 命 $G(R)$ 为所有 $g(R)(g \in G)$ 在 $\mathscr{R}$ 内线性生成的子空间, 所以 $G(R)$ 是一组曲率张量. 又命 $\mathfrak{g}^R$ 为所有 Q_{xy} (其中 $Q \in G(R), x, y \in V$) 在李代数 $\mathfrak{g}$ 内线性生成的子空间. 由 (22) 及一些初等的推导, 则可推出 $\mathfrak{g}^R$ 一定是 $\mathfrak{g}$ 内的一个理想, 特别地 $\mathfrak{g}^R$ 是一个李代数. 现在考虑如何从一个对称的 $\{V, R, G\}$ 诱导出一个对称空间. 命 J 为向量空间 $\mathfrak{g}^R \oplus V$. 在 J 上引进如下的李代数结构: 若 $A, B \in \mathfrak{g}^R$, 则 $[A, B]$ 如通常所定义. 若 $x, y \in V$, 则 $[x, y] \equiv R_{xy}$. 又若 $A \in \mathfrak{g}^R, x \in V$, 则 $[A, x] \equiv A(x)$. 由 (23) 可知 J 确实是一个李代数, 而且有

$$[\mathfrak{g}^R, \mathfrak{g}^R] \subset \mathfrak{g}^R, \quad [V, V] \subset \mathfrak{g}^R,$$
$$[\mathfrak{g}^R, V] \subset V.$$

在 J 中有对合自同构 s, 使得 s 的对应于特征值 1 和 -1 的特征子空间分别为 $\mathfrak{g}^R$ 和 V, 于是 (J, s) 成为所谓的**正交对称李代数**. 一个标准的结果 ([HE], 第 178 页) 说一定有一个单连通的对称空间 M, 使得 V 和 M 的一个切空间认同之后, M 的曲率张量就是 R, 而且 M 的和乐代数就是 $\mathfrak{g}^R$.

上面的结论有一个美中不足之处, 即若 $\{V, R, G\}$ 是一个对称和乐系统, 我们还不能说一定有一个对称空间使其和乐代数就是 $\mathfrak{g}$. 事实上这样的结论是不正确的, 因为在一般的情形下 $\mathfrak{g}$ 可能太大, 即 $\mathfrak{g}^R \subsetneq \mathfrak{g}$ (例如: 命 R_0 为恒等于零的曲率张量, 则 $\{V, R_0, O(n)\}$ 是一个和乐系统. 显然, 对应的对称空间是欧氏空间, 它的和乐代数是零). 现在引进定义: 一个和乐系统 $\{V, R, G\}$ 称为不可约的, 如果 G 在 V 上的作用是不可约的. 假如 $\{V, R, G\}$ 是一个不可约的对称和乐系统, 而且 $R \neq 0$, 则可以证明 $\mathfrak{g}^R = \mathfrak{g}$. 所以, 如果 $\{V, R, G\}$ 是一个不可约的对称和乐系统, 而且 $R \neq 0$, 则一定有一个对称空间, 使得它的和乐群为 G, 曲率张量为 R. 另一方面, 在一般情形下只有 $\mathfrak{g}^R$ (而不是 $\mathfrak{g}$) 才是要紧的. 事实上, 用一些

基本的李群理论可以证明, 若命 G^R 是 G 内与 $\mathfrak{g}^R$ 对应的连通李群, 则 G^R 是一个正规紧致李群. 特别是:

$$\text{若 } \{V, R, G\} \text{ 是和乐系统, 则 } \{V, R, G^R\} \text{ 也是和乐系统.} \tag{24}$$

现在我们可以叙述 [SIM] 的主要定理了:

$$\begin{aligned} &\text{设 } \{V, R, G\} \text{ 是一个不可约和乐系统, 如果 } G^R \\ &\text{在 } V \text{ 的单位球面 } S^{n-1} \text{ 上的作用是不可迁的,} \\ &\text{则 } \{V, R, G\} \text{ 是一个对称的和乐系统.} \end{aligned} \tag{25}$$

证明 (25) 的主要工具是 G^R 的可迁性的一个刻画. 称 V 内的一个子空间 W 为 **平坦子空间**, 如果 $\forall w, v \in W, \forall Q \in G(R)$ 有 $Q_{wv} = 0$. 任何一维子空间显然是平坦的 (因为 (20.1) 之故), 所以称维数 $\geqslant 2$ 的平坦子空间为**非平凡的**. 现有

$$\begin{aligned} &G^R \text{ 在 } V \text{ 的单位球面上的作用是可迁的,} \\ &\text{当且仅当在 } V \text{ 内不存在非平凡的平坦子空间.} \end{aligned} \tag{26}$$

断言 (26) 的证明基本上就是前面的引理 5 的证明, 因此略去. 现在从 (26) 出发, 则可把 (25) 的证明归结为证明:

$$\begin{aligned} &\text{若 } V \text{ 有一个非平凡的平坦子空间 } W, \\ &\text{则 } \forall A \in \mathfrak{g}, \text{ 有 } A(R) = 0. \end{aligned} \tag{27}$$

(参看 (22) 式以下的讨论.) (27) 的证明是一连串技巧性非常高的线性代数引理, 而且缺乏任何几何上的直观性 (笔者曾问过 Simons 怎么会想出这么复杂而巧妙的证明的, 他说一旦认清楚 (27) 是一个纯粹线性代数的定理之后, 他就不考虑任何几何的想法, 而只拼命从线性代数运算的方向去想). 下面的过分简化的描述, 也许会给读者提供一个大意. (27) 的证明用双重归纳法. 首先对 $\dim V$ 进行归纳. 显然 $\dim V = 1$ 不成问题. 现设所有不可约和乐系统在 $\dim V \leqslant n$ 时都满足 (27), 要证明对于不可约和乐系统 $\{V, R, G\}$, 且 $\dim V = n + 1$, 则 (27) 也成立. 因此假设 V 有一个非平凡平坦子空间 W. 对每个 $Q \in G(R)(G(R)$ 是所有的 $g(R)(\forall g \in G)$ 在 $\mathscr{R}$ 内线性生成的子空间, 见 (23) 以下的讨论), 定义映射

$$T_Q : W \times W \to \{V \text{ 上的所有对称变换}\}$$

使得 $\forall w, v \in W, \forall x \in V$ 有

$$T_Q(w, v)(x) \equiv Q_{wx} v.$$

对于任意一个固定的 Q, 可以证明这些 $\{T_Q(w,v), w, v \in W\}$ 都是互相可交换的对称变换, 所以有共同的特征向量, 特别有共同的、对应于特征值为零的向量子空间 N_Q. 命 $Z(W) = \bigcap\limits_{Q \in G(R)} N_Q$. 简单的推导表明不妨假设 $Z(W) \neq V$. 对于 $Q \in G(R)$, 命 $\widehat{Q}$ 为 Q 在 $Z(W)$ 上的限制. 又命 $H' \equiv \{h \in G : h(Z(W)) \subset Z(W)\}$, 则 H' 是 G 的紧子群. 将 H' 在 $Z(W)$ 上的限制记为 H, 则 $\{Z(W), \widehat{Q}, H\}$ 是一个和乐系统. 由另一个简单的推证知道, 不妨假设 $\{Z(W), \widehat{Q}, H\}$ 是不可约的. 由于 $Z(W) \neq V$, 所以 $\dim Z(W) \leqslant n$. 因此从归纳法假设可知, 对于$\{Z(W), \widehat{Q}, H\}$, (27) 成立. 由这个结论及 W 的平坦性, 可以证明

$$Q_{wy} z = 0, \quad \forall Q \in G(R), \quad \forall w \in W, \quad \forall y, z \in Z(W). \tag{28}$$

现在用 (28) 对 $\dim \mathfrak{g}^R$ 进行归纳. 在 $\dim \mathfrak{g}^R$ 为零的时候不成问题. 现设对所有的 $\dim \mathfrak{g}^R \leqslant p$ 的和乐系统 $\{V, R, G\}$, (27) 都成立. 设有 $\dim \mathfrak{g}^R = p + 1$. 首先要证明 $\mathfrak{g}^R$ 有一个基底 $\{A_1, \cdots, A_L\}$ 使得 $\dim \mathfrak{g}^{A_i(R)} < \dim \mathfrak{g}^R = p + 1$, $\forall i = 1, \cdots, L$. 这个基底的存在要依靠 (28). 这样 $\{V, A_i(R), G\}$ 是满足第二个归纳法假设的一个和乐系统, 所以 $\forall B \in \mathfrak{g}$ 有 $B(A_i(R)) = 0$. 固定 B, 将 B 写成 $B = \sum\limits_i a_i A_i, a_i \in \mathbf{R}$. 由于 $\sum\limits_i a_i B(A_i(R)) = 0$, 因此 $B^2(R) = 0$. 但是在 $\mathscr{R}$ 上有一个自然的内积 (因为 $\mathscr{R}$ 可以看成所有的对称线性变换 $\bigwedge^2 V \to \bigwedge^2 V$ 的集合, 而在 $\bigwedge^2 V$ 上有 Killing 形式), 而对于这个内积, B 是反对称算子. 所以由 $B^2(R) = 0$ 得到 $\langle B^2(R), R \rangle = -\langle B(R), B(R) \rangle = 0$, 故 $B(R) = 0$. 由于 B 是 $\mathfrak{g}$ 内的任意一个元素, 于是 (27) 成立. (25) 证毕.

现在用 (25) 来作几何上的推论. 若 M 是不可约的单连通黎曼流形 (不妨设 $\dim M \geqslant 3$, 因为当 $\dim M = 2$ 时没有什么可证的). $\forall x \in M$, 设 H_x 是以 x 为基点的和乐群. 又命 R 为 M 的曲率张量, $R(x)$ 是 R 在 x 点上的值. 显然 $\{M_x, R(x), H_x\}$ 是一个不可约的和乐系统. 设 H_x 在 M_x 内的单位球面上有不可迁作用, 则由 (25) 知道 $\{M_x, R(x), H_x\}$ 是一个对称的和乐系统. Simons 在 [SIM] 中证明: 如果一个维数大于 2 的不可约黎曼流形 M 满足条件: $\forall x \in M$, $\{M_x, R(x), H_x\}$ 为一个对称和乐系统, 则 M 本身一定是局部对称的. 这个结果蕴涵着定理 1, 所以也蕴涵定理 2.

§3 和乐群的实现问题

现在开始讨论 Berger 分类定理所提出的实现问题, 即是说: 在 (16) 中所列出的每个群是否都是一个非局部对称黎曼流形的和乐群 (注意: 这些和乐群一定是不可约的, 因为它们在切空间的单位球面的作用是可迁的). 下面我们要对每个群分别进行讨论, 并给出有关的定义. 首先我们要弄清楚一个流形的和乐群是一个李群 $\widetilde{G}$ 的意义. 命 SO (n) 为特殊正交群, 即满足条件 $\det g = +1$ 的所有 $n \times n$ 正交矩阵 g 的集合. 通过 $\boldsymbol{R}^n$ 上的典范基底, 我们把 SO (n) 与 $\boldsymbol{R}^n$ 上 (对于典范内积的) 所有其行列式为 1 的线性等距变换的群等同起来 (由于以下讨论只牵涉内积空间之间的线性变换, 有时我们将线性等距变换简称为等距变换). 设 G 为 SO (n) 内的一个紧李子群, 又设 GL (M_x) 为黎曼流形 M 的切空间 M_x 上的自同构群, GL $(n, \boldsymbol{R})$ 为 $\boldsymbol{R}^n$ 上的自同构群. 则任意的等距映射: $\varphi : M_x \to \boldsymbol{R}^n (\dim M = n)$ 必诱导出一个群的同构

$$\widetilde{\varphi} : \mathrm{GL}(M_x) \to \mathrm{GL}(n, \boldsymbol{R}),$$

使得 $\widetilde{\varphi}(f) \equiv \varphi f \varphi^{-1}$, $\forall f \in \mathrm{GL}(M_x)$. 当然 $\mathrm{SO}(n) \subset \mathrm{GL}(n, \boldsymbol{R})$, 所以 $\widetilde{\varphi}^{-1}(\mathrm{SO}(n))$ 就是 M_x 上的所有等距变换的集合. 我们称 M **的和乐群是** G, 如果存在等距映射 $\varphi : M_x \to \boldsymbol{R}^n$, 使得 $\widetilde{\varphi}^{-1}(G) = H$ (M 的和乐群). 同理, 设 K 是 O(n) 的子群 (K 不一定是紧致的), 如果 $\widetilde{\varphi}^{-1}(K) = H^*$, 则称 M **的整体和乐群是** K. 倘若 $\widetilde{G}$ 是任意的一个紧致李群, 称 M 的和乐群是 $\widetilde{G}$, 如果在 $\mathrm{SO}(n)$ 内有一个与 $\widetilde{G}$ 同构的紧致李子群 G, 使得 M 的和乐群是 G. 在 (16) 中有很多群是不太容易看出来如何与 SO(d) 中的紧致李子群同构的. 我们会说清楚这一点.

现在对于 (16) 所列出的群分别作详细的讨论.

(I) SO(n) **特殊正交群** 在 §1 的例 2 中我们已指出单位球面 $S^n \subset \boldsymbol{R}^{n+1}$ (对于它的典范度量) 的和乐群是 SO(n) (参阅引理 3). 一般来说, 大部分的 n 维黎曼流形的和乐群都是 SO(n). 虽然这句话的精确意义从来没有人写下来, 自然从来也没有人去严格证明, 但是通过本节的讨论之后能够体会到大部分的含义. 要具体地构造一个非局部对称、满足 $H = \mathrm{SO}(n)$ 的紧致黎曼流形也是不难的. 命 φ 是 S^n 上的一个 C^∞ 函数, 使得 $0 \leqslant \varphi \leqslant 1$, $\varphi(\varepsilon_{n+1}) = 1$ (其中 $\varepsilon_{n+1} = (0, \cdots, 0, 1)$), 而且 $\mathrm{supp}\, \varphi$ 包含在北半球 $S_+^n \equiv S^n \cap \{x_{n+1} \geqslant 0\}$ 之内. 设 G_0 是 S^n 的典范黎曼度量, 命 $G = (1 + \varphi)G_0$, 则 G 亦是 S^n 上的黎曼度量. 我们

要证明, 对于 G 而言 S^n 是一个非局部对称而满足 $H = \mathrm{SO}(n)$ 的黎曼流形. 先证 (S^n, G) 是非局部对称的. 在 $S^n_{-} \equiv S^n \cap \{x_{n+1} \leqslant 0\}$ 上, $G = G_0$, 所以 (S^n, G) 在南半球 S^n_{-} 上有常曲率. 如果 (S^n, G) 是局部对称的, 由于局部对称空间的截面曲率在平移之下是不变的 (见 (17)), 则通过一个简单的论证立刻得到 G 在整个 S^n 上有常曲率. 由于 φ 是非常值函数, 从初等的计算可知 G 是不可能有常曲率的. 所以 (S^n, G) 是非局部对称的. 另一方面, 从 §1 的例 2 及引理 3 得知 (S^n_{-}, G) 的和乐群一定是 $\mathrm{SO}(n)$ (在 S^n_{-} 上, $G = G_0$), 所以 (S^n, G) 的和乐群也是 $\mathrm{SO}(n)$.

上面所讨论的大概意思是, 若将 S^n 上的典范度量 G_0 作一个小扰动得到新度量 G, 则 (S^n, G) 一定是一个非局部对称且有 $H = \mathrm{SO}(n)$ 的黎曼流形. 另一方面, 我们也已指出有常曲率 -1 的双曲空间 H^n 也以 $\mathrm{SO}(n)$ 为和乐群. 若将 H^n 上的典范双曲度量作同样的扰动, 则可得到一个非局部对称且满足 $H = \mathrm{SO}(n)$ 的非紧完备黎曼流形.

(II) $\mathrm{U}(n)$ **酉群** 这是在 $\boldsymbol{C}^n$ 上对于其典范 Hermite 内积的所有等距复线性变换的集合. 若一个黎曼流形 M 的整体和乐群 H^* 是 $\mathrm{U}(n)$ 的子群, 则 M 必是一个 Kähler 流形. 这句话的精确意义会在引理 7 的证明中说清楚.

首先要解释如何将 $\mathrm{U}(n)$ (同构) 嵌入 $\mathrm{SO}(2n)$. 直观地说, $\boldsymbol{R}^{2n}$ 显然可以与 $\boldsymbol{C}^n$ 认同, 所以 $\mathrm{SO}(2n)$ 就是 $\boldsymbol{C}^n$ 上所有对于典范 Hermite 内积的等距实线性变换. 这样, $\mathrm{U}(n)$ 就刚好是 $\mathrm{SO}(2n)$ 内的所有复线性变换. 在下面的讨论中, 我们将给出其中的细节. 命 G_0 是 $\boldsymbol{C}^n$ 上的典范 Hermite 内积, 就是说, 若 $u = (u_1, \cdots, u_n)$ 和 $v = (v_1, \cdots, v_n)$ 是 $\boldsymbol{C}^n$ 中的任意两个元素, 则

$$G_0(u, v) = \sum_{i=1}^{n} u_i \overline{v}_i.$$

$\boldsymbol{C}^n$ 与 $\boldsymbol{R}^{2n}$ 有一个典范的认同: 设 $u = (u_1, \cdots, u_n) \in \boldsymbol{C}^n$. 若将每个 u_i 写成 $u_i = a_i + \sqrt{-1} a_{n+i}$ $(a_1, \cdots, a_{2n} \in \boldsymbol{R})$, 并定义 $u' = (a_1, \cdots, a_{2n}) \in \boldsymbol{R}^{2n}$, 则 $u \mapsto u'$ 是从 $\boldsymbol{C}^n$ 到 $\boldsymbol{R}^{2n}$ 的一一对应. 若将 $\boldsymbol{C}^n$ 看成一个 $2n$ 维实向量空间, 则这个对应是实向量空间的同构. 现在命 g_0 为 $\boldsymbol{R}^{2n}$ 上的典范内积, 即 $\forall u' = (a_1, \cdots, a_{2n}), v' = (b_1, \cdots, b_{2n})$,

$$g_0(u', v') = \sum_{\alpha=1}^{2n} a_\alpha b_\alpha.$$

显然 $\forall u, v \in \boldsymbol{C}^n$ 有

$$G_0(u,v) = g_0(u',v') + \sqrt{-1} \sum_{i=1}^{n} (a_{n+i}b_i - a_i b_{n+i}).$$

现在用内蕴的方法将最后一项重写. 设 $\boldsymbol{C}^n$ 上的典范坐标为 $z^1, \cdots, z^n$, 它们可视为对偶空间 $(\boldsymbol{C}^n)^*$ 内的单位正交基. 同样在 $\boldsymbol{R}^{2n}$ 上有典范坐标 $x^1, \cdots, x^{2n} \in (\boldsymbol{R}^{2n})^*$. 与上面 $\boldsymbol{C}^n$ 与 $\boldsymbol{R}^{2n}$ 的认同相对应, 我们有

$$z^i = x^i + \sqrt{-1} x^{n+i},$$
$$G_0 = \sum_{i=1}^{n} z^i \otimes \overline{z}^i,$$
$$g_0 = \sum_{\alpha=1}^{2n} x^\alpha \otimes x^\alpha.$$

引进记号

$$\omega_0 \equiv \frac{1}{2\sqrt{-1}} \sum_{i=1}^{n} z^i \wedge \overline{z}^i$$
$$= -\sum_{i=1}^{n} x^i \wedge x^{n+i}$$
$$\equiv \sum_{i=1}^{n} x^{n+i} \otimes x^i - x^i \otimes x^{n+i}, \tag{29}$$

则显然有

$$G_0(u,v) = g_0(u',v') + \sqrt{-1}\,\omega_0(u',v'). \tag{30}$$

称 g_0 为 G_0 的**实部**, 记作 $g_0 = \operatorname{Re} G_0$. 又称 ω_0 为 G_0 的**虚部**, 记作 $\omega_0 = \operatorname{Im} G_0$.

　　由 $\mathrm{U}(n)$ 的定义可知, $f \in \mathrm{U}(n) \Longleftrightarrow G_0(f(u),f(v)) = G_0(u,v), \forall u,v \in \boldsymbol{C}^n$. 但是每个 $f : \boldsymbol{C}^n \to \boldsymbol{C}^n$ 诱导出一个实线性变换 $f' : \boldsymbol{R}^{2n} \to \boldsymbol{R}^{2n}$, 使得 $f'(u') = [f(u)]', \forall u \in \boldsymbol{C}^n$. 易见 $(fg)' = f'g'$, 而且 $f \neq g$ 蕴涵着 $f' \neq g'$. 所以对应 $f \mapsto f'$ 确实是群的单同态: $\mathrm{U}(n) \to \mathrm{GL}(2n, \boldsymbol{R})$. 因此 (30) 蕴涵着, $f \in \mathrm{U}(n)$ 的充要条件是下列两个条件成立:

$$g_0(f'(u'),f'(v')) = g_0(u',v'), \quad \forall u', v' \in \boldsymbol{R}^{2n}, \tag{31}$$
$$\omega_0(f'(u'),f'(v')) = \omega_0(u',v'), \quad \forall u', v' \in \boldsymbol{R}^{2n}. \tag{32}$$

用普通的张量的记号, 这两个条件可以写成:

$$(f')^* g_0 = g_0, \tag{31'}$$

$$(f')^* \omega_0 = \omega_0. \tag{32'}$$

条件 (31′) 说明 $f' \in O(2n)$. 条件 (32′) 的意义不是很明显, 我们要作一个详细的分析. 首先, (32′) 说明 $\det f' = +1$, 因为若将 $\omega_0 \wedge \cdots \wedge \omega_0$ (n 次) 写成 ω_0^n, 则 (32′) 蕴涵着 $(f')^* \omega_0^n = \omega_0^n$. 从普通的线性代数可知 $(f')^* \omega_0^n = (\det f') \omega_0^n$. 显然, $\omega_0^n \neq 0$, 所以 $\det f' = 1$. 因此, 当 (31), (32) 成立时, 则 $f' \in SO(2n)$. 另一方面, (32) 还说明 f' 对于 C 是线性的. 更精确地说, 定义一个 $(2n) \times (2n)$ 矩阵 J_0, 使得

$$J_0 = \begin{bmatrix} 0 & -I_n \\ I_n & 0 \end{bmatrix},$$

其中 I_n 是 $n \times n$ 单位矩阵. 于是 ω_0 对于 $\boldsymbol{R}^{2n}$ 的典范基底 $\{\varepsilon_1, \cdots, \varepsilon_{2n}\}$ 的矩阵 $[\omega_0(\varepsilon_i, \varepsilon_j)]_{1 \leqslant i,j \leqslant 2n}$ 恰好是 J_0, 所以 (32) 等价于如下的矩阵方程:

$$(f')^t J_0 f' = J_0.$$

由于 $f' \in O(2n)$, 所以 $(f')^t = (f')^{-1}$, 故 (32) 等价于

$$J_0 f' = f' J_0. \tag{33}$$

因此

$$\{F \in O(2n) : J_0 F = F J_0\} = \{F \in SO(2n) : J_0 F = F J_0\}.$$

现在要看一看 J_0 究竟是怎么回事. 我们断言: J_0 在 $\boldsymbol{R}^{2n}$ 上的作用就是 $\sqrt{-1}$ 在 $\boldsymbol{C}^n$ 上的数乘法. 说得更清楚一点, 我们有下面的容易验证的等式:

$$(\sqrt{-1}u)' = J_0(u'), \quad \forall u \in \boldsymbol{C}^n \tag{34}$$

(当然, 右边的 J_0 被看作 $\boldsymbol{R}^{2n}$ 上的线性变换). 因为这个原因, 称 J_0 为 $\boldsymbol{R}^{2n}$ 上的**典范复结构**. 注意: $J_0^2 = -I$, 其中 I 是 $\boldsymbol{R}^{2n}$ 上的恒同映射. 在下面我们将会讨论仅满足条件 $J^2 = -I$ 的线性变换 J. 顺便指出: J_0 保持 $\boldsymbol{R}^{2n}$ 的典范内积 g_0 不变, 即

$$g_0(J_0(u'), J_0(v')) = g_0(u', v'), \quad \forall u', v' \in \boldsymbol{R}^{2n};$$

此外 J_0 也澄清了 (30) 式中 g_0 与 ω_0 之间的关系, 即有等式

$$\omega_0(u', v') = g_0(u', J_0(v')), \quad \forall u', v' \in \boldsymbol{R}^{2n}. \tag{35}$$

这自然等价于

$$(\operatorname{Im} G_0)(u', v') = (\operatorname{Re} G_0)(u', J_0(v')), \quad \forall u', v' \in \boldsymbol{R}^{2n}. \tag{35'}$$

对于我们眼前的讨论, 变换 J_0 的最重要的性质如下. 命 $F: \boldsymbol{R}^{2n} \to \boldsymbol{R}^{2n}$ 是一个等距线性变换. 断言:

$$\text{若 } FJ_0 = J_0F, \text{ 则有 } f \in \mathrm{U}(n), \text{ 使得 } f' = F. \tag{36}$$

利用 $\boldsymbol{C}^n$ 和 $\boldsymbol{R}^{2n}$ 的典范认同可以定义映射 $f: \boldsymbol{C}^n \to \boldsymbol{C}^n$, 使得 $(f(u))' = F(u')$, $\forall u \in \boldsymbol{C}^n$. 显然 f 对于 $\boldsymbol{R}$ 是线性的. 我们要证 f 对于 $\boldsymbol{C}$ 也是线性的, 亦即证明对于任意的 $u \in \boldsymbol{C}^n$ 有 $f(\sqrt{-1}u) = \sqrt{-1}f(u)$, 即是 $[f(\sqrt{-1}u)]' = [\sqrt{-1}f(u)]'$. 根据 f 的定义以及 (34) 式, 后者的两边化为 $F(J_0(u')) = J_0(F(u'))$. 由于 $FJ_0 = J_0F$, 故上面最后的式子是正确的, 所以 f 是 $\boldsymbol{C}^n$ 上的复线性变换. f 对于 G_0 也是等距的, 因为 $u \to u'$ 是 $\boldsymbol{C}^n$ 到 $\boldsymbol{R}^{2n}$ 的等距映射, 而且根据假设 F 也是等距的. 因此 $f \in \mathrm{U}(n)$, (36) 得证.

断言 (36) 说明 $f \mapsto f'$ 是从 $\mathrm{U}(n)$ 到 $\{F \in \mathrm{O}(2n) : FJ_0 = J_0F\}$ 的群的同构. 我们通过这个同构把它们等同起来. 总结以上的讨论, 我们有

$$\begin{aligned} \mathrm{U}(n) &= \{F \in \mathrm{O}(2n) : FJ_0 = J_0F\} \\ &= \{F \in \mathrm{SO}(2n) : FJ_0 = J_0F\}. \end{aligned} \tag{37}$$

这个等式就是我们所需要的 $\mathrm{U}(n) \subset \mathrm{SO}(2n)$ 的典范嵌入. 同时, 这个等式还说明 (32) (特别是参看 (33) 式) 事实上是保证 f 对于 $\boldsymbol{C}$ 是线性的.

用矩阵的方法可以将 (37) 式重新表述如下: 若 $f \in \mathrm{U}(n)$, 设 $f = A + \sqrt{-1}B$, 其中 A, B 为 $n \times n$ 实矩阵, 则对应的实线性变换 f' 的矩阵是

$$f' = \begin{bmatrix} A & -B \\ B & A \end{bmatrix}.$$

(33) 式等价于一个 $2n \times 2n$ 实矩阵能够表成这种形式. 因此 (37) 式说明, $f =$

$A + \sqrt{-1}B$ 是 $n \times n$ 的酉矩阵的充要条件是

$$F = \begin{bmatrix} A & -B \\ B & A \end{bmatrix} \in \mathrm{O}(2n).$$

下一步是刻画所有的以 $\mathrm{U}(n)$ 的一个子群为和乐群的黎曼流形. 首先引进一个新概念. 设 M 为任意黎曼流形, 其黎曼度量为 g. 固定 $x \in M$, 设 ζ 为一条由 x 至 y 的曲线; 平移同构 $\widetilde{\zeta}: M_x \to M_y$ 诱导出同构 $\widetilde{\zeta}: M_x^* \to M_y^*$, 使得 $\forall f \in M_x^*$, $\forall Y \in M_y$ 有

$$(\widetilde{\zeta}(f))(Y) = f(\widetilde{\zeta}^{-1}(Y)) \tag{38}$$

(注意: 这个同构 $\widetilde{\zeta}: M_x^* \to M_y^*$ 是普通的余切映射 $\zeta^*: M_y^* \to M_x^*$ 的逆映射). 现在将 $\widetilde{\zeta}$ 扩展成 M_x 与 M_y 上的张量代数之间的同构, 即设 $T^{r,s}M_x \equiv M_x \otimes \cdots \otimes M_x \otimes M_x^* \otimes \cdots \otimes M_x^*$ (r 个 M_x, s 个 M_x^*), 则有同构 $\widetilde{\zeta}: T^{r,s}M_x \to T^{r,s}M_y$, 使得 $\forall X_i \in M_x, \forall f^j \in M_x^*$,

$$\widetilde{\zeta}(X_1 \otimes \cdots \otimes X_r \otimes f^1 \otimes \cdots \otimes f^s)$$
$$= \widetilde{\zeta}(X_1) \otimes \cdots \otimes \widetilde{\zeta}(X_r) \otimes \widetilde{\zeta}(f^1) \otimes \cdots \otimes \widetilde{\zeta}(f^s).$$

特别是, 如果 γ 是以 x 为基点的闭曲线, 则有自同构 $\widetilde{\gamma}: T^{r,s}M_x \to T^{r,s}M_x$. 称张量 $S \in T^{r,s}M_x$ 对于整体和乐群 H^* 是不变的, 如果对于任意的以 x 为基点的闭曲线 γ 都有 $\widetilde{\gamma}(S) = S$. 另一方面又有标准的定义: 称张量场 $\mathscr{S}$ 是平行的, 如果对于任意的曲线 $\xi: [0,1] \to M$ 恒有

$$\widetilde{\xi}(\mathscr{S}(\xi(0))) = \mathscr{S}(\xi(1)).$$

这两个概念有密切的关系. 但在给出它们的关系之前, 先考虑两个重要的例子.

例 1 设 $J: M_x \to M_x$ 是线性变换. 若将 J 看作 $T^{1,1}M$ 中的一个元素, 则 J 对于 H^* 不变的充要条件是: $\forall \gamma, \widetilde{\gamma}$ 与 J 是可交换的, 即

$$\widetilde{\gamma}J = J\widetilde{\gamma}, \quad \forall \gamma, \tag{39}$$

其中 γ 是以 x 为基点的闭曲线.

理由如下. 设 $\{X_1, \cdots, X_n\}$ 是 M_x 内的一个基底, 命 $\{\omega^1, \cdots, \omega^n\}$ 是它的

对偶基底. 又命 $Y_i = J(X_i)$, $\forall i$, 则可将 J 与张量 $\left(\sum_i Y_i \otimes \omega^i\right) \in T^{1,1}M_x$ 等同起来. 由定义得到, J 对于 H^* 是不变的, 当且仅当对于任意的以 x 为基点的闭曲线 ζ 有

$$\widetilde{\zeta}\left(\sum_i Y_i \otimes \omega^i\right) = \sum_i Y_i \otimes \omega^i.$$

后者的意义是: 对于任意的 $X \in M_x$ 有

$$\sum_i \omega^i(X)Y_i = \left(\sum_i Y_i \otimes \omega^i\right)(X) = \left(\sum_i \widetilde{\zeta}(Y_i) \otimes \widetilde{\zeta}(\omega^i)\right)(X)$$
$$= \sum_i \omega^i(\widetilde{\zeta}^{-1}(X))\widetilde{\zeta}(Y_i).$$

命 $X' = \widetilde{\zeta}^{-1}(X)$, 则有

$$\sum_i \omega^i(X')\widetilde{\zeta}(Y_i) = \sum_i \omega^i(\widetilde{\zeta}(X'))Y_i,$$
$$\widetilde{\zeta}\left\{\left(\sum_i Y_i \otimes \omega^i\right)(X')\right\} = \left(\sum_i Y_i \otimes \omega^i\right)(\widetilde{\zeta}(X')), \quad \forall X' \in M_x.$$

上式就是

$$\widetilde{\zeta}(J(X')) = J(\widetilde{\zeta}(X')), \quad \forall X' \in M_x.$$

由此可见, $\widetilde{\zeta}(J) = J$ (J 作为 (1,1) 型张量) 等价于 $\widetilde{\zeta}J = J\widetilde{\zeta}$ (J 作为 M_x 上的线性变换). (39) 得证.

例 2 设 $\varphi \in T^{0,2}M_x$, 则 φ 对于 H^* 不变的充要条件是: 对于任意的以 x 为基点的闭曲线 ζ 必有

$$\varphi(X,Y) = \varphi(\widetilde{\zeta}(X), \widetilde{\zeta}(Y)), \quad \forall X, Y \in M_x. \tag{40}$$

其证明与例 1 相近, 故略去.

现在给出对 H^* 不变的张量与平行张量场之间的关系:

第二和乐原理 设 M 是黎曼流形, $x \in M$, 则所有对 H^* 不变的张量 $S \in T^{r,s}M_x$ 与 M 上的平行张量场 $\mathscr{S}$ 成一一对应. 精确地说, 若 $S \in T^{r,s}M_x$, 且 S 对于 H^* 不变, 则与其对应的平行张量场 $\mathscr{S}$ 必满足

$$\mathscr{S}(y) = \widetilde{\zeta}(S), \quad \forall y \in M,$$

其中 ζ 是任意的从 x 到 y 的曲线.

它的证明与第一和乐原理的证明相似, 在此从略.

其次, 我们要复习代数上的一些基本事实. 设 W 是一个实向量空间, I 为 W 上的恒同映射. 若线性变换 $J: W \to W$ 满足条件 $J^2 = -$I, 则称 J 是 W **上的复结构**. 若 W 上有复结构 J, 则在 W 上可以引进一个复向量空间结构, 使得对于任意的 $a + \sqrt{-1}b \in \boldsymbol{C}$ 有

$$(a + \sqrt{-1}b) \cdot w \equiv aw + bJ(w), \quad \forall w \in W. \tag{41}$$

容易验证这个定义是合理的. 为了避免混淆起见, 我们把这个复向量空间记作 W_0. 若 W_0 的复维数是 n, 则 W 的实维数必是 $2n$. 设 W 有内积 g. 称 g **对于 J 是不变的**, 若

$$g(w, w') = g(J(w), J(w')), \quad \forall w, w' \in W. \tag{42}$$

设 g 是对于 J 不变的, 则可在 W_0 上引进 Hermite 度量 G, 使得 $g = \operatorname{Re} G$ (见 (30)). G 的定义是:

$$G(w, w') \equiv g(w, w') + \sqrt{-1}g(w, J(w')), \quad \forall w, w' \in W.$$

所以 $g(w, J(w'))$ 是 G 的虚部 (见 (35′)), 记作 ω, 即

$$\omega(w, w') \equiv g(w, J(w')), \quad \forall w, w' \in W. \tag{43}$$

显然 ω 是一个反对称的双线性形式 (由于 (42)).

现设 M 是一个 $2n$ 维黎曼流形, 其度量为 g. 固定 $x \in M$, 设整体和乐群 H^* 为 U(n) 内的子群, 记作 $H^* \subset$ U(n). 根据定义及 (37), 必有等距映射 $\varphi: M_x \to \boldsymbol{R}^{2n}$, 使得

$$\widetilde{\varphi}(H^*) \subset \{F \in \mathrm{O}(2n) : FJ_0 = J_0F\}, \tag{44}$$

其中 $\widetilde{\varphi}$ 是由 φ 诱导的群同构 (参看本节一开始的段落). (44) 有一个等价的说法. 定义线性变换 $J_x: M_x \to M_x$, 使得 $J_x \equiv \varphi^{-1}J_0\varphi$, 则 J_x 是 M_x 上的一个复结构. 由于 $\boldsymbol{R}^{2n}$ 中的典范内积 g_0 关于复结构 J_0 是不变的, 因此 $g_x \equiv g(x)$ 是对于 J_x 不变的内积 (参看 (42) 式). 此外, (44) 等价于

$$H^* \subset \{F \in \mathrm{O}(M_x) : FJ_x = J_xF\} \tag{45}$$

(其中 $O(M_x)$ 表示 M_x 上所有等距变换的集合). 反过来, 如果有一个复结构 $J_x:$ $M_x \to M_x$, 使得 g_x 对于 J_x 是不变的, 而且 (45) 成立, 则有等距映射 $\varphi: M_x \to \boldsymbol{R}^{2n}$, 使得 (44) 成立. 事实上, 只要在 M_x 中取基底 $\{e_1, \cdots, e_n, J_x e_1, \cdots, J_x e_n\}$, 使得它关于 g_x 是单位正交的, 则 φ 就把 $X \in M_x$ 映射到 X 关于上述基底的分量构成的列向量. 至于前面所述的基底不难利用 J_x 是复结构及 g_x 在 J_x 的作用下的不变性来得到. 所以, $H^* \subset \mathrm{U}(n)$ 的充要条件是: 在 M_x 上存在复结构 J_x, 使得 g_x 对于 J_x 是不变的, 而且 (45) 成立. 总结上面的讨论, 有如下的引理:

引理 6　设 M 是黎曼流形, 其黎曼度量为 g, 整体和乐群为 H^*. 则 $H^* \subset \mathrm{U}(n)$ 的充要条件是:

(i) 在 M_x 上存在复结构 J_x, 使得 g_x 对于 J_x 是不变的;

(ii) $\forall h \in H^*$ 有 $h J_x = J_x h$.

现在要进一步对引理 6 作较为深入的探讨. 先引进定义: 在 $2n$ 维微分流形 M 上的一个二次外形式 ω 在**点 x 是非退化的**, 如果 $[\omega(x)]^n \neq 0$, 其中 $[\omega(x)]^n = \omega(x) \wedge \cdots \wedge \omega(x)$ (n 次). 若 $\{e_1, \cdots, e_{2n}\}$ 是 M_x 上的任意一个基底, 则 ω 在点 x 上非退化的充要条件是 ω 对于基底 $\{e_1, \cdots, e_{2n}\}$ 的矩阵 $\{\omega(e_i, e_j)\}$ 是非奇异的. 如果 ω 在 M 上处处是非退化的, 则称 ω 是非退化的.

引理 7　设 M 是 $2n$ 维黎曼流形, 其黎曼度量为 g, 整体和乐群为 H^*, 则以下三个条件是彼此等价的:

(a) $H^* \subset \mathrm{U}(n)$;

(b) M 是一个 n 维复流形, 而且 g 是 M 上一个 Kähler 度量 G 的实部;

(c) M 上有一个非退化的平行二次外形式 ω.

证明　(a)$\Longrightarrow$(b)　设 $H^* \subset \mathrm{U}(n)$, 要证 M 是复流形, 而且有 Kähler 度量 G, 使得 $g = \mathrm{Re}\, G$ (即 $\forall y \in M, g_y = \mathrm{Re}\, G_y$). 由引理 6 得知 M_x 具有复结构 J_x 使 g_x 对于 J_x 是不变的, 并且 $\forall h \in H^*$ 有 $h J_x = J_x h$. 利用第二和乐原理, 可知在 M 上存在一个平行的 $(1,1)$ 型张量场 J, 使得 $J(x) = J_x$, 而且对于任意的 $y \in M$, 及所有从 x 到 y 的曲线 ξ 都有 $\tilde{\xi}(J_x) = J(y)$ (见前面的例 1). 后者蕴含着

$$g(X, Y) = g(JX, JY), \quad \forall \text{ 向量场 } X, Y. \tag{46}$$

在下面将简称 (46) 为 g 对于 J 是不变的. 其次, 设 D 是 g 的 Levi-Civita 联络,

则 $DJ = 0$. 这是因为 J 是 M 上的平行张量场; 然而对于任意的张量场 T 有

$$DT = 0 \text{ 当且仅当 } T \text{ 是平行的张量场} \tag{47}$$

(参看 [W3], §2). 显然 $J^2 = -I$, 其中 I 是 M 上由恒同线性变换给出的 $(1,1)$ 型张量场, 即对于任意的向量场 X 有 $I(X) = X$. 所以 J 就是 M 上的一个殆复结构 (almost complex structure). 由于 $DJ = 0$, 故 D 是对于 J 的一个殆复联络 (参看 [KN II] 第 143 页). 由于 D 是无挠联络, 故一个标准的结果说 J 是一个可积的殆复结构 (见 [KN II], 第 145 页推论 3.5). 根据著名的 Newlander-Nirenberg 定理 (见 [HO] §5.7), 若 M 具有这样的殆复结构 J, 则 M 必是一个复流形, 并且由局部坐标所定义的复结构张量就是 J 本身. 这句话的意思是: 如果 $\{z^1, \cdots, z^n\}$ 是任意的局部坐标, $z^i = x^i + \sqrt{-1}y^i$, $\forall i = 1, \cdots, n$, 则

$$J\left(\frac{\partial}{\partial x^i}\right) = \frac{\partial}{\partial y^i}, \quad J\left(\frac{\partial}{\partial y^i}\right) = -\frac{\partial}{\partial x^i}, \quad \forall i.$$

现在用 J 来定义所需的 Kähler 度量. 先定义协变张量场 G, 使得对于 M 上的任意两个向量场 X, Y 有

$$G(X, Y) \equiv g(X, Y) + \sqrt{-1}g(X, JY), \tag{48}$$

用 (46) 立刻可以验证, 对于在每个切空间 M_y 上由 $J(y)$ 所定义的复向量空间结构而言, G_y 恰是 M_y 上的一个 Hermite 二次型. 由于 g_y 的正定性, 又知 G_y 是正定的, 所以 G 是 M 上的 Hermite 度量. 现在要证明 G 其实是一个 **Kähler 度量**. 这句话的意思是: 若 ω 是 G 是虚部 (即所谓 G 的 **Kähler 形式**), 则 $d\omega = 0$ (在 (43) 中已指出 ω 是二次外形式场, 所以 $d\omega$ 有意义). 先指出, 由 (48) 知有

$$\omega(X, Y) = g(X, JY), \quad \forall X, Y, \tag{49}$$

所以 (46) 和 (49) 蕴涵

$$\omega(JX, JY) = \omega(X, Y), \quad \forall X, Y. \tag{50}$$

以下简称 (50) 为 ω 对于 J 的不变性.

现在需要证明下面的一个一般性的结果. 命 J 是复流形 M 上的复结构张量, g 是对于 J 不变的黎曼度量, D 是 g 的 Levi-Civita 联络. 又命 ω 是 (49) 式所定义的二次外形式场, 则下面的三个条件是彼此等价的:

$$\text{(i) } d\omega = 0 \iff \text{(ii) } DJ = 0 \iff \text{(iii) } D\omega = 0. \tag{51}$$

先证 (i)$\Longrightarrow$(ii). 设 $\mathrm{d}\omega = 0$. 熟知对于任意的向量场 X, Y, Z 有

$$\mathrm{d}\omega(X, Y, Z)$$
$$= X(\omega(Y, Z)) - Y(\omega(X, Z)) + Z(\omega(X, Y))$$
$$-\omega([X, Y], Z) + \omega([X, Z], Y) - \omega([Y, Z], X).$$

由 D 的定义知有

$$2g(\mathrm{D}_X Y, Z)$$
$$= X(g(Y, Z)) + Y(g(Z, X)) - Z(g(X, Y))$$
$$+g([X, Y], Z) - g([X, Z], Y) - g([Y, Z], X).$$

用这两个恒等式, 再加上 (46), (49) 和 (50), 得到

$$2g(\mathrm{D}_X(JY) - J(\mathrm{D}_X Y), Z)$$
$$= \mathrm{d}\omega(X, JY, JZ) - \mathrm{d}\omega(X, Y, Z)$$
$$+g(JX, [JY, JZ] - J[JY, X] - J[Y, JZ] - [Y, Z]).$$

由于 J 是复流形 M 上的复结构张量, 因此 J 是可积的, 所以上式右端第三项为零. 已假定 $\mathrm{d}\omega = 0$, 故上式表明

$$g(\mathrm{D}_X(JY) - J(\mathrm{D}_X Y), Z) = 0, \quad \forall X, Y, Z,$$

即

$$\mathrm{D}_X(JY) - J(\mathrm{D}_X Y) = 0, \quad \forall X, Y,$$

这等价于 $\mathrm{D}J = 0$, (ii) 得证.

其次证 (ii)$\Longrightarrow$(iii). 设 $\mathrm{D}J = 0$. 由于 D_X 是一个与缩并可交换的导数, 所以 (参看 [WU3], §2) 对于任意的 X, Y, Z 有

$$(\mathrm{D}_X\omega)(Y, Z) = X(\omega(Y, Z)) - \omega(\mathrm{D}_X Y, Z) - \omega(Y, \mathrm{D}_X Z)$$
$$= X(g(Y, JZ)) - g(\mathrm{D}_X Y, JZ) - g(Y, J(\mathrm{D}_X Z))$$
$$= g(Y, \mathrm{D}_x(JZ)) - g(Y, J(\mathrm{D}_X Z))$$
$$= g(Y, (\mathrm{D}_X J)Z) = 0,$$

即 $D_X\omega = 0, \forall X$, (iii) 得证. 至于 (iii)$\Longrightarrow$(i) 是第一章的 (19) 式的直接推论. (51) 证毕. 前面已指出 $DJ = 0$, 由 (51) 可知 $d\omega = 0$, 故由 (48) 给出的 G 是 M 上的 Kähler 度量, 而且 $g = \text{Re}\,G$. 因此 (b) 成立.

(b)$\Longrightarrow$(c) 设 G 是 M 上的 Kähler 度量, 且 $g = \text{Re}\,G$. 命 D 为 g 的 Levi-Civita 联络, ω 为 G 的 Kähler 形式. 只需证明 ω 是平行的和非退化的. 命 J 是 M 的局部坐标所定义的复结构张量 (见 (48) 式以上的讨论), 则 $\forall y \in M$, G_y 是 M_y 上对于复结构 $J(y)$ 的 Hermite 内积. 由此可知, $\forall y$, g_y 对于 $J(y)$ 是不变的. 因此, (51) 的 (i)$\Longrightarrow$(iii) 表明 ω 是在 M 上平行的二次外形式场. 另一方面, 如果 $y \in M$, 则可在 M_y 上取单位正交基 $\{e_1, \cdots, e_{2n}\}$, 使得 $e_{2i} = Je_{2i-1}, 1 \leqslant i \leqslant n$. 于是对这个基底, ω 的矩阵

$$[\omega(e_i, e_j)]_{1 \leqslant i,j \leqslant 2n}$$

就是

$$
\begin{bmatrix}
0 & -1 & & & & & \\
1 & 0 & & & \text{\Large 0} & & \\
& & 0 & -1 & & & \\
& & 1 & 0 & & & \\
& & & & \ddots & & \\
& \text{\Large 0} & & & & 0 & -1 \\
& & & & & 1 & 0
\end{bmatrix},
$$

所以 ω 是非退化的.

(c)$\Longrightarrow$(a) 设 ω 是 $2n$ 维黎曼流形 M 上对于黎曼度量 g 是平行的、非退化的二次外形式场. 要证明 $H^* \subset \text{U}(n)$. 首先在 M_x 上定义一个线性变换 $\widetilde{J} : M_x \to M_x$, 使得 $g_x(\widetilde{J}(u), v) = \omega(u, v), \forall u, v \in M_x$. ω 的非退化性蕴涵 $\widetilde{J}$ 是非奇异线性变换. ω 的反对称性蕴涵 $\widetilde{J}$ 对于 g_x 是反对称变换, 即 $g_x(\widetilde{J}(u), v) = -g_x(u, \widetilde{J}(v))$. ω 的平行性蕴涵 $\widetilde{J}$ 对于 H^* 是不变的, 故有 (看上面的例 1)

$$\widetilde{J}h = h\widetilde{J}, \quad \forall h \in H^*. \tag{52}$$

现在要证明在 M_x 上存在复结构 J, 使得 J 对于 H^* 是不变的, 并且 g_x 对于 J 也是不变的, 因而由引理 6 得到 $H^* \subset \text{U}(n)$. 由于 $\widetilde{J}$ 是反对称变换, 因此存在单

位正交基 $\mathscr{E} = \{e_1, \cdots, e_{2n}\} \subset M_x$, 使得 $\widetilde{J}$ 对于 $\mathscr{E}$ 的矩阵为

$$
\begin{bmatrix}
a_1 J_1 & & & \\
& a_2 J_2 & & \text{\Large 0} \\
& & \ddots & \\
\text{\Large 0} & & & a_L J_L
\end{bmatrix},
$$

其中 $a_i \in \boldsymbol{R}, a_i \geqslant 0, a_i \neq a_j, \forall i \neq j$, 而且每个 J_i 是如下的 $2n_i \times 2n_i$ 矩阵:

$$
J_i = \begin{bmatrix}
0 & -1 & & & & & \\
1 & 0 & & & \text{\Large 0} & & \\
& & 0 & -1 & & & \\
& & 1 & 0 & & & \\
& & & & \ddots & & \\
& & & & & 0 & -1 \\
\text{\Large 0} & & & & & 1 & 0
\end{bmatrix},
$$

并且 $n_1 + \cdots + n_L = n$. 一个等价的说法是: M_x 有正交直和分解

$$
M_x = V_1 \oplus \cdots \oplus V_L,
$$

其中 $V_i \perp V_j, \forall i \neq j, \dim V_i = 2n_i, \widetilde{J}(V_i) \subset V_i, \forall i$, 并且在每一个 V_i 内可以取适当的单位正交基底 $\mathscr{E}_i$, 使得 $\widetilde{J}|_{V_i} : V_i \to V_i$ 在该基底下的矩阵为 $a_i J_i$. 自然, $\mathscr{E} = \mathscr{E}_1 \cup \cdots \cup \mathscr{E}_L$. $\{V_i\}_{1 \leqslant i \leqslant L}$ 的重要性在于如下的性质:

$$
h(V_i) \subset V_i, \quad \forall h \in H^*, \quad \forall i. \tag{53}
$$

在证明 (53) 之前, 先指出每个 V_i 可以刻画成: $u \in V_i \Longleftrightarrow \widetilde{J}^2(u) = -a_i^2 u$. 这是因为对于基底 $\mathscr{E}$ 而言, $\widetilde{J}^2$ 的矩阵显然是

$$
\begin{bmatrix}
-a_1^2 I_1 & & & \\
& -a_2^2 I_2 & & \text{\Large 0} \\
& & \ddots & \\
\text{\Large 0} & & & -a_L^2 I_L
\end{bmatrix},
$$

其中 I_i 是 $2n_i \times 2n_i$ 的单位矩阵. 由此立即可看出 V_i 是 $\widetilde{J}^2$ 的对应于特征值 $-a_i^2$ 的特征空间 (注意: $a_i \geqslant 0, a_i \neq a_j, \forall i \neq j$, 所以 $-a_i^2 \neq -a_j^2, \forall i \neq j$). 所以

V_i 有上面所述的刻画. 现在由 (52) 可知, $\forall h \in H^*$, $\forall v_i \in V_i$ 有

$$\widetilde{J}^2(h(v_i)) = h(\widetilde{J}^2(v_i)) = -a_i^2(h(v_i)),$$

所以 $h(v_i) \in V_i$, (53) 得证.

由 (53) 得知每个 V_i 在 H^* 的作用下是不变的, 即 $H^*(V_i) \subset V_i$, $\forall i$. 现在定义 $J: M_x \to M_x$, 使得对于上面的单位正交基 $\mathscr{E}$, J 的矩阵为

$$\begin{bmatrix} J_1 & & & \\ & J_2 & & \mathbf{0} \\ & & \ddots & \\ \mathbf{0} & & & J_L \end{bmatrix}.$$

由此可见 $J(V_i) \subset V_i$, $\forall i$, 而且对于 V_i 内的单位正交基 $\mathscr{E}_i$, 线性变换 $J|_{V_i}: V_i \to V_i$ 的矩阵就是 J_i. 我们断言:

$$hJ = Jh, \quad \forall h \in H^*. \tag{54}$$

既然已知 J 和每个 $h \in H^*$ 都保持 V_i 不变, 所以只需证明 (54) 的两边限制在每个 V_i 上都相等就行了. 但在 V_i 上 (固定一个 i), $\widetilde{J} = a_i J_i = a_i J$. 因为 $\widetilde{J}$ 是非奇异的, $a_i \neq 0$, 所以在 V_i 上有 $J = \frac{1}{a_i}\widetilde{J}$, 于是由 (52) 得到

$$hJ = \frac{1}{a_i}h\widetilde{J} = \frac{1}{a_i}\widetilde{J}h = Jh, \quad \forall h \in H^*,$$

即 (54) 成立.

显然 $J^2 = -\mathrm{I}$, 其中 I 是 M_x 上的恒同映射. 另一方面, 由于 J 对于基底 $\mathscr{E}$ 的矩阵是

$$\begin{bmatrix} 0 & -1 & & & & & & \\ 1 & 0 & & & & \mathbf{0} & & \\ & & 0 & -1 & & & & \\ & & 1 & 0 & & & & \\ & & & & \ddots & & & \\ & & & & & & 0 & -1 \\ & \mathbf{0} & & & & & 1 & 0 \end{bmatrix},$$

所以 $g_x(e_i, e_j) = g_x(Je_i, Je_j)$, $\forall i, j = 1, \cdots, 2n$, 这蕴含着 g_x 对于 J 是不变的. 由引理 6 和 (54) 得到 $H^* \subset \mathrm{U}(n)$. 证毕.

现在可以简略地讨论一下以 $\mathrm{U}(n)$ 为和乐群的非局部对称黎曼流形 (就是说 $H = \mathrm{U}(n)$). 首先, 在前面已提到过有两个秩为 1 的单连通对称空间具有这个性质. 一个是紧的复射影空间 $P_n\boldsymbol{C}$, 它的 Kähler 度量为古典的 Fubini-Study 度量. 这个度量的全纯截面曲率 (holomorphic sectional curvature) 是 4. 另一个是非紧的、$\boldsymbol{C}^n$ 中的单位球 B^n. 它是 $P_n\boldsymbol{C}$ 的对偶对称空间, 其 Kähler 度量是古典的 Bergman 度量. 这是全纯截面曲率等于 -4 的完备度量. 现在我们可以用类似于讨论 $\mathrm{SO}(n)$ 的办法把这两个度量扰动得到非局部对称并且仍然满足 $H = \mathrm{U}(n)$ 的流形. 但是由于要求在扰动这些度量时仍然保持它们是 Kähler 度量的性质 (见引理 7), 所以不能完全照搬 $\mathrm{SO}\,(n)$ 的办法. 原因是, 如果 G_0 是一个 Kähler 度量, φ 是任意的非负函数, 则 $(1 + \varphi)G_0$ 是 Kähler 度量的充要条件是 $\mathrm{d}((1 + \varphi)\omega_0) = 0$, 即 $\mathrm{d}\varphi \wedge \omega_0 = 0$, 其中 ω_0 是 G_0 的 Kähler 形式. 由此可得 $\mathrm{d}\varphi = 0$ (其证明是初等的), 所以 φ 是常数. 这样, 如果 G_0 是对称 Kähler 度量, 则 $(1 + \varphi)G_0$ 还是一个对称的 Kähler 度量. 现在指出, 用另一个办法可以达到我们的目的. 设 ξ 是 C^∞ 函数, $0 \leqslant \xi \leqslant 1$, $\mathrm{supp}\,\xi$ 包含在一个充分小的坐标邻域 N 内, 设 N 的坐标函数是 $\{z^1, \cdots, z^n\}$. 现在将原来的 Kähler 度量 G_0 扰动成

$$G \equiv G_0 + \varepsilon \sum_{i,j} \frac{\partial^2 \xi}{\partial z^i \partial \overline{z^j}} \mathrm{d}z^i \otimes \mathrm{d}\overline{z}^j,$$

其中 ε 是一个充分小的正常数, 使 G 仍然有正定性. 这个 G 仍然是 Kähler 度量, 因为它的 Kähler 形式是 $\omega_0 + \sqrt{-1}\varepsilon\partial\overline{\partial}\xi$, 显然 $\mathrm{d}(\omega_0 + \sqrt{-1}\varepsilon\partial\overline{\partial}\xi) = 0$. 如果 G_0 是 $P_n\boldsymbol{C}$ 或 B^n 上的典范 Kähler 度量, 则这个 G 必定是非局部对称的, 但是 G 仍是完备的, 并且它的和乐群 $H = \mathrm{U}(n)$. 理由和前面关于 $\mathrm{SO}(n)$ 的讨论相同, 在此就不重复了.

大部分的 n 维 Kähler 流形是以 $\mathrm{U}(n)$ 为其和乐群的, 但是从来没有人把这句话严格地说清楚和给出证明. 在本节结束的时候, 我们会体会到**大部分**的含义.

最后应该指出, 紧 Kähler 流形的拓扑性质是代数几何的一个主要题目. 这方面的初步信息可以参阅 [GH] 的第零章的 §7.

(Ⅲ) SU (n) **特殊酉群** SU (n) 是 U (n) 内所有其行列式为 1 的元素构成的子群, 它显然是 U(n) 的闭李子群. 如果一个黎曼流形的整体和乐群 H^* 满足

$H^* \subset \mathrm{SU}(n)$, 则 $H^* \subset \mathrm{U}(n)$. 所以根据引理 7, 它必定是一个 Kähler 流形. 特别是, 如果 M 是单连通黎曼流形, 并且它的和乐群 $H \subset \mathrm{SU}(n)$, 则 M 一定是 Kähler 流形. 因此在下面的讨论中不妨避免一些无关紧要的枝节, 而把注意力集中在 Kähler 流形上. 特别是我们将用复流形的术语. 这方面的初步知识可参考 [GH] 的第零章 §6, §7 和 [KN II] 的第九章.

首先我们来刻画 $\mathrm{SU}(n)$. 对于 $\boldsymbol{C}^n$ 上的典范 Hermite 内积, 我们已定义了 $\mathrm{U}(n)$. 现在命

$$\Phi_0 = z^1 \wedge z^2 \wedge \cdots \wedge z^n \in \bigwedge^n (\boldsymbol{C}^n)^*, \tag{55}$$

其中 $(\boldsymbol{C}^n)^*$ 表示 $\boldsymbol{C}^n$ 的对偶空间, z^i 是 $\boldsymbol{C}^n$ 上的坐标函数, 因而被看作 $(\boldsymbol{C}^n)^*$ 中的元素. 熟知若 $\varphi : \boldsymbol{C}^n \to \boldsymbol{C}^n$ 是复线性自同构, 则 φ 诱导出线性变换 $\varphi : \bigwedge^p (\boldsymbol{C}^n)^* \to \bigwedge^p (\boldsymbol{C}^n)^*$, 使得对于任意的 $f^1, \cdots, f^p \in (\boldsymbol{C}^n)^*$, 及任意的 $X_1, \cdots, X_p \in \boldsymbol{C}^n$ 有

$$(\varphi(f^1 \wedge \cdots \wedge f^p))(X_1, \cdots, X_p)$$
$$= (f^1 \wedge \cdots \wedge f^p)(\varphi^{-1}(X_1), \cdots, \varphi^{-1}(X_p)).$$

(在右边我们用 φ^{-1} 而不用 φ, 是为了要做到和 (38) 的定义相一致.) 现在用行列式的基本性质得到

$$\varphi(f^1 \wedge \cdots \wedge f^n) = (\det \varphi^{-1})(f^1 \wedge \cdots \wedge f^n), \tag{56}$$

$\forall f^i \in (\boldsymbol{C}^n)^*$. 因此

$$\mathrm{SU}(n) = \{\varphi \in \mathrm{U}(n) : \varphi(\Phi_0) = \Phi_0\}.$$

设 M 为 n 维 Kähler 流形, $x \in M$, 其和乐群和整体和乐群分别为 H 和 H^*. 现有

引理 8 (a) $H \subset \mathrm{SU}(n)$ 当且仅当 M 的 Ricci 曲率恒等于零;

(b) $H^* \subset \mathrm{SU}(n)$ 当且仅当 M 具有一个非零的、平行的全纯 n 次外微分式.

注记 严格来说, 这个引理的确切叙述方式应该是这样的: 命 M 的 Kähler 度量是 G, 其实部 $g \equiv \mathrm{Re}\, G$ 就是一个黎曼度量. 设 H 和 H^* 分别是 g 的和乐群和整体和乐群. 则 (a) 的意义是: $H \subset \mathrm{SU}(n)$ 当且仅当 g 的 Ricci 曲率恒为零. (b) 的意义是: $H^* \subset \mathrm{SU}(n)$ 当且仅当在 M 上存在一个非恒等于零的全纯 n 次

外微分式 Φ, 使得 Φ 关于 g 的 Levi-Civita 联络是平行的. 但是, 一般都采用引理 8 本身这种比较简略的方式来表达, 我们在以后也这样做.

引理 8 的证明 设 M 的 Kähler 度量是 $G, g = \operatorname{Re} G$, 又命 J 是 M 上的 (由局部坐标系所定义的) 复结构张量场. 用 $J(x): M_x \to M_x$ 赋予 M_x 一个复向量空间的结构 (见 (41)). 由引理 7, 引理 6 及例 1 可知 $\tilde{\gamma}J = J\tilde{\gamma}$, 其中 γ 是任意的以 x 为基点的闭曲线, 所以 $\tilde{\gamma}: M_x \to M_x$ 是复线性变换. 特别是 H 和 H^* 都是 M_x 上的复线性变换群, 和乐代数 $\mathfrak{y}$ 的元素也是 M_x 上的复线性变换 (参看 (1) 式). 现在用这个观点来复述 Ambrose-Singer 的和乐定理. 设 X, Y 为 $(1,0)$ 型向量场, R 为曲率张量. 由于 $R_{XY} = R_{\overline{X}\,\overline{Y}} = 0$, 所以只需考虑 $R_{X\overline{Y}}$ (参看 [HE] 第 287 页引理 2.1). 若 M'_x 表示复化切空间 $M_x \otimes_R C$ 中由 $(1,0)$ 型向量组成的子空间, 则和乐定理说:

$$\mathfrak{y} = \operatorname{Span}\{\tilde{\zeta}^{-1} R_{\tilde{\zeta}(X)\tilde{\zeta}(\overline{Y})} \tilde{\zeta} : X, Y \in M'_x,$$
$$\zeta \text{ 是任意的从 } x \text{ 出发的曲线}\}. \tag{57}$$

现在证明 (a). 设 $H \subset \operatorname{SU}(n)$, 则 $\mathfrak{y}$ 是 $\operatorname{SU}(n)$ 的李代数 $\mathfrak{su}(n)$ 的李子代数. 熟知 $\mathfrak{su}(n)$ 的元素是迹为零的 $n \times n$ 反 Hermite 矩阵. 所以 (57) 蕴涵

$$\operatorname{trace}_G R_{Z\overline{W}} = 0, \quad \forall Z, W \in M'_y, \quad \forall x \in M. \tag{58}$$

(注意: 在 (58) 中的 trace_G 表示 $R_{Z\overline{W}}$ 作为 M'_y 上的复线性变换的迹. 否则, 由于 R_{XY} 对于度量 g 是反对称变换, 它的迹自然是零.) 另一方面, 由于 G 是 Kähler 度量, 所以 g 的 Ricci 张量 Ric 一定满足

$$\operatorname{Ric}(Z, \overline{W}) = -\frac{1}{4}\operatorname{trace}_G R_{Z\overline{W}}. \tag{59}$$

(见 [WU2] 的 (3.10) 及 (3.26), 或 [KN Ⅱ] 的第 149 页.) 由此可见对于任意的 $(1,0)$ 型切向量 Z, W 有 Ric $(Z, \overline{W}) \equiv 0$, 即 Ric $\equiv 0$. 反过来, 如果一个 Kähler 度量满足 Ric $\equiv 0$, 则 (58), (59) 蕴涵 $R_{Z\overline{W}} \in \mathfrak{su}(n)$, $\forall (1,0)$ 型切向量 Z, W. 根据 (57), 立即得到 $\mathfrak{y} \subset \mathfrak{su}(n)$, 所以 $H \subset \operatorname{SU}(n)$.

现证 (b). 设 $H^* \subset \operatorname{SU}(n)$. 由 (56) 得知在 M_x 上有 $\Phi_x \in \bigwedge^n M_x^*$ 使得 Φ_x 对于 H^* 是不变的. 由第二和乐原理可知, 在 M 上存在一个平行的 $(n,0)$ 型外微分式 Φ, 使得 $\Phi(x) = \Phi_x$. 由 (47) 及第一章中的 (19) 式得 $\overline{\partial}\Phi \equiv 0$, 所以 Φ 是

全纯的. 反过来, 设 Φ 是 M 上一个非零的平行全纯 n 次外形式, 则 $\Phi(x)$ 在 H^* 的作用下是不变的, 而且 $\Phi(x) \in \bigwedge^n M_x^*$, 于是 $\forall h \in H^*, \det h = +1$ (这里用到了 $\Phi(x) \neq 0$). 既然已知 $H^* \subset \mathrm{U}(n)$ (引理 7), 所以 $H^* \subset \mathrm{SU}(n)$. 证毕.

现在要讨论是否有 n 维非局部对称的 Kähler 流形使其和乐群刚好等于 $\mathrm{SU}(n)$. 首先指出: 若 M 是 Ric $\equiv 0$ 的局部对称空间, 则 M 必是平坦的, 即 M 的曲率张量必恒等于零. 这是对称空间的一个标准结果, 见 [HE] 第 180 页定理 4.2 或 [KN II] 第 256 页定理 8.6. 所以任何有 $H = \mathrm{SU}(n)$ 的流形一定是非局部对称的. 于是, 只要知道是否有黎曼流形使其 $H = \mathrm{SU}(n)$, 而不必顾虑它是否局部对称. 现在先考虑非紧完备的 Kähler 流形. 在 1970 年, Calabi 用直接计算的方法找出一些非紧完备且满足 $H = \mathrm{SU}(n)$ 的 Kähler 流形, 但是没有发表. 这种计算是很不平凡的. 后来 Calabi 在 [CAL] 中给出了 $n = 2$ 的这种例子. ([CAL] 的例子是满足 $H = \mathrm{Sp}(n)$ 的, 但是由下面 (IV) 的讨论可知 $\mathrm{Sp}(1) = \mathrm{SU}(2)$, 所以上面的说法成立.) 若要求 M 是紧的, 则只能靠丘成桐的 Calabi 猜想的解 ([Y]) 证明这种例子的存在. 事实上, Calabi 作出他的有名的猜想的最主要理由之一, 就是要找紧的、单连通的且有 $H \subset \mathrm{SU}(n)$ 的流形. 在这里我们可以略微解释一下, 为什么在复射影空间 $P_{n+1}\boldsymbol{C}(n \geqslant 2)$ 内, 所有 $(m+2)$ 次的 (复) 超曲面 S 都是具有 $H \subset \mathrm{SU}(n)$ 的 Kähler 度量的. 由于 S 的第一陈类 $c_1(S)$ 一定等于零 ([HI], 第 159 页), Calabi-Yau 定理 ([Y]) 说明 S 一定具有一个 Ric $\equiv 0$ 的 Kähler 度量. 现在要证明, 对于这个 Kähler 度量必有 $H = \mathrm{SU}(n)$. 由引理 8(a) 知 $H \subset \mathrm{SU}(n)$. 倘若 $H \subsetneqq \mathrm{SU}(n)$, 则必会导致一个矛盾. 先指出, 当 $n \geqslant 2$ 时 S 一定是单连通的. 这是 Lefschetz 的超平面定理 ([MI] §7, 加上 [GH] 第 159 页) 的平凡推论. 现在要证明 S 一定是不可约的. 如果可约, 则 S 一定等距于两个紧 Kähler 流形 M_1、M_2 的积 $M_1 \times M_2$ (de Rham 分解定理, 见附录, 或 [KN II] 第 172 页). 如果 $n = 2$, 则 M_1, M_2 都是紧的黎曼曲面, 由单连通性可知 $M_1 = M_2 =$ 黎曼球面 $P_1\boldsymbol{C}$. 所以 $c_1(S) = c_1(M_1) + c_1(M_2) = 2c_1(P_1\boldsymbol{C}) \neq 0$, 有矛盾. 如果 $n \geqslant 3$, 则 Lefschetz 的超平面定理蕴涵 $b_2(S) = b_2(P_{n+1}\boldsymbol{C}) = 1$, 其中 b_2 表示第 2 个 Betti 数. 但是 $b_2(S) = b_2(M_1 \times M_2) = b_2(M_1) + b_2(M_2) \geqslant 2 \neq 1$, 其中的不等式用到任何紧致 Kähler 流形必有 $b_2 \geqslant 1$ 的事实. 所以又得矛盾. 结论是: S 是不可约的. 但是由单连通性得 $H = H^*$, 所以 S 不可约意味着 H 不可约. 如果 $H \subsetneqq \mathrm{SU}(n)$, 则由 Berger 分类定理所列的群 (16) 中, 看出 H 只能是 $\mathrm{Sp}\left(\dfrac{n}{2}\right), \mathrm{Sp}\left(\dfrac{n}{2}\right) \cdot \mathrm{Sp}(1)$,

Spin(9), Spin(7) 和 G_2 之一. 在下面 (IV) 至 (VII) 的讨论中会知道只有 $\mathrm{Sp}\left(\dfrac{n}{2}\right)$ 才有可能是 SU(n) 的子群, 所以 $H = \mathrm{Sp}\left(\dfrac{n}{2}\right)$. 但在 (IV) 中我们会看到: (i) 当 $n = 2$ 时, Sp(1) = SU(2), 所以不可能有 $H = \mathrm{Sp}(1) \subsetneqq \mathrm{SU}(2)$. (ii) 另一方面, 当 $n \geqslant 3$ 时, $H = \mathrm{Sp}\left(\dfrac{n}{2}\right)$ 蕴涵着 $b_2(S) \geqslant 3$, 这又与前面所指出的 $b_2(S) = 1$ (当 $n \geqslant 3$ 时) 相矛盾. 唯一的可能性是 S 的 (对应于 Ricci 曲率为零的 Kähler 度量的) 和乐群就是 SU(n) 本身.

在 [BEA1], [BEA2] 中, 读者可以看到从代数几何的观点对于满足 $H = \mathrm{SU}(n)$ 的紧 Kähler 流形所作的一些讨论. 其中的一个结论是所有这种流形都是代数流形. 另外, 读者应该知道在最近物理学的超弦理论 (superstring) 中特别需要复三维和满足 $H \subset \mathrm{SU}(3)$ 的紧 Kähler 流形. 在这方面, 丘成桐和田刚具体地构造了一些新例子, 可参阅综合报告 [HU].

(IV) Sp(n) **辛群**　在 (II) 的讨论中我们已经见到, 如果将 $\boldsymbol{C}^n$ 和 $\boldsymbol{R}^{2n}$ 等同, 则可以通过 $\boldsymbol{C}^n$ 上的 Hermite 内积在 SO($2n$) 内定义一个子群, 即酉群 (见 (37)). 现在用同样的方法在 SU($2n$) 内定义一个子群, 即辛群 Sp(n). 大意如下: 命 $\boldsymbol{H}$ 为四元数体. $\boldsymbol{H}$ 可以与 $\boldsymbol{C}^2$ 等同起来, 看作二维复向量空间. 因此 $\boldsymbol{H}^n$ 可以与 $\boldsymbol{C}^{2n}$ 等同. 在 $\boldsymbol{H}^n$ 上可以引进四元数内积, 使得这个四元数内积与 $\boldsymbol{C}^{2n}$ 中的一个 Hermite 内积相对应, 它们之间的关系相当于 $\boldsymbol{C}^n$ 中的 Hermite 内积与相应的 $\boldsymbol{R}^{2n}$ 中的内积之间的关系. 如果我们将 (II) 里面的讨论, 用 $\boldsymbol{H}$ 及 $\boldsymbol{C}$ 分别取代 $\boldsymbol{C}$ 及 $\boldsymbol{R}$, 用四元数内积取代 Hermite 内积, 就得到子群 $\mathrm{Sp}(n) \subset \mathrm{SU}(2n)$. 事实上, (II) 的阐述方法是故意使得这种推广自动成立的. 如果必要的话, 读者可以参看 [CV] 中的第 16—24 页来填补下面讨论的不足之处.

由于 $\mathrm{Sp}(n) \subset \mathrm{U}(2n)$, 所以如果 M 是一个满足 $H^* \subset \mathrm{Sp}(n)$ 的黎曼流形, 则 M 一定是 Kähler 流形 (引理 7). 这样的 M 称为**超 Kähler 流形**. 这个超字的意义在下面将有解释.

现在给出 Sp(n) 的精确定义. 首先复习四元数体 $\boldsymbol{H}$ 的最基本的性质. 若 $q \in \boldsymbol{H}$, 则 $q = q_0 + q_1\boldsymbol{i} + q_2\boldsymbol{j} + q_3\boldsymbol{k}$, 其中 $q_i \in \boldsymbol{R}$, $\forall i$, 而且

$$\boldsymbol{i}^2 = \boldsymbol{j}^2 = \boldsymbol{k}^2 = -1,$$

$$\boldsymbol{ij} = \boldsymbol{k}, \quad \boldsymbol{jk} = \boldsymbol{i}, \quad \boldsymbol{ki} = \boldsymbol{j}.$$

若 p, q 是 $\boldsymbol{H}$ 内的任意两个元素, 则利用上列公式及分配律、结合律等运算法则

可以算出 pq 及 $p+q$. q 的**共轭四元数** $\bar{q}$ 是

$$\bar{q} = q_0 - (q_1 \boldsymbol{i} + q_2 \boldsymbol{j} + q_3 \boldsymbol{k}).$$

注意:

$$\overline{pq} = \bar{q}\,\bar{p}.$$

又定义 q 的**范数** $|q|$ 是

$$|q| = \left(\sum_{i=0}^{3} q_i^2 \right)^{1/2} = (q\bar{q})^{1/2}.$$

由此得知, 若 $q \neq 0$, 则 q^{-1} 必存在, 并且 $q^{-1} = |q|^{-2}\bar{q}$. 在 $\boldsymbol{H}$ 内有一个子体 $\{q_0 + q_1\boldsymbol{i} : q_0, q_1 \in \boldsymbol{R}\}$. 这个子体显然是一个与 $\boldsymbol{C}$ 同构的域. 为方便起见, 我们就把这个子体看作 $\boldsymbol{C}$. 特别是, $\boldsymbol{H}$ 变成域 $\boldsymbol{C}$ 上的**左向量空间**, 即有左 $\boldsymbol{C}$-数乘法

$$\boldsymbol{C} \times \boldsymbol{H} \to \boldsymbol{H} : (u, q) \mapsto uq.$$

由于 $\boldsymbol{H}$ 对于乘法是非交换的, 因此左乘和右乘有区别. 我们当然也可以把 $\boldsymbol{H}$ 看成域 $\boldsymbol{C}$ 上的**右向量空间**, 但是两者只有形式上的差异. 为了习惯上的缘故, 在这里采用左的约定. 由于每一个四元数 q 可以写成

$$q = (q_0 + q_1\boldsymbol{i}) + (q_2 + q_3\boldsymbol{i})\boldsymbol{j}, \tag{60}$$

因此, 映射 $(u, v) \mapsto u + v\boldsymbol{j}$ 就把 $\boldsymbol{C}^2$ 与 $\boldsymbol{H}$ 等同起来了.

现在考虑 $\boldsymbol{H}^n = \boldsymbol{H} \times \cdots \times \boldsymbol{H}$ (n 次). 显然, $\boldsymbol{H}^n$ 是体 $\boldsymbol{H}$ 上的 n 维左向量空间 (一个体上的向量空间的理论与域上的向量空间理论, 在形式上大同小异). 在 $\boldsymbol{H}^n$ 上引进**四元数内积** G_0, 使得 $\forall P = (P_1, \cdots, P_n) \in \boldsymbol{H}^n$, $\forall Q = (Q_1, \cdots, Q_n) \in \boldsymbol{H}^n$,

$$G_0(P, Q) = \sum_{\alpha=1}^{n} P_\alpha \overline{Q}_\alpha \in H.$$

这个 G_0 满足普通的 Hermite 内积所具有的性质, 只是在涉及自变量的数乘积时要比较小心. 比如对于 $\boldsymbol{H}$ 的双线性性质成为: $\forall q \in \boldsymbol{H}, \forall P, Q \in \boldsymbol{H}^n$, 有

$$G_0(qP, Q) = qG_0(P, Q),$$

$$G_0(P, qQ) = G_0(P, Q)\bar{q}.$$

定义 $\|Q\|^2 = G_0(Q, Q)$. 显然 $\|Q\| \in \mathbf{R}, \|Q\| \geqslant 0$, 而且 $\|Q\| = 0$ 当且仅当 $Q = 0$. 另一方面, $\mathbf{H}^n$ 是域 $\mathbf{C}$ 上的 $2n$ 维左向量空间. 这样, $\mathbf{H}^n$ 与 $\mathbf{C}^{2n}$ 有如下的典范认同: 设 $P = (P_1, \cdots, P_n) \in \mathbf{H}^n$, 将每个 P_α 用 (60) 的办法写成

$$P_\alpha = u_\alpha + u_{n+\alpha} \mathbf{j} (u_\alpha, u_{n+\alpha} \in \mathbf{C}),$$

并定义 $P' = (u_1, \cdots, u_{2n}) \in \mathbf{C}^{2n}$, 则映射 $P \mapsto P'$ 显然是从 $\mathbf{H}^n$ 到 $\mathbf{C}^{2n}$ 的复向量空间的同构. 若把 $\mathbf{C}^{2n}$ 的 Hermite 内积写成 $(,)$, 则显然有

$$\|P\|^2 = (P', P'). \tag{61}$$

所以在 (61) 的意义下, 映射 $P \mapsto P'$ 其实是从 $\mathbf{H}^n$ 到 $\mathbf{C}^{2n}$ 的一个等距认同. 通过初等的计算, 可得如下的恒等式: $\forall P, Q \in \mathbf{H}^n$, 记 $P' = (u_1, \cdots, u_{2n}) \in \mathbf{C}^{2n}$, $Q' = (v_1, \cdots, v_{2n}) \in \mathbf{C}^{2n}$, 则

$$G_0(P, Q) = (P', Q') + \left\{ \sum_{\alpha=1}^{n} (u_{n+\alpha} v_\alpha - u_\alpha v_{n+\alpha}) \right\} \mathbf{j}.$$

现命 $z^1, \cdots, z^{2n}$ 为 $\mathbf{C}^{2n}$ 上的坐标函数, 则 $z^i \in (\mathbf{C}^{2n})^*$ (指 $\mathbf{C}^{2n}$ 的对偶空间). 若定义 $\mathbf{C}^{2n}$ 上的复双线性型 $\Phi \in \bigwedge^2 (\mathbf{C}^{2n})^*$ 为

$$\Phi = -\sum_{\alpha=1}^{n} z^\alpha \wedge z^{n+\alpha}, \tag{62}$$

则前式可以写成

$$G_0(P, Q) = (P', Q') + \Phi(P', Q') \mathbf{j}. \tag{63}$$

现在可以定义辛群 $\mathrm{Sp}(n)$. 设 $f : \mathbf{H}^n \to \mathbf{H}^n$ 是一个对于 H 是线性的变换, 则 $\mathrm{Sp}(n)$ 定义为所有使得 $\|f(Q)\| = \|Q\|$, $\forall Q \in \mathbf{H}^n$ 的这种变换 f 的集合. 可以证明, $f \in \mathrm{Sp}(n)$ 当且仅当

$$G_0(f(P), f(Q)) = G_0(P, Q), \quad \forall P, Q \in \mathbf{H}^n.$$

显然 $\mathrm{Sp}(n)$ 是一个群. 每个 $f \in \mathrm{Sp}(n)$ 诱导出一个对于 C 是线性的变换 $f' : \mathbf{C}^{2n} \to \mathbf{C}^{2n}$, 使得 $f'(Q') = [f(Q)]'$, $\forall Q \in \mathbf{H}^n$. 由初等的推导可知 $f \mapsto f'$ 是从 $\mathrm{Sp}(n)$ 到 $\mathrm{GL}(2n, \mathbf{C})$ 的群的单同态 (其中 $\mathrm{GL}(2n, \mathbf{C})$ 是 $\mathbf{C}^{2n}$ 上的所有复自同构

的群). 由 (63) 得到: 若 f 是 $\boldsymbol{H}^n$ 上对于 $\boldsymbol{H}$ 是线性的变换, 则 $f \in \mathrm{Sp}(n)$ 当且仅当下面两个条件成立:

$$(f'(P'), f'(Q')) = (P', Q'), \quad \forall P', Q' \in \boldsymbol{C}^{2n}, \tag{64}$$

$$\Phi(f'(P'), f'(Q')) = \Phi(P', Q'), \quad \forall P', Q' \in \boldsymbol{C}^{2n}. \tag{65}$$

条件 (64) 说明 $f' \in \mathrm{U}(2n)$. 所以事实上 $f \mapsto f'$ 是从 $\mathrm{Sp}(n)$ 到 $\mathrm{U}(2n)$ 的群的单同态. (65) 式等价于 $(f')^* \Phi = \Phi$. 若复线性映射 f' 满足 (65), 则称 f' 是保持 Φ 不变的. 命 $\mathrm{Sp}(n)' = \{f' : f \in \mathrm{Sp}(n)\}$. 所以 $\mathrm{Sp}(n)' \subset \mathrm{U}(2n)$. 现在断言:

$$\mathrm{Sp}(n)' = \{F \in \mathrm{U}(2n) : F^* \Phi = \Phi\}. \tag{66}$$

由 (64) 和 (65) 可知 $\mathrm{Sp}(n)'$ 是上式右边的子集. 现在假定 $F \in \mathrm{U}(2n)$, 并且 F 是保持 Φ 不变的, 需要证明存在 $f \in \mathrm{Sp}(n)$, 使得 $f' = F$. 定义映射 $f : \boldsymbol{H}^n \to \boldsymbol{H}^n$, 使得 $[f(Q)]' = F(Q'), \forall Q \in \boldsymbol{H}^n$, 显然 f 对于 $\boldsymbol{C}$ 是线性的. 现在要验证 f 对于 $\boldsymbol{H}$ 也是线性的, 即 $f(qQ) = qf(Q), \forall q \in \boldsymbol{H}, \forall Q \in \boldsymbol{H}^n$. 为此只要证明对于任意的 $P \in \boldsymbol{H}^n$ 有 $G_0(f(qQ) - qf(Q), P) = 0$ 就够了. 前面所定义的 f 显然是从 $\boldsymbol{H}^n$ 到它自身的一一对应, 命 $\widetilde{P} = f^{-1}(P)$, 故有

$$G_0(f(qQ) - qf(Q), P)$$
$$= G_0(f(qQ), f(\widetilde{P})) - qG_0(f(Q), f(\widetilde{P})).$$

用 (63) 将右边的两项展开, 然后用 F 是保持 Φ 不变的条件得到

$$G_0(f(qQ) - qf(Q), P)$$
$$= G_0(qQ, \widetilde{P}) - qG(Q, \widetilde{P}) = 0.$$

所以 f 对于 $\boldsymbol{H}$ 也是线性的. 由 f 的定义得 $f \in \mathrm{Sp}(n)$, 并且 $f' = F$, 故 (66) 成立.

现在证明: 设 $F : \boldsymbol{C}^{2n} \to \boldsymbol{C}^{2n}$ 是任意的复线性变换, 则

$$\text{若 } F \text{ 保持 } \Phi \text{ 不变, 必有 } \det F = 1. \tag{67}$$

命 $\Phi^k = \Phi \wedge \cdots \wedge \Phi \ (k \text{ 次})$, 则 $F^* \Phi^n = \Phi^n$. 所以 F 保持 Φ 不变蕴涵 $\Phi^n = (\det F)\Phi^n$. 但是由 (62) 得到

$$\Phi^n = (-1)^{\frac{n(n+1)}{2}} \cdot n! z^1 \wedge \cdots \wedge z^{2n} \neq 0,$$

所以 $\det F = 1$. (67) 得证. 如果我们把 $\mathrm{Sp}(n)$ 和 $\mathrm{Sp}(n)'$ 认同, 则由 (66) 和 (67) 得到

$$\mathrm{Sp}(n) = \{F \in \mathrm{U}(2n) : F \text{ 保持 } \Phi \text{ 不变}\}$$
$$= \{F \in \mathrm{SU}(2n) : F \text{ 保持 } \Phi \text{ 不变}\}. \tag{68}$$

这样就把 $\mathrm{Sp}(n)$ 刻画成 $\mathrm{SU}(2n)$ 的子群了. 由于 $\mathrm{SU}(2n)$ 是紧的, 而且 (68) 说明 $\mathrm{Sp}(n)$ 是 $\mathrm{SU}(2n)$ 的闭子集, 所以 $\mathrm{Sp}(n)$ 是 $\mathrm{SU}(2n)$ 的紧致李子群. 不难证明 $\mathrm{Sp}(n)$ 是连通的 ([CV], p.36) 和单连通的 ([CV], p.60), $\mathrm{Sp}(n)$ 的维数是 $2n^2 + n$ ([CV], p.23).

对于 $\boldsymbol{C}^{2n}$ 的典范基底, $\mathrm{Sp}(n)$, $\mathrm{SU}(2n)$ 及 $\mathrm{U}(2n)$ 都可以看作矩阵群. 如果 $F \in \mathrm{Sp}(n)$, 我们亦用同样的记号 F 表示它所对应的 $2n \times 2n$ 复矩阵. 显然, 对于 $\boldsymbol{C}^{2n}$ 的典范基底 $\{\varepsilon_1, \cdots, \varepsilon_{2n}\}$, Φ 的矩阵 $\{\Phi(\varepsilon_i, \varepsilon_j)\}_{1 \leqslant i,j \leqslant 2n}$ 恰为

$$J = \begin{bmatrix} 0 & -I_n \\ I_n & 0 \end{bmatrix}$$

(见 (62)), 其中 I_n 是 $n \times n$ 单位矩阵, 所以 $F^*\Phi = \Phi$ 就等价于 $F^t J F = J$. 于是 (68) 可以表达为

$$\mathrm{Sp}(n) = \{F \in \mathrm{U}(2n) : F^t J F = J\}$$
$$= \{F \in \mathrm{SU}(2n) : F^t J F = J\}. \tag{69}$$

注意, 当 $n = 1$ 时, $J = \begin{bmatrix} 0 & -1 \\ 1 & 0 \end{bmatrix}$. 若 $F = \begin{bmatrix} a & b \\ c & d \end{bmatrix}$ 是任意一个 2×2 复矩阵, 则易见

$$F^t J F = \begin{bmatrix} 0 & -\det F \\ \det F & 0 \end{bmatrix},$$

所以 $F^t J F = J$ 当且仅当 $\det F = 1$. 由 (60) 立即得到 $\mathrm{Sp}(1) = \mathrm{SU}(2)$. 这就是在 (Ⅲ) 中多次提到过的事实.

根据 (68) 及引理 8, 任何有 $H^* \subset \mathrm{Sp}(n)$ 的黎曼流形一定是一个满足 Ric $\equiv 0$ 的 $2n$ 维 Kähler 流形. 现在可以解释为什么称满足 $H^* \subset \mathrm{Sp}(n)$ 的黎曼流形为超 Kähler 流形. 记号如前, 设 $x \in M$, 又设 $H^* \subset \mathrm{Sp}(n)$. 将 $\boldsymbol{R}^{4n}$ 与 $\boldsymbol{H}^n$ 认同, 则由定义, $H^* \subset \mathrm{Sp}(n)$ 的精确意义是: 有等距变换 $\varphi : M_x \to \boldsymbol{H}^n$, 使得

$\widetilde{\varphi}(H^*) \subset \mathrm{Sp}(n)$. 现在指出在 $\boldsymbol{H}^n$ 上有无限多个对于 $\mathrm{Sp}(n)$ 不变的复结构 $\mathscr{J}$, 每个 $\mathscr{J}$ 在 M 上诱导一个可积的殆复结构 J, 同时 M 也具有一个 Hermite 度量 G, 使 G 对于每个这样的 J 都是一个 Kähler 度量. 于是从 $H^* \subset \mathrm{Sp}(n)$ 的假设出发, 我们可以推出流形 M 从无限多个角度看来都是一个 Kähler 流形. 这就是为什么称这种流形为超 Kähler 流形. $\mathscr{J}$ 的精确定义如下: 先在 $\boldsymbol{H}^n$ 上定义三个不同的复结构 $\mathscr{J}^1, \mathscr{J}^2, \mathscr{J}^3$, 使得对于任意的 $Q \in \boldsymbol{H}^n$ 有

$$\mathscr{J}^1(Q) = \boldsymbol{i}Q, \quad \mathscr{J}^2(Q) = \boldsymbol{j}Q, \quad \mathscr{J}^3(Q) = \boldsymbol{k}Q.$$

显然, $\forall \mu = 1, 2, 3$, $\mathscr{J}^\mu$ 是空间 $\boldsymbol{H}^n$ 上的实线性变换, 而且 $(\mathscr{J}^\mu)^2 = -\mathrm{I}$, 所以 $\mathscr{J}^\mu$ 实在是 $\boldsymbol{H}^n$ 上的复结构. $\{\mathscr{J}^\mu : \mu = 1, 2, 3\}$ 有些明显的性质. 首先 $\mathscr{J}^\mu \mathscr{J}^\nu = -\mathscr{J}^\nu \mathscr{J}^\mu$, $\forall \mu \neq \nu, \mu, \nu = 1, 2, 3$. 同时四元数内积 G_0 对于每个 $\mathscr{J}^\mu$ 都是不变的 (即: $G_0(\mathscr{J}^\mu(Q), \mathscr{J}^\mu(Q)) = G_0(Q, Q), \forall Q \in \boldsymbol{H}^n$), 所以 $\boldsymbol{H}^n$ 上的 Hermite 内积 $(,)$ 对于每个 $\mathscr{J}^\mu$ 也是不变的 (见 (63)). 由于 $\mathrm{Sp}(n)$ 的每个元素对于 $\boldsymbol{H}$ 在 $\boldsymbol{H}^n$ 上左面的乘积是线性的, 而每个 $\mathscr{J}^\mu$ 是在 $\boldsymbol{H}^n$ 的左面作用的, 所以 $h\mathscr{J}^\mu = \mathscr{J}^\mu h$, $\forall h \in \mathrm{Sp}(n)$, 即每个 $\mathscr{J}^\mu$ 对于 $\mathrm{Sp}(n)$ 是不变的 (见例 1 的 (39)). 现在对于任意的 $(a, b, c) \in S^2$ (这是 $\boldsymbol{R}^3$ 中的单位球面), 定义一个映照 $\mathscr{J} : \boldsymbol{H}^n \to \boldsymbol{H}^n$, 使得

$$\mathscr{J} = a\mathscr{J}^1 + b\mathscr{J}^2 + c\mathscr{J}^3.$$

由于 $a^2 + b^2 + c^2 = 1$, 上面所说过的关于 $\{\mathscr{J}^\mu\}$ 的基本性质蕴涵着: 每个这样的 $\mathscr{J}$ 是对于 $\mathrm{Sp}(n)$ 不变的复结构, 而且四元数内积 G_0 对于 $\mathscr{J}$ 是不变的. 所以由第二和乐原理以及引理 7 中 (a)$\Longrightarrow$(b) 的证明得知, 每个 $\mathscr{J}$ 在 M 上诱导一个可积的殆复结构 J, 而且 $(,)$ 在 M_x 上也诱导出一个 M 的 Hermite 度量 G, 使得 G 对于每个 J 都是一个 Kähler 度量. 这就是说 M 具有 S^2 这么多个 Kähler 流形的结构, 由此证明了上面的断言.

用 (68) 或 (69), 我们可以得到与引理 7 相对应的、刻画所有满足 $H^* \subset \mathrm{Sp}(n)$ 的黎曼流形的一个定理. 先引进定义; 设 M 是 $2n$ 维复流形, $\varPsi$ 是一个 $(2, 0)$ 型的二次外形式场, 如果 $\varPsi^n(x) \neq 0$, 则称 $\varPsi$ 为**在点 x 是非退化的**. 若 $\varPsi$ 在每一点都是非退化的, 则称 $\varPsi$ 为**非退化的**. 一个等价的说法是, 设 $\{u_1, \cdots, u_{2n}\}$ 是 M_x 对于 $\boldsymbol{C}$ 的一个基底, 把矩阵 $\{\varPsi(u_i, u_j)\}_{1 \leqslant i, j \leqslant 2n}$ 称为 $\varPsi$ 对于 $\{u_1, \cdots, u_{2n}\}$ 的矩阵, 则 $\varPsi$ 在 x 是非退化的, 当且仅当对应于 M_x 的任意一个复基底, $\varPsi$ 的矩阵是非奇异的.

引理 9　设 M 是一个 $2n$ 维 Kähler 流形, 则它的整体和乐群 H^* 满足 $H^* \subset$ Sp(n), 当且仅当在 M 上存在一个非退化的平行的 $(2, 0)$ 型二次外形式场.

证明　设 $H^* \subset$ Sp(n). 根据 (68), 则在 $\mathbf{R}^{4n}$ 与 $\mathbf{C}^{2n}$ 认同时有等距变换 $\varphi : M_x \to \mathbf{C}^{2n}(x \in M)$, 使得 $\widetilde{\varphi}(H^*) \subset \{F \in \mathrm{U}(2n) : F^* \varPhi = \varPhi\}$, 其中 $\varPhi$ 的定义是 (62), $\widetilde{\varphi}$ 的定义是 $\widetilde{\varphi}(h) = \varphi h \varphi^{-1}$. 现定义 $\varPsi_x \in \bigwedge^2 M_2^*$, 使得 $\varPsi_x = \varphi^* \varPhi$. 命 M 的 Kähler 度量为 G, 则 $H^* \subset$ Sp(n) 当且仅当 $h^* G_x = G_x$, 且 $h^* \varPsi_x = \varPsi_x, \forall h \in H^*$. 由 (40) 可以知道, 若 $H^* \subset$ Sp(n), 则 $\varPsi_x$ 对于 H^* 是不变的, 于是根据第二和乐原理在 M 上有一个平行二次外形式场 $\varPsi$, 使得 $\varPsi(x) = \varPsi_x$. 显然 $\varPsi$ 是 $(2, 0)$ 型的, 并且 $\varPsi_x^n \neq 0$. 所以 $\varPsi$ 就是所要找的非退化、平行的 $(2, 0)$ 型二次外形式场.

反过来, 设 $2n$ 维 Kähler 流形 M 具有一个非退化的平行 $(2, 0)$ 型二次外形式场 $\varPsi$. 要证明 $H^* \subset$ Sp(n) (这个断言在 [BEA1] 第 758 页, [BES2] 第 284 页及第 399 页中一再出现, 但在文献中似乎从来没有人给出证明, 使人不胜惊讶). 它的证明主要是找出一个反对称复矩阵对于单位正交基的标准型 (见下面的断言 A). 证明的步骤如下:

断言 A　若 A 是一个 $2n \times 2n$ 的反对称复矩阵 (即 $A^t = -A$), 则有酉矩阵 U, 使得

$$U^t A U = \begin{bmatrix} b_1 J_1 & & & \\ & b_2 J_2 & & \Large 0 \\ & & \ddots & \\ \Large 0 & & & b_L J_L \end{bmatrix}$$

(右端的矩阵记作 K), 其中 $b_i \in \mathbf{R}, b_i \geqslant 0, \forall i; b_i \neq b_j, \forall i \neq j$; 每个 J_i 是如下的 $2n_i \times 2n_i$ 矩阵:

$$J_i = \begin{bmatrix} 0 & -1 & & & & & \\ 1 & 0 & & & & \Large 0 & \\ & & 0 & -1 & & & \\ & & 1 & 0 & & & \\ & & & & \ddots & & \\ & & & & & 0 & -1 \\ \Large 0 & & & & & 1 & 0 \end{bmatrix},$$

并且 $n = n_1 + \cdots + n_L$.

(用同样的方法可以证明: 若 A 是一个对称的复矩阵, 则有酉矩阵 U 使得 $U^t A U$ 为对角矩阵.)

断言 A 的证明   定义 $B = \overline{A}A$, 显然 $\overline{B}^t = B$, 所以 B 是 Hermite 矩阵. 同时 B 是半负定的, 因为若将 $\boldsymbol{C}^{2n}$ 的元素看成列矩阵, $v = [v_1, \cdots, v_{2n}]^t$, $\forall v \in \boldsymbol{C}^{2n}$, 则可将 B 看成从 $\boldsymbol{C}^{2n}$ 到 $\boldsymbol{C}^{2n}$ 的线性变换: $v \mapsto Bv$, 后者是指矩阵的乘积. 这样, $\boldsymbol{C}^{2n}$ 上的典范 Hermite 内积变成 $(u, v) = u^t \overline{v}$, 其中 $\overline{v} = [\overline{v}_1, \cdots, \overline{v}_{2n}]^t$. 所以, $A^t = -A$ 蕴涵着 $(Bv, v) = -(Av, Av) \leqslant 0$. 于是 B 的半负定性得证. 由初等的对角化定理得知, $\boldsymbol{C}^{2n}$ 有正交分解

$$\boldsymbol{C}^{2n} = V_1 \oplus \cdots \oplus V_L,$$

使得 $V_i \perp V_j$, $\forall i \neq j$; $\dim V_i = t_i, t_1 + \cdots + t_L = 2n$; 而且 $B(V_i) \subset V_i$, $\forall i$, 以及

$$B|_{V_i} = -b_i^2 \mathrm{I}_i \ (\mathrm{I}_i \ \text{是} \ V_i \ \text{上的恒同映射}),$$

$$b_i \in \boldsymbol{R}, \quad b_i \geqslant 0, \ b_i \neq b_j, \ \forall i \neq j.$$

特别要指出: 若 $v \in \boldsymbol{C}^{2n}$, 则 $\forall i = 1, \cdots, L$

$$Bv = -b_i^2 v \ \text{当且仅当} \ v \in V_i. \tag{70}$$

现在断言: 对每一个 $i = 1, \cdots, L$,

$$\text{若} \ v \in V_i, \ \text{则} \ \overline{Av} \in V_i. \tag{71}$$

理由是 $B(\overline{Av}) = \overline{A}(\overline{Bv}) = -b_i^2(\overline{Av})$, 所以 $\overline{Av}$ 是 B 的对应于 $(-b_i^2)$ 的特征向量, 由 (70) 得到 $\overline{Av} \in V_i$. 现在重复使用 (71) 可在 V_1 中找到一个所需的单位正交基. 先设 $b_1 > 0$. 取任意的单位向量 $e_1 \in V_1$, 命 $e_2 = \dfrac{1}{b_1} \overline{A}e_1$. 易见 e_2 也是单位向量. 由 (71) 得 $e_2 \in V_1$. 同时, $A^t = -A$ 蕴涵着 $(e_1, e_2) = -(e_1, e_2)$, 故 $e_2 \perp e_1$. 这就是说, $\{e_1, e_2\}$ 是 V_1 中的单位正交向量组, 而且

$$\begin{cases} Ae_1 = b_1 \overline{e}_2, \\ Ae_2 = -b_1 \overline{e}_1. \end{cases}$$

其次取 $\mathrm{Span}\{e_1, e_2\}$ 在 V_1 内的正交补 V_1'. 在 V_1' 内又取任意的单位向量 $e_3 \in V_1'$, 然后照样定义 $e_4 = \dfrac{1}{b_1} \overline{A}e_3$, 则 e_4 也是单位向量. 现在断言 $e_4 \in V_1'$. 这是因为

$(e_1, e_3) = (e_2, e_3) = 0$, 用 $A^t = -A$ 及简单的运算便得到

$$(e_1, \overline{A}e_3) = -b_1(\overline{e_2, e_3}) = 0,$$
$$(e_2, \overline{A}e_3) = b_1(\overline{e_1, e_3}) = 0,$$

所以 $e_4 \perp \mathrm{Span}\{e_1, e_2\}$, 即 $e_4 \in V_1'$. 显然 $\{e_1, e_2, e_3, e_4\}$ 是 V_1 内的单位正交向量组, 而且

$$\begin{cases} Ae_1 = b_1\overline{e}_2, \\ Ae_2 = -b_1\overline{e}_1, \\ Ae_3 = b_1\overline{e}_4, \\ Ae_4 = -b_1\overline{e}_3. \end{cases}$$

用归纳法可知, 在 V_1 中有一个单位正交基底 $\mathscr{E}_1 = \{e_1, \cdots, e_{2n_1}\}$, 使得 $\forall \alpha = 1, 3, 5, \cdots, 2n_1 - 1$ 有

$$\begin{cases} Ae_\alpha = b_1\overline{e}_{\alpha+1}, \\ Ae_{\alpha+1} = -b_1\overline{e}_\alpha. \end{cases}$$

这个事实同时蕴涵 $\dim V_1 = 2n_1(=t_1)$, 而且若命 U_1 为 $2n_1 \times 2n_1$ 矩阵 $[e_1 e_2 \cdots e_{2n_1}]$ (即它的第 α 列是 $\mathscr{E}_1$ 的第 α 个元素), 则

$$AU_1 = b_1\overline{U}_1 J_1, \tag{72}$$

其中 J_1 就是断言 A 中所定义的 $2n_1 \times 2n_1$ 矩阵. 如果 $b_1 = 0$, 则 V_1 内任意的单位正交基底 $\mathscr{E}_1$ 都会满足 (72). 所以 (72) 在一般情形下都成立.

现在用同样的方法去处理 $V_2, \cdots, V_L$. 故对每一个 i 我们都有一个 $2n_i \times 2n_i$ 矩阵 U_i, 使其列向量组成 V_i 内的一个单位正交基底 $\mathscr{E}_i$, 而且对应 (72) 的等式也成立, 即:

$$AU_i = b_i\overline{U}_i J_i,$$

特别是 $t_i = 2n_i = \dim V_i$. 命 U 为所有的 $U_1, \cdots, U_L$ 合并而成的 $2n \times 2n$ 方阵, 即

$$U = [U_1 U_2 \cdots U_L],$$

则有 $AU = \overline{U}K$, 其中 K 就是断言 A 所定义的矩阵, 由于 $V_i \perp V_j$, $\forall i \neq j$, 所以 U 的列向量组成 C^{2n} 的单位正交基底 $\mathscr{E}(\equiv \mathscr{E}_1 \cup \mathscr{E}_2 \cup \cdots \cup \mathscr{E}_L)$. 特别是, U 是酉矩阵, 因此 $U^t AU = K$. 断言 A 证毕.

断言 B 设 Ψ 为 C^{2n} 上的一个复双线性、反对称二次型, 则 C^{2n} 有正交分解

$$C^{2n} = V_1 \oplus \cdots \oplus V_L,$$

其中 $V_i \perp V_j$, $\forall i \neq j$; 每个 V_i 有单位正交基底 $\mathscr{E}_i$, 使得

(i) $\Psi(V_i, V_j) = 0$, $\forall i \neq j$;

(ii) 在 V_i 上 Ψ 对于 $\mathscr{E}_i$ 的矩阵是 $b_i J_i$ (J_i 的定义见断言 A), 其中 $b_i \geqslant 0$;

(iii) $b_i \neq b_j$, $\forall i \neq j$.

断言 B 的证明 设 A 是 Ψ 对于 C^{2n} 的典范基底 $\{\varepsilon_1, \cdots, \varepsilon_{2n}\}$ 的矩阵, 则 A 是反对称的. 用断言 A, 知有酉矩阵 $U = \{u_i^j\}$ 使 $U^t A U = K$ (K 的定义见断言 A). 现定义 C^{2n} 内的另一个单位正交基底 $\mathscr{E} \equiv \{e_1, \cdots, e_{2n}\}$, 其中 $e_i = \sum_j u_i^j \varepsilon_i$, 则 Ψ 对于 $\mathscr{E}$ 的矩阵就是 K. 现命 $K_1, \cdots, K_L$ 为如下的 $2n \times 2n$ 方阵:

$$K_1 = \begin{bmatrix} b_1 J_1 & & & \\ & 0 & & \text{\Large 0} \\ & & \ddots & \\ \text{\Large 0} & & & 0 \end{bmatrix}, \cdots, K_L = \begin{bmatrix} 0 & & & \\ & \ddots & & \text{\Large 0} \\ & & 0 & \\ \text{\Large 0} & & & b_L J_L \end{bmatrix}.$$

命 $V_i = \ker(K - K_i)$ (把 K, K_i 看成 C^{2n} 上的线性变换), 则 (i)—(iii) 立刻可以从断言 A 推出. 断言 B 证毕.

断言 C 假设及记号如断言 B. 若 $h \in \mathrm{U}(2n)$, 而且 $h^* \Psi = \Psi$, 则 $h(V_i) \subset V_i$, $\forall i = 1, \cdots, L$.

断言 C 的证明 记号如断言 B, 命 $\mathscr{E} \equiv \mathscr{E}_1 \cup \cdots \cup \mathscr{E}_L$ 为 C^{2n} 的一个单位正交基底, 且 Ψ 对于 $\mathscr{E}$ 的矩阵为 K. 所以等式 $h^* \Psi = \Psi$ 等价于 $h^t K h = K$, 即

$$Kh = \overline{h} K.$$

由于 K 是实矩阵, 故有

$$K\overline{h} = hK.$$

从这两个矩阵恒等式得到 $hK^2 = K^2h$. 但是

$$K^2 = \begin{bmatrix} -b_1^2 I_1 & & & 0 \\ & -b_2^2 I_2 & & \\ & & \ddots & \\ 0 & & & -b_L^2 I_L \end{bmatrix},$$

其中 I_i 是 $2n_i \times 2n_i$ 的单位矩阵, $2n_i \equiv \dim V_i, i = 1, \cdots, L$. 所以 $V_i = \ker(K^2 + b_i^2 I)$, 其中 I 是 $2n \times 2n$ 单位矩阵. 由等式 $hK^2 = K^2h$ 得: $\forall i, \forall v_i \in V_i$,

$$(K^2 + b_i^2 I)(h(v_i)) = h(K^2 + b_i^2 I)(v_i) = 0,$$

故 $h(v_i) \in \ker(K^2 + b_i^2 I) = V_i$, 即 $h(V_i) \subset V_i$. 断言 C 证毕.

断言 D　假设及记号如断言 B. 设 Ψ 是一个非退化的二次型, 又设 $\mathscr{H}$ 是 U($2n$) 的一个子群, 使得 $h^* \Psi = \Psi, \forall h \in \mathscr{H}$. 则有 $\boldsymbol{C}^{2n}$ 的一个单位正交基底 $\mathscr{E} \equiv \{e_1, \cdots, e_{2n}\}$ 以及一个复双线性、反对称的二次型 Ψ_0, 使得 Ψ_0 对于 $\mathscr{E}$ 的矩阵为

$$J_0 = \begin{bmatrix} J_1 & & 0 \\ & \ddots & \\ 0 & & J_L \end{bmatrix} \tag{73}$$

(记号见断言 A), 而且 $h^* \Psi_0 = \Psi_0, \forall h \in \mathscr{H}$.

断言 D 的证明　断言 B 保证 $\boldsymbol{C}^{2n}$ 有单位正交基底 $\mathscr{E} \equiv \mathscr{E}_1 \cup \cdots \cup \mathscr{E}_L$ 使得 Ψ 对于 $\mathscr{E}$ 的矩阵为 K. 根据断言 C, $h(V_i) \subset V_i, \forall h \in \mathscr{H}$, 其中 V_i 是对应于 $b_i J_i$ 的子空间. 由假设有 $h^* \Psi = \Psi$, 所以 $h^*(\Psi|_{V_i}) = \Psi|_{V_i}, \forall i = 1, \cdots, L$. 现在定义 Ψ_0, 使得 Ψ_0 是一个二次型, 它对于 $\mathscr{E}$ 的矩阵为 J_0 (见 (73)). 所以对于每个固定的 i, 有 $\Psi|_{V_i} = b_i \Psi_0|_{V_i}$, 于是 $\forall h \in \mathscr{H}$ 有

$$b_i h^*(\Psi_0|_{V_i}) = h^*(b_i \Psi_0|_{V_i})$$
$$= h^*(\Psi|_{V_i}) = \Psi|_{V_i} = b_i(\Psi_0|_{V_i}).$$

但已知 Ψ 是非退化的, 所以 $b_i \neq 0$. 因此 $h^*(\Psi_0|_{V_i}) = \Psi_0|_{V_i}$, 即在每个 V_i 上有 $h^* \Psi_0 = \Psi_0, \forall h \in \mathscr{H}$, 断言 D 证毕.

现在可以证明引理 9 的另外一半. 设 Ψ 是 $2n$ 维 Kähler 流形 M 上的一个平行的、非退化的 $(2, 0)$ 型二次外形式场. 固定 $x \in M$, 命 $\varphi_1 : M_x \to \boldsymbol{C}^{2n}$ 是任

意的复线性等距映射. 又命 $\psi \equiv (\varphi_1^{-1})^*(\Psi(x))$, $\mathscr{H} = \tilde{\varphi}_1(H^*)$, 其中 H^* 为 M 的整体和乐群, $\tilde{\varphi}_1(\eta) = \varphi_1 \eta \varphi_1^{-1}$, $\forall \eta \in H^*$. 显然, ψ 是 C^{2n} 上复双线性、反对称的二次型, 并且由于 Ψ 是非退化的, 所以 ψ 也是非退化的. 此外, $\mathscr{H}$ 是 U$(2n)$ 的子群 (引理 7). 由于 Ψ 是平行的形式, 故 $\eta^*\Psi(x) = \Psi(x)$, $\forall \eta \in H^*$, 所以 $h^*\psi = \psi$, $\forall h \in \mathscr{H}$. 由断言 D 可知在 C^{2n} 上有单位正交基底 $\mathscr{E} = \{e_1, \cdots, e_{2n}\}$ 以及一个复双线性、反对称二次型 ψ_0, 使得 ψ_0 对于 $\mathscr{E}$ 的矩阵为 J_0, 而且 $h^*\psi_0 = \psi_0$, $\forall h \in \mathscr{H}$. 现在定义复线性等距映射 $\varphi_2: C^{2n} \to C^{2n}$, 使得

$$\varphi_2(e_{2\alpha-1}) = \varepsilon_\alpha,$$

$$\varphi_2(e_{2\alpha}) = \varepsilon_{n+\alpha}, \quad \forall \alpha = 1, 2, \cdots, n,$$

其中 $\{\varepsilon_1, \cdots, \varepsilon_{2n}\}$ 是 C^{2n} 的典范基底. 用 (62) 的记号, 显然有 $\varphi_2^*\Phi = \psi_0$. 如果定义 $\varphi = \varphi_2 \circ \varphi_1: M_x \to C^{2n}$, 则 $\tilde{\varphi}(H^*) \subset \{h \in U(2n): h^*\Phi = \Phi\}$, 其中 $\tilde{\varphi}$ 是由 φ 诱导的同构. 由 (68) 得 $H^* \subset \mathrm{Sp}(n)$. 证毕.

最后讨论是否有超 Kähler 流形 M 使 $H = \mathrm{Sp}(n)$. 由 (III) 内的讨论可知 (见引理 8 的证明之后的段落), 任何超 Kähler 流形都不可能是局部对称的. 在 [CAL] 中, Calabi 给出一个构造方法, 产生一族满足 $H = \mathrm{Sp}(n)$ 的完备、非紧超 Kähler 流形. 比方说, Calabi 证明复投影空间 P_nC 的余切丛 T^*P_nC 具有这种超 Kähler 度量. 最近 [HKLR] 给出一个不同的构造方法. 他们的例子都是齐性、非紧的. 对应的紧致情形则有一个比较复杂和有趣的历史. 首先, 用一句话说清楚就是: 用丘成桐的 Calabi 猜想的解 ([Y]), 现在已知有紧致的满足 $H = \mathrm{Sp}(n)$ 的超 Kähler 流形. 但在 1978 年, F. Bogomolov 发表一篇文章 [BOG], 认为 $\forall n \geqslant 2$, 紧致、$H = \mathrm{Sp}(n)$ 的超 Kähler 流形是不可能存在的 ($\mathrm{Sp}(1) = \mathrm{SU}(2)$, 所以是例外). 四年后, Fujiki 作了一个突破, 他构造出一个 $H = \mathrm{Sp}(2)$ 的复四维紧致超 Kähler 流形 ([F]). 通过这个例子, 人们才知道 [BOG] 是有错的. 接着, Beauville 对于任意的 n 构造了 $H = \mathrm{Sp}(n)$ 的紧致超 Kähler 流形 (见 [BEA1]. 在 [BES2] 的第 284 页只提到 Beauville 工作而忽略了 Fujiki 的贡献, 这是不公正的). 当然 Fujiki 和 Beauville 都要用 Calabi-Yau 定理 ([Y]). 他们的构造方法相当复杂, 因此引起一种错觉, 以为有 $H = \mathrm{Sp}(n)$ 的超 Kähler 流形都是罕有的和奇特的. 但最近 A. J. Smith ([SM], §5.6) 找到一个非常自然的满足 $H = \mathrm{Sp}(2)$ 的紧复四维流形. 猜想对于任意的 n 也会陆续找到比较自然的满足 $H = \mathrm{Sp}(n)$ 的紧致的例子. Smith 的流形 M_0 是这样定义的: 在 P_5C 内取一个三次超曲面 S_0, 则 M_0 是

S_0 上所有的直线 P_1C 的集合.

由引理 9 得知, 任意的超 Kähler 流形 M 一定有一个非退化的平行的 (2, 0) 型的二次外形式场, 命为 Ψ. 根据第一章的 (19) 式, Ψ 是调和形式. 由于 $\Psi^p = \Psi \wedge \cdots \wedge \Psi$ (p 个 Ψ 的外积) 也是平行的, 所以 Ψ^p 也是调和形式. 用 Hodge 理论的记号, 如果 M 是紧致的超 Kähler 流形, 则 Hodge 数 $h^{2p,0}(M) \geqslant 1$, $\forall p \geqslant 1$. 另一方面, 如果 G 是 M 的 Kähler 度量, $g = \operatorname{Re} G$, 则以下每个 (1, 1) 型的二次外形式场 (参阅 (49)) 都是平行的:

$$\begin{cases} \omega_1(X,Y) \equiv g(X, J^1 Y), \\ \omega_2(X,Y) \equiv g(X, J^2 Y), \\ \omega_3(X,Y) \equiv g(X, J^3 Y), \end{cases} \tag{74}$$

其中 X, Y 是 M 上的向量场, J^1, J^2, J^3 的定义见第 105 页对于超 Kähler 流形的解释. 所以每个 ω_i 都是调和形式. 同理, 每个 $\omega_1^p \wedge \omega_2^q \wedge \omega_3^r$ 也是调和的 $(2p + 2q + 2r)$ 次外形式场, 所以 $h^{s,s}(M) \geqslant \begin{pmatrix} s+2 \\ s \end{pmatrix}$, $\forall s \geqslant 1$ (一共有 $\begin{pmatrix} s+2 \\ s \end{pmatrix}$ 个不同的形式 $\omega_1^p \wedge \omega_2^q \wedge \omega_3^r$ 使得 $p+q+r = s$). 由此可见, 一个紧致超 Kähler 流形的上同调群 $H^*(M, C)$ 一定是相当大的. 这方面的情形可以参考 [WA].

(V) $\operatorname{Sp}(n) \cdot \operatorname{Sp}(1)$　我们首先定义群同态 $\rho : \operatorname{Sp}(n) \times \operatorname{Sp}(1) \to \operatorname{SO}(4n)$, 然后定义 $\operatorname{Sp}(n) \cdot \operatorname{Sp}(1)$ 为这个群同态 ρ 在 $\operatorname{SO}(4n)$ 内的映像, $\operatorname{Sp}((n) \cdot \operatorname{Sp}(1)) \equiv \rho(\operatorname{Sp}(n) \times \operatorname{Sp}(1))$. 设 $(f, \lambda) \in \operatorname{Sp}(n) \times \operatorname{Sp}(1), P \in \boldsymbol{H}^n$, 则定义

$$\rho(f, \lambda)(P) = \lambda f(P).$$

注意: 在前面的 (IV) 中已约定, 将 $\boldsymbol{H}^n$ 看成对于体 $\boldsymbol{H}$ 的左向量空间. 由于 $\operatorname{Sp}(1) \subset \boldsymbol{H}$ (事实上, $\operatorname{Sp}(1)$ 是 $\boldsymbol{H}$ 内四元数范数为 1 的元素的集合), 所以上面的积 $\lambda f(P)$ 有意义. 易验证 $\rho(f, \lambda)$ 对于四元数内积 G_0 是一个等距映射, 所以是 $\boldsymbol{R}^{4n} \cong \boldsymbol{H}^n$ 上的实线性等距变换, 故有 $\rho(f, \lambda) \in \mathrm{O}(4n)$. 现在指出, 事实上 ρ 的映像包含在 $\operatorname{SO}(4n)$ 之内. 如果我们用 $\operatorname{Sp}(n)$ 是连通李群的事实, 则这个证明是平凡的. 否则可以如下进行证明: 用 (74) 的记号, 命

$$\Omega = \omega_1 \wedge \omega_1 + \omega_2 \wedge \omega_2 + \omega_3 \wedge \omega_3,$$

则由初等的线性代数运算得到, $\forall (f, \lambda) \in \operatorname{Sp}(n) \times \operatorname{Sp}(1)$, 每个 $\rho(f, \lambda)$ 都是保持 Ω 的, 即 $\forall A \equiv \rho(f, \lambda), A^* \Omega = \Omega$. 另一方面, 显然 $\Omega^n \neq 0$, 所以 $\Omega^n = (A^* \Omega)^n =$

$\det A \cdot \Omega^n, \det A = 1$. 这就证明 $\rho(\mathrm{Sp}(n) \times \mathrm{Sp}(1)) \subset \mathrm{SO}(4n)$. 现在正式定义 $\mathrm{Sp}(n) \cdot \mathrm{Sp}(1)$ 为 $\mathrm{SO}(4n)$ 内的子群 $\rho(\mathrm{Sp}(n) \times \mathrm{Sp}(1))$.

断言: 群同态 ρ 的核是 $\boldsymbol{Z}_2 \equiv \{(\mathrm{I}, 1), (-\mathrm{I}, -1)\}$, 其中 I 是 $\boldsymbol{H}^n$ 上的恒同映射, 即若 $\rho(f, \lambda)(P) = P, \forall P \in \boldsymbol{H}^n$, 则 $(f, \lambda) = \pm(\mathrm{I}, 1)$. 证明如下: 命 $\tilde{\varepsilon}_1 \equiv (1, 0, \cdots, 0)$, 则有 $\rho(f, \lambda)(q\tilde{\varepsilon}_1) = q\tilde{\varepsilon}_1, \forall q \in \boldsymbol{H}$. 由 $\rho(f, \lambda)$ 的定义, 这等价于 $\lambda f(q\tilde{\varepsilon}_1) = q\tilde{\varepsilon}_1$. 由于 $f \in \mathrm{Sp}(n), f(q\tilde{\varepsilon}_1) = qf(\tilde{\varepsilon}_1)$. 所以有 $\lambda q f(\tilde{\varepsilon}_1) = q\tilde{\varepsilon}_1, \forall q \in \boldsymbol{H}$. 但在另一方面, $f(\tilde{\varepsilon}_1) = \lambda f(\lambda^{-1}\tilde{\varepsilon}_1) = \rho(f, \lambda)(\lambda^{-1}\tilde{\varepsilon}_1) = \lambda^{-1}\tilde{\varepsilon}_1$, 所以 $\lambda q \lambda^{-1} \tilde{\varepsilon}_1 = q\tilde{\varepsilon}_1$, $\forall q \in \boldsymbol{H}$. 已知 $\tilde{\varepsilon}_1 = (1, 0, \cdots, 0)$, 所以上述等式意味着 $\lambda q \lambda^{-1} = q, \forall q \in \boldsymbol{H}$, 即

$$\lambda q = q\lambda, \quad \forall q \in \boldsymbol{H}.$$

由于 $\boldsymbol{H}$ 内能与所有四元数可交换的元素必为实数 (证明是平凡的), 故 $\lambda \in \boldsymbol{R}$. 但是 $\lambda \in \mathrm{Sp}(1)$, 所以 $\lambda = \pm 1$. 显然, 当 $\lambda = 1$ 时, $\rho(f, \lambda)(P) = f(P) = P, \forall P \in \boldsymbol{H}^n$, 于是 $f = \mathrm{I}$. 同理, 当 $\lambda = -1$ 时, $\rho(f, \lambda)(P) = -f(P) = P, \forall P \in \boldsymbol{H}^n$, 故 $f = -\mathrm{I}$. 断言证毕.

上面的断言蕴涵着 $\mathrm{Sp}(n) \cdot \mathrm{Sp}(1) \cong \mathrm{Sp}(n) \times \mathrm{Sp}(1)/\boldsymbol{Z}_2$ ($\cong$ 表示群同构). 特别是 $\mathrm{Sp}(n) \times \mathrm{Sp}(1)$ 是 $\mathrm{Sp}(n) \cdot \mathrm{Sp}(1)$ 的双重覆盖, 因而 $\dim \mathrm{Sp}(n) \cdot \mathrm{Sp}(1) = \dim \mathrm{Sp}(n) \times \mathrm{Sp}(1)$. 注意: $\mathrm{Sp}(1)$ 是 $\boldsymbol{H}$ 内模长为 1 的元素的集合, 所以 $\mathrm{Sp}(1)$ 就是 $\boldsymbol{R}^4$ 内的单位球面 S^3, 特别是 $\dim \mathrm{Sp}(1) = 3$. 所以当 $n = 1$ 时, $\dim \mathrm{Sp}(1) \cdot \mathrm{Sp}(1) = 6$. 但是 $\dim \mathrm{SO}(4) = 6$, $\mathrm{SO}(4)$ 是连通群, 而且 $\mathrm{Sp}(1) \cdot \mathrm{Sp}(1) \subset \mathrm{SO}(4)$, 故知 $\mathrm{SO}(4) = \mathrm{Sp}(1) \cdot \mathrm{Sp}(1)$. 在下面我们将会用到这个事实.

这个群同态 $\rho : \mathrm{Sp}(n) \times \mathrm{Sp}(1) \to \mathrm{SO}(4n)$ 自然是 $\mathrm{Sp}(n) \times \mathrm{Sp}(1)$ 在 $\boldsymbol{R}^{4n}$ 上的一个表示. 现在要解释一下这个表示 ρ 的来源. 命 $P_n\boldsymbol{H}$ 为 $\boldsymbol{H}^{n+1}$ 中所有的对于 $\boldsymbol{H}$ 是一维的子空间的集合, 即 $P_n\boldsymbol{H}$ 的元素是 $\boldsymbol{H}^{n+1}$ 内一个实 4 维且在左面乘上 $\boldsymbol{H}$ 不变的子空间, 这就是所谓的四元数射影空间. 从一般性的初等的讨论可知, $P_n\boldsymbol{H}$ 是齐性微分流形, 而且可以与 $\mathrm{Sp}(n+1)/\mathrm{Sp}(n) \times \mathrm{Sp}(1)$ 等同起来. 后者刚好是 Elie Cartan 的单连通紧致对称空间之一, 而且对于它的典范度量, 其和乐群 $\boldsymbol{H}$ 就是 $\mathrm{Ad}(\mathrm{Sp}(n) \times \mathrm{Sp}(1))$ (见引理 4 以下的按语). 若用恰当的单位正交基将 $P_n\boldsymbol{H}$ 的一个切空间与 $\boldsymbol{H}^n$ 认同, 则 $\mathrm{Ad}(\mathrm{Sp}(n) \times \mathrm{Sp}(1))$ 刚好是上面定义的 $\mathrm{Sp}(n) \cdot \mathrm{Sp}(1)$ (参阅 [BES1] 第 77 页的 §3.21).

上面的讨论也说明 $P_n\boldsymbol{H}$ 的和乐群就是 $\mathrm{Sp}(n) \cdot \mathrm{Sp}(1)$. $P_n\boldsymbol{H}$ 的对偶对称空间 (所谓四元数双曲空间) 自然是一个单连通、非紧的对称空间, 其和乐群也是

$\mathrm{Sp}(n) \cdot \mathrm{Sp}(1)$.

如果一个黎曼流形 M 的整体和乐群 $H^* \subset \mathrm{Sp}(n) \cdot \mathrm{Sp}(1)$, 则一般的文献或者称 M 是**四元数流形** ([AL1]—[AL3], [KR]), 或者称之为**四元数 Kähler 流形** ([BES2], [IS], [SA]). 从某些角度看来, 后者比较合理. 但是在另一方面, 这个名称比较累赘, 而且容易引起混乱, 因为**四元数 Kähler 流形**一般来说不可能是 Kähler 流形! (见引理 10 及其以下的讨论.) 所以在本书中我们采取中立态度, 两者都不用.

下面的引理 10 的证明不太容易, 所以在这里只加以讨论而不给出证明. 如果要了解满足 $H^* \subset \mathrm{Sp}(n) \cdot \mathrm{Sp}(1)$ 的流形, 则非要知道这个引理所说的事实不可.

引理 10　(a) $\mathrm{Sp}(n) \cdot \mathrm{Sp}(1)$ 是 $\mathrm{SO}(4n)$ 内的极大李子群, 即若有 $\mathrm{SO}(4n)$ 内的李子群 G, 使得 $\mathrm{Sp}(n) \cdot \mathrm{Sp}(1) \subset G \subset \mathrm{SO}(4n)$, 则 G 必等于 $\mathrm{Sp}(n) \cdot \mathrm{Sp}(1)$ 或 $\mathrm{SO}(4n)$;

(b) 若 M 是 $4n$ 维黎曼流形, $n \geqslant 2$, 而且 $H^* \subset \mathrm{Sp}(n) \cdot \mathrm{Sp}(1)$, 则 M 是 Einstein 流形, 即 M 有常数 Ricci 曲率;

(c) 若 M 是齐性、紧致的 $4n$ 维黎曼流形, 而且 $H^* = \mathrm{Sp}(n) \cdot \mathrm{Sp}(1)$, 则 M 一定与 $P_n\boldsymbol{H}$ 等距.

断言 (a) 是 Dynkin 的李群分类定理的一个系, 但在 [GR] 中有一个直接的证明. (b) 是 Berger 在 [BER1] 中首先指出的, 其证明依赖 [BER1] 里面一些比较复杂的计算. 在 [AL1] 和 [IS] 中有不同的直接证明, 可参阅 [BES2] 第 403—406 页. (b) 中的假设 $n \geqslant 2$ 是因为有前面提过的事实: $\mathrm{Sp}(1) \cdot \mathrm{Sp}(1) = \mathrm{SO}(4)$, 所以在 $n = 1$ 时对应的断言自然不能成立. (c) 是 Alekseevskii 的定理 ([AL2]).

断言 (b) 表明满足 $H^* \subset \mathrm{Sp}(n) \cdot \mathrm{Sp}(1)$ 的流形具有意想不到的刚性. 比方说, 如果将这种流形的度量在一个小邻域内扰动, 则自然会破坏它的 Einstein 性质, 所以由此得到的黎曼流形不可能仍然满足 $H^* \subset \mathrm{Sp}(n) \cdot \mathrm{Sp}(1)$. (a) 则指出满足 $H^* \subset \mathrm{Sp}(n) \cdot \mathrm{Sp}(1)$ 的流形一般来说不会是 Kähler 流形. 要弄清楚这个断言, 则需要先考虑一般的情况. 假如黎曼流形 M 满足 $H^* \subset \mathrm{Sp}(n) \cdot \mathrm{Sp}(1)$, 而且也是 Kähler 流形, 则由引理 7 必有 $H^* \subset \mathrm{U}(2n) \cap \{\mathrm{Sp}(n) \cdot \mathrm{Sp}(1)\}$. 命 $G_0 \equiv \mathrm{U}(2n) \cap \{\mathrm{Sp}(n) \cdot \mathrm{Sp}(1)\}$. 根据 (a), $G_0 \subsetneqq \mathrm{Sp}(n) \cdot \mathrm{Sp}(1)$, 所以 H^* 其实是 $\mathrm{Sp}(n) \cdot \mathrm{Sp}(1)$ 的真子群 G_0 的一个子群 (自然, 最容易找到的满足这个要求的子群 G_0 是 $\mathrm{Sp}(n)$, 但是这样就变成超 Kähler 流形的研究和 $\mathrm{Sp}(n) \cdot \mathrm{Sp}(1)$ 没有关

系). 特别是, 如果 $H^* = \mathrm{Sp}(n) \cdot \mathrm{Sp}(1)$, 则 M 一定不是 Kähler 流形. 最后, (c) 指出: 若要找满足 $H = \mathrm{Sp}(n) \cdot \mathrm{Sp}(1)$ 的非局部对称的流形, 则一定要跑出齐性流形的范围以外. 这种例子自然是比较难找的了.

最后的一句话说明了为什么到目前为止尚未找到紧致、非局部对称和满足 $H = \mathrm{Sp}(n) \cdot \mathrm{Sp}(1)$ 的 $4n$ 维黎曼流形. 事实上对称空间 $P_n \boldsymbol{H}$ 是至今所知的唯一有 $H = \mathrm{Sp}(n) \cdot \mathrm{Sp}(1)$ 的紧致流形. 如果能找到这样的非局部对称的紧致的例子, 则不但会填补这个空白, 而且也会增加我们对于 Einstein 流形的了解 (见引理 10 (b)). 这会是很有意思的工作. 另一方面, 非紧完备且 $H = \mathrm{Sp}(n) \cdot \mathrm{Sp}(1)$ 的例子已在 1975 年被 Alekseevskii 找到 ([AL3]). 他将所有满足 $H = \mathrm{Sp}(n) \cdot \mathrm{Sp}(1)$ 且有一个可解的、可迁的等距变换群的黎曼流形完全分类, 结果发现有两族非局部对称的流形. 最近 Galicki ([GA]) 也给出更多的齐性例子, 也是非紧和非局部对称的. 所以至少我们已经知道非局部对称而满足 $H = \mathrm{Sp}(n) \cdot \mathrm{Sp}(1)$ 的完备黎曼流形是存在的. 只是到目前为止, 所有这种例子都是非紧致和齐性的.

最后要指出, 一个紧致且满足 $H^* \subset \mathrm{Sp}(n) \cdot \mathrm{Sp}(1)$ 的流形的上同调群 $H^*(M, \boldsymbol{R})$ 的结构和 Kähler 流形有相似的地方. 这是 V. Kraines 和 Bonan 两个人的工作 ([KR] 和 [BON2]). 他们需要用到 §2 中提到过的陈省身定理 ([CHN 2]). 关于这类流形的其他信息及有关文献, 可看 [BES2] 的第 14 章.

(VI) Spin(9) **九维自旋群** 当 $n \geqslant 3$ 时, $\mathrm{SO}(n)$ 的基本群是 $\boldsymbol{Z}_2$, 其双重覆盖空间就是自旋群 $\mathrm{Spin}(n)$ (见 [CV] 第 61—67 页或 [WU2], §5.1). 所以 $\mathrm{Spin}(n)$ 是单连通的紧致单李群, 它的李代数当然是 $\mathfrak{so}(n)$ (即所有 $n \times n$ 的反对称矩阵的集合). 根据 Elie Cartan 的对称空间分类理论, 其中一个秩为 1 的紧致、16 维、单连通对称空间是 $P_2 \mathbf{Ca} = F_4 / \mathrm{Spin}(9)$, 其中 F_4 是 52 维的紧致单李群, 是 Cartan 的五个紧致的例外单李群之一 (在下面的 (VII) 中, 我们会遇到另外一个紧致的例外单李群 G_2). 由 §2 中引理 4 下面的讨论得知, $P_2 \mathbf{Ca}$ 的和乐群与 Spin (9) 同构, 更精确地说, $P_2 \mathbf{Ca}$ 的和乐群是 Ad $(\mathrm{Spin}(9)) \subset \mathrm{SO}(16)$, 其中 $\mathrm{SO}(16)$ 是指 $P_2 \mathbf{Ca}$ 的一个切空间上所有的线性等距变换的集合. 若将迷向表示 Ad 作仔细分析, 就可以具体地写出 Spin(9) 在 SO(16) 内的嵌入. 在 [BRG] 的 §4 中, Brown 和 Gray 将这个嵌入用李代数的方法描述. 在 [GRG] 中, Gray 和 Green 将这个嵌入直接写出来了. 由于我们目前讨论的重点与这个嵌入无关, 因此在此略过不谈.

从记号上我们可以猜到, $P_2\mathbf{Ca}$ 的名称是 **Cayley 射影平面**. 关于这个名称的由来, 我们给一个粗略的解释. 其中的所有细节, 似乎没有人详细写下来, 读者应该参考 [BES1] 的第 86—93 页以及里面所给出的其他参考文献. 首先定义 **Cayley 代数 Ca**. 在 $\boldsymbol{H}^2$ 中引进乘法 (其中 $\boldsymbol{H}$ 是四元数体), 使得

$$(P, P') \cdot (Q, Q') = (PQ - \overline{Q}'P', Q'P + P'\overline{Q}),$$

其中 $P, P', Q, Q' \in \boldsymbol{H}$. 对于这个乘法和普通的加法, $\boldsymbol{H}^2$ 变成一个非结合的可除代数, 这就是 **Ca** (可除性的证明如下: 设 $\alpha = (P, Q) \neq 0$, 命 $\overline{\alpha} = (\overline{P}, -Q)$, $|\alpha|^2 = \alpha\overline{\alpha}$, 则显然有 $\alpha \cdot (\overline{\alpha}/|\alpha|^2) = (\overline{\alpha}/|\alpha|^2) \cdot \alpha = e_0$, 其中 $e_0 = (1, 0)$ 是 **Ca** 的单位元素). 其次我们定义抽象的射影平面的概念. 命 $\mathscr{P}$ 为一个集合, 并称 $\mathscr{P}$ 的元素为**点**. 称 $\mathscr{P}$ 为一个**射影平面**, 如果在 $\mathscr{P}$ 内有一组特别的子集, 称为**线**, 使得以下的三个条件成立:

($\mathscr{P}$ 1) 任意两点必包含在一条线 l 内, 并且这样的 l 是唯一的;

($\mathscr{P}$ 2) 任意两条线必相交于一点 P, 并且这样的点 P 是唯一的.

($\mathscr{P}$ 3) $\mathscr{P}$ 至少有四个点, 使得其中任何三点都不在一条线上.

(最后的条件保证 $\mathscr{P}$ 是一个平面, 即它是二维的). 对于 $P_2\mathbf{Ca}$ 的典范对称空间度量, 每个点 x 的共轭点轨迹是一个与 8 维球面 S^8 微分同胚的子流形, 记为 $\mathscr{E}(x)$. 若称 $P_2\mathbf{Ca}$ 的元素 x 为点, 称共轭点轨迹 $\mathscr{E}(x)$ 为线, 则可以证明 $P_2\mathbf{Ca}$ 是一个射影平面. 更进一步, 若指定某个 $\mathscr{E}(x_0)$ 为 $P_2\mathbf{Ca}$ 内的无穷远的线, 记为 l_∞, 则可以证明:

($\mathscr{P}$ 4) 存在两个一一对应

$$\rho_1 : \mathbf{Ca} \times \mathbf{Ca} \to P_2\mathbf{Ca} - l_\infty,$$

$$\rho_2 : \mathbf{Ca} \cup \{\infty\} \to l_\infty,$$

使得 **Ca** 的代数结构与 $P_2\mathbf{Ca}$ 的射影平面结构 ($\mathscr{P}$1)—($\mathscr{P}$3) 是一致的.

这个一致性以及 ρ_1, ρ_2 的定义是相当复杂的, 我们只给出一个直观的解释. 设 $p \in P_2\mathbf{Ca} - l_\infty$, 并且 $\rho_1(\alpha, \beta) = p$ (其中 $\alpha, \beta \in \mathbf{Ca}$), 称 (α, β) 为 p 点的**坐标**. 同理, 若 $q \in l_\infty$, 并且 $\rho_2(\gamma) = q$, 则称 γ 为 q 的**坐标**. 现在用下面三个例子来说明上述一致性:

(i) 命在 l_∞ 上有坐标为 0 及 ∞ 的点为 A 及 B, 又命在 $P_2\mathbf{Ca} - l_\infty$ 上有坐标 $(0, 0)$ 的点为 O. 用 $\overline{OA}, \overline{OB}$ 分别记由 $\{O, A\}, \{O, B\}$ 所决定的线 (见

($\mathscr{P}$ 1)), 则 $\overline{OA}$ 是所有的以 $(\alpha, 0)(\alpha \in \mathbf{Ca})$ 为坐标的点的集合, $\overline{OB}$ 是所有的以 $(0, \beta)(\beta \in \mathbf{Ca})$ 为坐标的点的集合.

(ii) 在 $P_2\mathbf{Ca} - l_\infty$ 上坐标为 (α, β) 的点, 可以用如下的几何构造法找出: 命 C 是 $\overline{OA}$ 上坐标为 $(\alpha, 0)$ 的点, 又命 D 为 $\overline{OB}$ 上坐标为 $(0, \beta)$ 的点, 则 $\overline{BC}$ 与 $\overline{AD}$ 的交点 (见 ($\mathscr{P}$ 2)) 就有坐标 (α, β).

(iii) 若 E 为 l_∞. 上坐标为 γ 的点, $\overline{BC}$ 为 (ii) 内所定义的线, 则 $\overline{BC}$ 与 $\overline{OE}$ 的交点的坐标是 $(\alpha, \gamma\alpha)$.

(注意: 可以对 (ii) 有十分明显的直观的看法. 因为当 $\overline{AD}$ 与 $\overline{OA}$ 相交于 l_∞ 时, 从欧氏几何的眼光看来, $\overline{AD}$ 与 $\overline{OA}$ 是平行的线. 同理 $\overline{OB}$ 与 $\overline{BC}$ 也是平行的. 由于 $\overline{OA}$ 与 $\overline{OB}$ 显然是一般意义下的坐标轴, 所以 $\overline{BC}$ 和 $\overline{AD}$ 的交点自然有坐标 (α, β). 读者可以用同样的方法去了解 (i) 和 (iii).)

根据经典的射影几何理论, 如果给出 Cayley 代数 $\mathbf{Ca}$, 则一定存在一个集合 $\mathscr{P}$ 满足上述的 ($\mathscr{P}$1)—($\mathscr{P}$4), 而且这个 $\mathscr{P}$ 也是唯一的 (所谓唯一性的直观意义是: 如果 $\mathscr{P}_1$ 和 $\mathscr{P}_2$ 都满足 ($\mathscr{P}$1)—($\mathscr{P}$4), 则在这四个条件的范围内, $\mathscr{P}_1$ 和 $\mathscr{P}_2$ 是同构的). 严格来说, 这个 $\mathscr{P}$ 才是古典的 **Cayley 射影平面** $P_2\mathbf{Ca}$. 似乎是 A. Borel 第一个指出上面的对称空间 $F_4/\operatorname{Spin}(9)$ 具有性质 ($\mathscr{P}$1)—($\mathscr{P}$4) ([BOR2]). 所以可以把这个对称空间与 $P_2\mathbf{Ca}$ 等同起来.

读者一定会问, 既然已经知道 $P_2\mathbf{Ca}$ 的存在性, 为什么不直接用普通的办法去定义 $P_2\mathbf{Ca}$? 现在回顾一下这个所谓的普通的办法: 在 $\mathbf{Ca}^3 - \{0\}$ 中引进等价关系 $\sim$, 使得 $(\alpha_1, \alpha_2, \alpha_3) \sim (\beta_1, \beta_2, \beta_3)$ (其中 $\alpha_i, \beta_i \in \mathbf{Ca}$) 当且仅当存在非零的 $\gamma \in \mathbf{Ca}$, 使得 $\alpha_i = \gamma\beta_i$, $\forall i = 1, 2, 3$, 则 $P_2\mathbf{Ca}$ 就是商空间 $\mathbf{Ca}^3 - \{0\}/\sim$. 这个定义是行不通的, 因为要证明 $\sim$ 是等价关系, 就得证明 $\sim$ 的传递性, 而后者的成立要依靠结合律. 不幸, $\mathbf{Ca}$ 刚好是非结合代数, 例如

$$(i, j) \cdot \{(j, 0) \cdot (k, 0)\} = (-1, k),$$
$$\{(i, j) \cdot (j, 0)\} \cdot (k, 0) = (-1, -k).$$

自然, 退一步讲, 若这个定义是合理的话, 那么任意 n 维的 Cayley 射影空间也会有定义的. 事实上, 当 $n \geqslant 3$ 时, $P_n\mathbf{Ca}$ 是不存在的.

最后我们要指出关于 $\operatorname{Spin}(9)$ 的一个漂亮的定理: 如果 M 是一个 (不一定完备的) 黎曼流形, 满足 $H \subset \operatorname{Spin}(9)$, 则 M 一定与对称空间 $F_4/\operatorname{Spin}(9)$ 或它的对偶对称空间局部等距. 这个定理首先是由 Alekseevskii 在 1968 年指出的 ([AL1]).

他在上述文章内给出了证明的大纲. 这个证明依赖一系列恒等式, 而这些恒等式的证明细节却没有写下来. 对于这个证明的可靠性, 在几何学家中颇有争议. 四年之后, Brown 和 Gray 在 [BRG] 中写下一个详细的证明, 方法与 [AL1] 完全不同. [BRG] 的文章写得非常清楚, 所以现在大家公认这个定理是正确的. 由此可知, 一个非局部对称黎曼流形的和乐群一定不可能是 Spin(9), 所以在 (16) 中所列出的群当中可以删掉 Spin(9).

(VII) G_2 和 Spin(7)　我们把这两个群放在一起讨论, 原因是它们有很多相像的地方. 根据 (16), G_2 和 Spin(7) 是分别被看作 SO(7) 和 SO(8) 的李子群的. 所以首先要对这两个嵌入作一个交待. 先说 G_2. G_2 是一个 14 维的紧致、连通、单连通李群, 也是 Elie Cartan 的五个例外的紧致单李群之一. 与其抽象地定义 G_2, 不如直接将它与如下的 SO(7) 的连通李子群认同: 这个子群的李代数是所有反对称的 7×7 实矩阵 $\{A_{ij}\}$, 使得

$$A_{i+1,i+3} + A_{i+2,i+6} + A_{i+4,i+5} = 0,$$

其中 $i = 1, 2, \cdots, 7 \pmod 7$ (见 [BES2] 第 293 页或 [BON1]). Spin(7) 当然是 7 维的自旋群, 它可以与如下的 SO(8) 的连通李子群认同: 这个子群的李代数是所有反对称的 8×8 实矩阵 $\{A_{ij}\}$, 使得

$$A_{j,7} + A_{j+1,j+3} + A_{j+2,j+6} + A_{j+4,j+7} = 0,$$

其中 $j = 1, 2, \cdots, 8 \pmod 8$ (同样见 [BES2] 第 293 页或 [BON1]). 在 [BRY1] 和 [BRY2] 中读者可以找到这两个群的其他等价定义.

Bonan 在 [BON1] 中证明: 任何 7 维、单连通、满足 $H \subset G_2$ 的黎曼流形以及任何 8 维、单连通、满足 $H \subset$ Spin(7) 的黎曼流形, 其 Ricci 曲率一定恒等于零. 所以满足 $H = G_2$ 或 $H =$ Spin(7) 的黎曼流形一定不可能是局部对称的 (见 (III) 中引理 8 的证明之后的段落). 除了这一个注记之外, 从 1956 年至 1984 年, 一直无法得知是否有任何黎曼流形满足 $H = G_2$ 或者 $H =$ Spin7. 在 1984 年 Bryant 宣布 ([BRY1]) 找出无限个不完备的 7 维及 8 维黎曼流形, 分别满足 $H = G_2$ 和 $H =$ Spin(7). 细节见 [BRY2]. Bryant 的工作可以用如下的十分粗略的方式作一些介绍. 由于处理这两个群的方法大同小异, 我们只讨论 G_2. 在 1954 年 Chevalley 已发现在 $\boldsymbol{R}^7$ 上有一个三次外形式 $\varphi \in \wedge^3(\boldsymbol{R}^7)^*$ 使得 $G_2 \subset \{g \in \text{GL}(7, \boldsymbol{R}) : g^*\varphi = \varphi\}$, 即 G_2 是保持 φ 不变的. Bryant 指出, 其实可以

用这个性质来定义 G_2, 即 $G_2 = \{g \in \mathrm{GL}(7, \boldsymbol{R}) : g^*\varphi = \varphi\}$. 由第二和乐原理立刻推出: 若一个 7 维黎曼流形 M 满足 $H^* \subset G_2$, 则 M 具有一个非零的平行的三次外形式场 Φ. 反过来说, 若 M 是一个 7 维黎曼流形, 使得 M 具有一个非零的平行的三次外形式场 Φ, 并且在将一个切空间 M_x 与 $\boldsymbol{R}^7$ 认同之后有一个非零实数 c 使得 $\Phi(x) = c\varphi$ (φ 如上), 则 M 一定满足 $H^* \subset G_2$. 我们称这种 Φ 为**特殊三次形式**. 所以找满足 $H^* \subset G_2$ 的流形就等价于找具有特殊三次形式的流形. 既然只要做出局部的结果, 所以不妨假定 M 是单连通的, 于是 $H = H^*$. Bryant 先将问题简化, 证明任意的特殊三次外形式 Φ 一定诱导一个黎曼度量 $g(\Phi)$, 使得 Φ 对于 $g(\Phi)$ 是平行的. 所以问题变成在一个坐标邻域上找出所有的特殊三次外形式 Φ. 由计算得知这种 Φ 满足一组过定的外微分方程组. 由 Cartan-Kähler 理论, 该方程组有局部解, 即在一个充分小坐标邻域上可以找到黎曼度量使得它的和乐群是 G_2 的子群. 用一个标准的论证就可证明最一般的解一定诱导一个其和乐群等于 G_2 的黎曼度量.

为了下面 §4 的需要, 我们顺便作一个注记. 在上面已经指出 C_2 是可以刻画成为 $\mathrm{GL}(7, \boldsymbol{R})$ 的保持 $\boldsymbol{R}^7$ 上某个三次外形式 φ 不变的子群. 用这个事实不难证明, 若 $\mathscr{T}$ 是 $\boldsymbol{R}^7$ 上所有在 G_2 作用下保持不变的外形式的环, 则 $\mathscr{T}$ 是由 $\{1, \varphi, *\varphi, *1\}$ 线性张成的 (其中 $*$ 是第一章所定义的 Hodge $*$ 算子). 这是 Bonan 在 [BON1] 所证明的定理 (参阅 [BRY2]). 同理可证, 在 $\boldsymbol{R}^8$ 上所有被 $\mathrm{Spin}(7)$ 保持不变的外形式的环可以由 $\{1, \psi, *\psi\}$ 线性张成, 其中 ψ 是 $\boldsymbol{R}^8$ 上的某个四次外形式 ([BON1]). 特别是, G_2 和 $\mathrm{Spin}(7)$ 都不保持任何二次外形式不变. 根据引理 7(c) 以及第二和乐原理, G_2 和 $\mathrm{Spin}(7)$ 都不可能是一个 Kähler 流形的和乐群 (当然, 由于 $\boldsymbol{R}^7$ 的维数是奇数, G_2 已经知道是不可能的了). 由于 $\mathrm{U}(n) \subsetneq \mathrm{SO}(2n)$, 引理 7 蕴涵 $\mathrm{SO}(2n)$ 也不可能是 Kähler 流形的和乐群; 在讨论引理 10 时已指出 $\mathrm{Sp}(n) \cdot \mathrm{Sp}(1)$ 不是 Kähler 流形的和乐群. 综合这些讨论, 加上引理 8, 便得到:

引理 11　设 M 是 n 维单连通、不可约、非局部对称的 Kähler 流形, 则 M 的和乐群只有三种可能性: $\mathrm{U}(n), \mathrm{SU}(n)$ 和 $\mathrm{Sp}\left(\dfrac{n}{2}\right)$. 并且, M 的和乐群为 $\mathrm{U}(n)$ 当且仅当 M 的 Ricci 曲率不恒等于零.

要特别指出的是, Bryant 关于 G_2 和 $\mathrm{Spin}(7)$ 的证明用到了 Cartan-Kähler 定理 (即 Cauchy-Kowalewski 定理). 因此, 这样构造的黎曼度量只能在局部上有定义, 而且一定是实解析的. 所以 Bryant 的工作 [BRY2] 本身不足以解答是否有

满足 $H = G_2$ 或 Spin(7) 的完备黎曼流形这个问题, 在 [BRY2] 的最后一节, 他给出一些具体的度量, 分别满足 $H = G_2$ 和 Spin(7). 但仍然是非完备的度量. 但在 [BRY2] 的第 527 页中有一个脚注说, 已找到完备的黎曼流形, 使其和乐群是 G_2 和 Spin(7). 这两个流形分别与 $S^3 \times \mathbf{R}^4$ 和 $\mathscr{S}_+(S^4)$ (即所谓 S^4 上的 positive spin bundle) 微分同胚, 所以是非紧的. 这两个流形是单连通的, 所以 (如上面已指出的那样) 它们的 Ricci 曲率一定恒等于零. 于是这些流形又给出了一些完备而 Ric $\equiv 0$ 的新例子. 在这方面目前待解决的问题, 就剩下是否有紧致黎曼流形使其和乐群为 G_2 或 Spin(7) 了.

§4　和乐群的新发展

在 §2 已经指出, 自从 1955 年 Berger 的分类定理发表之后的二十多年里, 和乐群在几何学家的心目中变成了一个次要的题目. 但是从 1980 年开始 (这方面的第一篇文章似乎是 [K3]), 和乐群在很多不同的情形下已变成一个紧要的研究工具. 这个大转变的主要原因大概有两个. 其一是 §2 的定理 2 所提供的关于秩 $\geqslant 2$ 的局部对称空间的刻画, 即这种流形刚好是其和乐群在切空间的单位球面上的作用不可迁的流形. 在下面我们将看到在三个不同的场合, 这个定理会产生决定性的作用. 在具体地讨论这些应用之前, 也许作一些一般性的说明会帮助读者了解这些新发展. 首先, 假如不是有需要证明一个流形与秩 $\geqslant 2$ 的局部对称空间等距的话, 定理 2 会是无用武之地的. 读者自然要问: 那么为什么在 1955 年到 1980 年这二十多年间没有人想到刻画秩 $\geqslant 2$ 的局部对称空间呢? 这个问题的答案牵涉微分几何本身的成熟程度, 大约在 1970 年之前, 微分几何还在基础性阶段. 在那时, 大家的主要研究对象是一般性的定理及一些定性的结果. 这是任何一个领域在开始的时候的必然现象. 在这种情况之下, 即使有定量的结果 (如球面定理, 见 [CE], 第六章), 其对象也必然是该领域内最简单的例子, 比方说, 在 1951 年 Rauch 已经对球面定理作出了突破性的贡献. 但当他在 1961 年尝试用同样的方法去处理一般的对称空间时, 不但他的工作无法引起别人的兴趣, 而且他的文章 [RA] 也写得非常混乱. 要知道在 1960 年前后, 不仅黎曼几何的工具相当原始, 而且那时对于对称空间的认识也十分浅薄. 所以 [RA] 这篇文章是写得太早了. 从历史角度看来, 任何一个领域的发展都是由浅入深的 (自然有例外, 例如在第一章已指出, Poincaré 在引进拓扑学时就已经证明了深奥的 Poincaré 对偶定理). 所以要等到大家已充分了解球面之后才会设法了解秩 1 的对称空间 ([BES1] 总括了这方面的许多工作), 然后才去考虑秩 $\geqslant 2$ 的对称空间等等. 当时促进大家重视秩 $\geqslant 2$ 的对称空间, 除了时机成熟的自然因素之外, 最重要的是 Mostow 所作的大突破. 这就是 1973 年所发表的 **Mostow 刚性定理** ([MOS]. 在 [WU2] 的 §6.5 中对这个定理有一个初步的讨论). 这个定理的一个特殊情况说明, 如果两个黎曼流形 M_1, M_2 是紧致的局部对称的, 而且它们的基本群 $\pi_1(M_1)$ 与 $\pi_1(M_2)$ 彼此同构. 又假定它们的通用覆盖空间是不可约的、秩 $\geqslant 2$ 的非紧对称空间, 则 M_1 与 M_2 必彼此等距 (它们的度量可能差一个正的常数倍). 换言之, 在秩 $\geqslant 2$ 的非紧、不可约的局部对称空间当中, 基本群决定一切. 这个使人吃惊的定理不但是李群理论内的一个划时代的贡献, 同时也对其他领域 (特别是微分几何) 产生深远的影响. Mostow 刚性定理在微分几何内所引起的巨大发展直至 1987 年还未停止. 自从这个定理出现之后, 几何学家才明白, 如果秩 $\geqslant 2$ 的对称空间有这种刚性的话, 则很可能在适当的曲率假设下, 不但会使一个黎曼流形与这种对称空间同胚, 甚至可能与之等距. 当大家了解到这一点时, §2 的定理 2 就大派用场了.

依我们的猜想, 和乐群再起的第二个原因是目前微分几何已到了需要仔细研究特殊流形的阶段. 在 1955 年左右, 大家的注意力都集中在和乐群是否为黎曼度量的一个有用的不变量这个问题上, 所以当 Berger 的分类定理给出否定的答案时, 大家的兴趣就转移到别的目标上. 但是时至二十世纪八十年代, 当大家要开始逐一研究特殊的黎曼流形时 ([BES1] 和 [BES2] 这两本书, 就部分地反映了这个趋势), 就了解到和乐群的用途. 因为要是以和乐群作为出发点, 则 Berger 的定理说明所需要考虑的情况就只有四五个了. 比方说, 当大家想要认真研究 Einstein 流形时 ([BES2]), 就会想到满足 $H = \mathrm{Sp}(n) \cdot \mathrm{Sp}(1)$ 的流形一定是 Einstein 流形 (引理 10 (b)), 所以自然也会想到 Berger 的分类定理. 又比如, 因为目前代数几何已经到了认真研究 $c_1 = 0$ 的流形的阶段, 然而从 Berger 分类定理的观点看来, 这种流形基本上分为两大类, 即 $H = \mathrm{SU}(n)$ 和 $H = \mathrm{Sp}\left(\dfrac{n}{2}\right)$, 这就大大澄清了这种流形的结构 (见引理 11 和下面 (e) 的讨论).

当 Elie Cartan 引进和乐群的概念时, 已经预测到它必定是一个重要的几何工具 (见 §1 的讨论). 虽然事实证明了 Cartan 的这个猜想是正确的, 但是其中的曲折恐怕又非 Cartan 所能预料的了.

在下面 (a)—(f) 的讨论中, 由于牵涉的范围太广, 所以每个题目都只能点到即止. 但是即使是这样一个短短的讨论, 也希望能够给读者一个总括的印象, 使得一个八十年代的几何学家应该对和乐群有一个基本认识.

(a) **对称空间的拓扑刻画** ([MIR2])　 在上面已经提到 Rauch 在 [RA] 中首次考虑如何用曲率刻画对称空间. Min-Oo 和 Ruh 所写的两篇文章 [MIR1] 和 [MIR2] 合起来, 就差不多完全解决了 Rauch 的问题. 大致说来, 要证明的定理是: 如果 M 是一个紧致的黎曼流形, 其曲率和一个不可约单连通对称空间 $\widetilde{M}$ 的曲率充分相像. 则有 $\widetilde{M}$ 上的一个离散等距变换群 Γ, 使得 M 与商空间 $\widetilde{M}/\Gamma$ 微分同胚. 如果 $\widetilde{M}$ 是单位球面, 则可取其截面曲率为 1. 在这种情形之下, M 与 $\widetilde{M}$ 的曲率充分相像的意思就是 $\delta \leqslant K_M \leqslant K_{\widetilde{M}} \equiv 1$, 其中 $K_M, K_{\widetilde{M}}$ 表示 M 和 $\widetilde{M}$ 的截面曲率, δ 则是大约等于 0.68 的常数. 这个定理的成立是很多人的工作的总结, 见 [IR]. 如果 $\widetilde{M}$ 是一个任意的对称空间, 充分相像的定义就要复杂得多, 而且也不可能像球面的情形那样精确. 事实上, 在一般情况之下, 曲率充分相像的定义要用到所谓 Cartan 联络的概念 (见 [K2], 第四章), 细节可看 [MIR1] 和 [MIR2]. 如果 $\widetilde{M}$ 是紧的, 这个定理已在 [MIR1] 中证明. 如果 $\widetilde{M}$ 是非紧的, 这个定理需要有额外限制: $\dim \widetilde{M} > 6$, $\widetilde{M}$ 的秩 $\geqslant 2$, 见 [MIR2]. 显然在后一种情形, §2 的定理 2 会起作用. 说得更精细一点, 所需要的是 Simons 在 [SIM] 中给出的定理 2 的证明中最重要的一步 (见断言 (25)). 设 $\widetilde{M}$ 是秩 $\geqslant 2$ 的非紧、不可约、单连通对称空间, $x \in \widetilde{M}$, 它的和乐群和和乐代数分别是 H 和 $\mathfrak{y}$. 今有另外一个曲率张量 R_1 (见 (20.1)—(20.4)) 同样取值于 $\mathfrak{y}$. 由于 H 在单位球面上的作用不可迁 (引理 5), 所以 $\{\widetilde{M}_x, R_1, H\}$ 是一个对称的和乐系统 (用 (25)). 现在不难证明, 这个 R_1 一定是 $\widetilde{M}$ 本身的曲率张量的倍数 (见 [SIM], 定理 6). 这就是 [MIR2] 所需要的结论. 至于这个结论如何帮助 Min-Oo 和 Ruh 去证明上述定理, 则在这里无法交代清楚. 请读者自己去看 [MIR2] 的文章第 427 页.

(b) **Mostow 刚性定理的几何解释** ([EB2], [BAGS], [BA], [BUS])　 十年来, 经过很多人的努力 (见 [BAGS] 内 Appendix 1 的综合报告), 目前黎曼几何已对 Mostow 刚性定理有一个初步的了解, 这个了解可以说是如下定理的一部分 ([EB2]): 设 M 为一个完备的、截面曲率 $K \leqslant 0$、体积有限的黎曼流形. 如果 M 的通用覆盖 $\widetilde{M}$ 是一个不可约的、秩不等于 1 的黎曼流形, 则 $\widetilde{M}$ 一定与一个非紧、不可约的、秩 $\geqslant 2$ 的对称空间等距.

首先要解释一般的完备黎曼流形 N 的秩不等于 1 的意思. 称 N 为秩 1 的流形, 如果在 N 上存在一条测地线 $\gamma : \mathbf{R} \to N$, 使其切向量场 $\dot{\gamma}$ 及其倍数 $c\dot{\gamma}$ 为沿 γ 的仅有的平行 Jacobi 场. 否则称 N 的**秩不等于 1**. 容易验证, 如果 N 是一个对称空间, 则这个秩 1 的定义与前面给出的对称空间秩 1 的定义是一致的, 所以不会产生混淆. 另一方面, 如果 N 的曲率是负的, 则显然 N 是秩 1 的流形. 所以秩 1 流形是截面曲率 < 0 的流形的一个推广.

在 [EB2] 的证明中, Eberlein 直接用定理 2 来推出 $\widetilde{M}$ 是一个秩 $\geqslant 2$ 的对称空间. 这个想法是由 Ballman 首先在 [BA] 中给出的. [BA] 的主要定理和上述 [EB2] 的定理很相近, 但 [BA] 需要多加一个假设, 即曲率 K 有下界. Eberlein 的贡献在于删掉这个假设. 从技巧上的观点来看, 这是很重要的一步. Eberlein 沿用 [BA] 的想法, 但是加上了很多改进. 在这里我们无法讨论这些非常技巧性的问题, 只是用最粗的方式来叙述在 [BA] 中 Ballman 是如何证明 M 的和乐群 H 在单位球面上的作用是不可迁的. 命 SM 为 M 上的**球丛**, 即 $SM \equiv \{(x,v) : x \in M, v \in M_x$ 且 $|v| = 1\}$. 现在利用定理的假设在 SM 上构造一个函数 $\Phi : SM \to \mathbf{R}$, 使得 Φ 在每个 M_x 内的单位球面 S_x 上不是常值, 而且若将 $v \in M_x$ 平移至 $w \in M_y$ (沿任何一条曲线), 则一定有 $\Phi(x,v) = \Phi(y,w)$. 所以, 如果 $v \in S_x$, 则和乐群在 v 上作用产生的轨道 $H(v) = \{h(v) : h \in H\}$ 一定包含在 $\Phi|_{S_x}$ 的水平超曲面上. 于是 $H(v)$ 在 S_x 内的余维数 $\geqslant 1$. 这就证明了 H 在 S_x 上的作用不可迁. 当然, 最大的困难是如何去构造这个函数 Φ, 并证明它具有所需要的性质.

(c) **非负双截曲率的紧 Kähler 流形的结构** ([MOK1], [MOK2], [HSW], [SIU]) 若 M 是一个 Kähler 流形, 其复结构张量为 J, 则 $\forall X, Y \in M_x, X \neq 0, Y \neq 0$, 可以定义 $\mathrm{Span}_R\{X, Y\}$ 的双截曲率 $B(X, Y)$ 为

$$B(X, Y) = K(X, Y) + K(X, JY),$$

其中 $K(X, Y), K(X, JY)$ 分别为 $\mathrm{Span}_R\{X, Y\}$ 及 $\mathrm{Span}_R\{X, JY\}$ 的截面曲率. 用曲率张量的基本性质 ((20.1)—(20.4)), 容易验证, 若 $\mathrm{Span}_R\{X, Y\} = \mathrm{Span}_R\{X', Y'\}$, 则 $B(X, Y) = B(X', Y')$. 所以这个定义是合理的 (可参阅 [WU2] 中 (3.10) 式前后的讨论). 最近莫毅明 ([MOK1], [MOK2]) 证明了如下的定理:

(∗) 设 M 是一个紧致、单连通的 Kähler 流形. 若其双截曲率为非负的, 而且 Ricci 曲率是**拟正的** (看第一章 (59) 式以下的讨论), 则 M 只有两个可能性: 或者与复射影空间双全纯同构, 或者与一个秩 $\geqslant 2$

的 Hermite 对称空间等距.

由这个定理, 再加上 [HSW] 的结果, 就立刻得到任意的紧致、有非负双截曲率的
Kähler 流形的结构.

　　这个定理有相当长的历史. 它的前身就是所谓的 Frankel 猜想. 这个猜想说:
如果 M 是一个紧致、单连通、有正双截曲率的 Kähler 流形, 则 M 一定与复射
影空间双全纯同构. 在 1979 年 S. Mori 解决了比这个更广一点的猜想, 后来丘
成桐、萧荫堂也在这方面作出贡献 (见 [WU2] 中 §6.6 后半部分的讨论). [MOK2]
的证明采用了这些人的想法. 另一方面, (∗) 的正确性是萧荫堂首先在 [SIU] 中
提出来的 (见 [SIU] 的 §7). 事实上, 萧荫堂已经用了 §2 的定理 2 证明了比 (∗)
较弱的一个结果. 莫毅明沿用了 [SIU] 的这个想法, 但在技巧上自然要加细很多.
证明的大意如下. 命 M 的 Kähler 度量为 g. 根据假设, g 的 Ricci 曲率是拟正的,
所以可以用 Hamilton [HA1] 的非线性热导方程技巧, 将 g 变形为一个 Kähler 度
量 h, 使 h 的 Ricci 曲率是正的, 而且全纯截面曲率也是正的. 现用 S. Mori 的方
法, 可以证明存在非常值的全纯映照 $f : P_1 C \to M$, 称 $f(P_1 C)$ 为**合理曲线**. 如
果 M 不是与 $P_n C$ 双全纯同构的话, 则 M 上每一点一定有一组特殊的合理曲
线, 这些特殊合理曲线的 (复) 切线在全纯切丛 $T^h M$ 上定义一个复子流形 S, S
的复余维 $\geqslant 1$. 最难的一步是证明 S 在关于 h 的平移下是不变的. 这里需要用
全纯截面曲率处处是正的. 这样, 如果 $v \in M_x, |v| = 1$, 则 v 在和乐群 H 作用下
的轨道一定是 $S \cap M_x$ 的子集, 故和乐群 H 在 M_x 的单位球面上的作用不可迁.
定理 2 说明在 Kähler 度量 h 下, M 与一个秩 $\geqslant 2$ 的对称空间是等距的. 最后用
[MOK3] 的定理推出, 作为对称空间 (M, h) 的另一个有非负双截曲率的 Kähler
度量 g 必定是 h 的倍数, 即有 $c > 0$ 使得 $g = ch$, 这就是说 (M, g) 也是秩 $\geqslant 2$
的对称空间.

　　(d) **关于 Hamilton 的文章 [HA2]**　　在这篇文章中, Hamilton 引进了一个
关于和乐群的新想法. 我们熟知任意的黎曼度量 g 的和乐群 H 是非常难以计算
的. Hamilton 的定理说, 如果在流形 M 上的度量 g 有半正定的曲率算子 $\mathscr{R}$, 则
可以将 g 变形成另一个 g_t, 使 g_t 的曲率算子 $\mathscr{R}^t$ 仍是半正定的, 而且 g_t 的和乐
群 H_t 可以由 $\mathscr{R}^t$ 在任意一点 x 上的值 $\mathscr{R}^t(x)$ 直接算出来. 现在将这句话解释
清楚. 首先我们给出 $\mathscr{R}$ 的一个等价定义 (原定义见第一章的结尾部分, 第 46 页).
命 R 为 g 的曲率张量, 则定义 $\mathscr{R} : \bigwedge^2 M_x \to \bigwedge^2 M_x (\forall x \in M)$ 为

$$\langle \mathscr{R}(X \wedge Y), Z \wedge W \rangle = \langle R_{XY} Z, W \rangle,$$

其中 $X, Y, Z, W \in M_x$. 若 $\alpha \in \bigwedge^2 M_x$, 则利用 $\mathscr{R}$ 是线性算子的性质来定义 $\mathscr{R}(\alpha)$. 易见 $\mathscr{R}$ 的定义是合理的, 而且对于 $\bigwedge^2 M_x$ 上的诱导内积, $\mathscr{R}$ 是一个对称的线性变换. 现设 M 是紧致黎曼流形, g 如上所述. 用 [HA1] 的非线性热导方程的技巧可以构造一族依赖单参数 t 的黎曼度量 $\{g_t\}_{0 \leqslant t \leqslant \delta}$, 使 $g_0 = g, g_t$ 连续地依赖于 t, 而且 g_t 具有下列两个性质. 第一, 若 $\mathscr{R}$ 是半正定的, 则 g_t 的曲率算子 $\mathscr{R}^t$ 也是半正定的. 第二个性质是最要紧的, 但需要一些定义才能解释清楚. 在前面讨论 Ambrose-Singer 和乐定理时, 我们已经在每个 M_y 上引进一组线性变换 $h_t(y) = \mathrm{Span}\{R_{XY}^t : X, Y \in M_y\}$ (R^t 是指度量 g_t 的曲率张量). 这个 $h_t(y)$ 是 $\mathfrak{gl}(M_y)$ 的一个子空间, 但不一定是李子代数. 由于每个 R_{XY}^t 是一个反对称线性变换, 因此可以把 R_{XY}^t 看成 $\bigwedge^2 M_y$ 内的元素 (一般说来, 如果 V 是内积空间, 则 $\bigwedge^2 V$ 可以与 V 上的反对称线性变换认同, 即 $v \wedge u$ 所定义的反对称线性变换就是 $\langle (v \wedge u) w, w' \rangle \equiv \langle v \wedge u, w \wedge w' \rangle, \forall w, w' \in V$). 所以可以将 $h_t(y)$ 写成

$$h_t(y) = \mathscr{R}^t(\bigwedge^2 M_y). \tag{75}$$

Hamilton 在 [HA2] 中所证明的关于 g_t 的第二个性质说: 当 $t > 0$ 时, $\forall y \in M$, $h_t(y)$ 不依赖于 t, 而且 $h_t(y)$ 关于 y 是平移不变的, 即对于从 x 到 y 的任意一条曲线 ζ, 用 $\tilde{\zeta}$ 表示沿 ζ 对于 g_t 的平移, 则 $\tilde{\zeta}^{-1} h_t(y) \tilde{\zeta} = h_t(x)$. 现在用 Ambrose-Singer 和乐定理的推论, 便得到下面关于 g_t 的和乐代数 $\mathfrak{h}_t$ 的结论:

$$\forall t > 0, \quad \forall y \in M, \quad \mathfrak{h}_t = h_t(y). \tag{76}$$

这个结论的主要含义是, 既然已经知道在任意一点 y 上, $\mathrm{Span}\{R_{XY}^t : X, Y \in M_y\}$ 等于和乐代数, 则显然 R^t 受到很大的限制. 所以, 如果再多加一点假设, 就可以直接对 g_t 本身作出结论, 亦即可以对 M 本身作出结论. 下面三个例子会把这句话说得更清楚.

第一个例子是 Hamilton 原来的工作 [HA2]. 他要将紧致、四维、有半正定曲率算子的黎曼流形 M 作一个拓扑分类. 用 g_t 取代原来的度量 g, 就得知每个 $h_t(y)$ 是和乐代数 $\mathfrak{h}_t$. 根据引理 1 以及 Berger 分类定理, 四维的和乐代数只有以下几个可能性: $\{0\}, \mathfrak{so}(2), \mathfrak{so}(2) \times \mathfrak{so}(2), \mathfrak{so}(3), \mathfrak{so}(4), \mathfrak{u}(2)$ (U(2) 的李代数), $\mathfrak{su}(2)$ (SU(2) 的李代数). 根据引理 8 和 $\mathscr{R}^t \geqslant 0, \mathfrak{h}_t \equiv \mathfrak{su}(2)$ 的唯一可能性是 $\mathscr{R}^t \equiv 0$, 亦

即 $\eta_t = 0$, 这是一个矛盾, 所以可以删掉 $\mathfrak{su}(2)$. 现在用 (75), (76) 逐一考虑余下的情形, 则可以推知: M 一定微分同胚于 $S^4, S^2 \times \boldsymbol{R}^2, \boldsymbol{R}^4, P_2\boldsymbol{C}, S^3 \times \boldsymbol{R}, S^2 \times S^2$, 或是被这些流形 (赋予标准度量) 所等距覆盖的黎曼流形. 这个工作的重要性在于指出一条路用以证明如下的猜想: 若一个单连通、紧致的黎曼流形有正定的曲率算子, 则一定与单位球面微分同胚 (参阅第一章最后的讨论).

第二个例子是曹怀东和周培能 [CAOC] 所证明的定理. 这个定理比 (c) 中所讨论的莫毅明定理 (∗) 为弱, 但其证明较 [MOK2] 早一些. 定理说: 若 M 是单连通、紧致的 Kähler 流形, Ricci 曲率拟正, 而且其曲率算子 $\mathscr{R}$ 半正定, 则 M 或者与 $P_n\boldsymbol{C}$ 双全纯同构, 或者与一个秩 $\geqslant 2$ 的 Hermite 对称空间等距 (与 (∗) 相比较, 这个定理的假设把双截曲率非负加强至 $\mathscr{R}$ 半正定). 证明如下: 将 Kähler 度量 g 变形得到 $g_t(t > 0)$ 如前. 由于 g 是 Kähler 度量, 易证 g_t 亦是 Kähler 度量. 设 (M, g) 不是秩 $\geqslant 2$ 的对称空间, 则需证明 M 与 $P_n\boldsymbol{C}$ 双全纯同构. 由于 Ric 拟正, 所以 g_t 的 Ric 也拟正. 由 [HSW] 知 (M, g_t) 是不可约的. 由于 (M, g) 不是对称空间, (M, g_t) 也不是对称空间. 所以由 Berger 分类定理 (特别是引理 11) 知道, g_t 的和乐群只有三个可能性: U(n), SU(n), Sp$(n/2)$. 由于 $\mathscr{R}^t \geqslant 0$, 引理 8 说明它的和乐群不可能是 SU$(n)$ 或 Sp$(n/2)$, 所以 g_t 的和乐群是 U(n). (76) 蕴含 $h_t(y) = \mathfrak{u}(n), \forall y \in M$. 现在用 (75) 及 $\mathscr{R}^t \geqslant 0$, 由初等的推导得到 g_t 的双截曲率一定处处是正定的. 用 Frankel 猜想的解可知 M 与 $P_n\boldsymbol{C}$ 一定是双全纯同构的.

第三个例子是第二个例子的推广 ([CY]). [CY] 的主要定理是: 设 M 是一个不可约、单连通、紧致的黎曼流形, 其曲率算子 $\mathscr{R}$ 是半正定的, 则 M 只有下面三个可能性:

(i) M 等距于一个对称空间.

(ii) M 与单位球面同胚 (注意: 目前尚不知道是否微分同胚).

(iii) M 是复流形, 而且与 $P_n\boldsymbol{C}$ 双全纯同构

(这是 [CY] 中定理 3′. 我们采用等价的方式重述了这个定理). 证明大致上与前面两个例子相似, 即如果 (i) 不成立, 则用定理 2 去证明只有 $H = \mathrm{SO}(n), \mathrm{U}(n)$ 和 Sp$(n) \cdot$ Sp(1) 这三种可能性. 如果 $H = \mathrm{Sp}(n) \cdot \mathrm{Sp}(1)$, [CY] 证明在这种情况下 M 必与四元数射影空间等距, 即是 (i) 的情形. 如果 $H = \mathrm{SO}(n)$, 则由第一章提及的 Micallef-Moore 定理得到 M 与球面同胚. 如果 $H = \mathrm{U}(n)$, 则用 Frankel 猜想的解来证明 M 与 $P_n\boldsymbol{C}$ 双全纯同构.

(e) $c_1 = 0$ **的紧 Kähler 流形的分类** 在 [BEA1] 中 Beauville 开始对第一陈类等于零的紧致 Kähler 流形进行分类. 自然这个分类工作到目前为止还是很粗的, 但是假如没有 Berger 的分类定理 (以及 Calabi 猜想的解 [Y]), 则这个工作根本不能迈出第一步. 由于这个工作的主要对象是代数几何范围内的应用, 在这里只讨论一个简单的结果作为例子. 设 M 是紧致、单连通、满足 $c_1 = 0$ 的 Kähler 流形. 用丘成桐的 Calabi 猜想的解, 知道 M 有一个 Kähler 度量 g_0, 使得 g_0 的 Ricci 曲率是恒等于零的. 在下面的讨论中, 我们用 g_0 来代替原来的 Kähler 度量. 根据 Kähler 流形的 de Rham 定理 (见下面的附录以及 [KN Ⅱ], 第九章 §8), 知道 M 等距于 $M_1 \times \cdots \times M_l$, 其中每一个 $M_i (1 \leqslant i \leqslant l)$ 是不可约的单连通、紧致、满足 $\mathrm{Ric} \equiv 0$ 的 Kähler 流形. 现在固定一个 i, 命 $n = \dim M_i$. 从引理 11 得知 M_i 的和乐群 $H = \mathrm{SU}(n)$ 或 $\mathrm{Sp}(m)$, 其中 $2m = n$. 如果 $H = \mathrm{SU}(n)$, 则断言: M_i 没有非零的调和 $(p, 0)$ 型外形式场 φ, $\forall p \neq 0, n$. 设 φ 不恒等于零, 则由 Bochner 技巧的一个标准结果, φ 是平行的外形式 (参看 [WU2], §4 的定理 3. 这些结果是说: 在任何紧致 Kähler 流形上, 若 $\mathrm{Ric} \geqslant 0$, 则所有调和形式一定是平行的). 现固定 $x \in M_i$, 则 $\varphi(x) \in \bigwedge^p (M_i)_x^*$ (其中 $(M_i)_x^*$ 表示复切空间 $(M_i)_x$ 的对偶空间). 由标准的表示理论, $\mathrm{SU}(n)$ 在 $\bigwedge^p (M_i)_x^*$ 上的作用是不可约的. 所以除了 $p = n$ 的情形之外, $\bigwedge^p (M_i)_x^*$ 不可能有一维的不变子空间, 故 $\varphi(x) = 0$, 即 $\varphi \equiv 0$ (这是 [BEA1] 的证明, 但是这个想法第一次是在 [K3] 中提出来的). 用 Hodge 理论的标准记号, 上面的断言可以写成: 若 $H = \mathrm{SU}(n)$, 则 $h^{p,0}(M_i) = 0$, $\forall p = 1, 2, \cdots, n - 1$. 当 $p = n$ 时, 引理 8 蕴涵 $h^{n,0}(M_i) = 1$. 另一方面, 如果 $H = \mathrm{Sp}(m), 2m = n$, 则由引理 9 知有 $h^{2p,0}(M_i) \geqslant 1$, $\forall p = 1, 2, \cdots, m$ (见 (74) 前面的讨论). 事实上, 如果用相似的关于 $\mathrm{Sp}(m)$ 的表示理论, 可以像上面对 $\mathrm{SU}(n)$ 的讨论那样, 证明 $h^{2p,0}(M_i) = 1$, $\forall p = 1, \cdots, m$, 而且 $h^{2p-1,0}(M_i) = 0$, $\forall p = 1, \cdots, m$ (细节可看 [BEA1] 第 762 页). 总结这个讨论我们得到如下的定理:

设 M 是一个紧致、单连通、满足 $c_1 = 0$ 的 Kähler 流形, 则 M 双全纯同构于积 $(X_1 \times \cdots \times X_k) \times (Y_1 \times \cdots \times Y_l)$, 其中每个 X_i 和 Y_j 是单连通、紧致、不可约、满足 $c_1 = 0$ 的 Kähler 流形, 每个 X_i 满足 $\dim X_i \equiv n_i \geqslant 3$,

$$\begin{cases} h^{p,0}(X_i) = 0, & \forall p = 1, \cdots, n_i - 1, \\ h^{n_i,0}(X_i) = 1, \end{cases}$$

每个 Y_j 则满足 $\dim Y_j = 2m_j \geqslant 2$, 而且

$$\begin{cases} h^{2p,0}(Y_j) = 1, \\ h^{2p-1,0}(Y_j) = 0, \quad \forall p = 1, \cdots, m_j. \end{cases}$$

(我们断言 $\dim X_i \geqslant 3$ 是因为 $SU(2) = Sp(1)$, 所以我们把复 2 维、满足 $H = SU(2)$ 的流形看作复 2 维、满足 $H = Sp(1)$ 的流形, 纳入 $\{Y_1, \cdots, Y_1\}$ 之内.) 如果不用 Berger 的分类定理, 很难想象怎样才能证明这个事实.

(f) **对称全纯张量场的消没定理** ([K3])　设 M 是一个 Kähler 流形, 我们用 TM 及 T^*M 表示 M 的全纯切向量丛及全纯余切向量丛. 命 $S^m TM$ 及 $S^m T^*M$ 分别为 TM 及 T^*M 的 m 次对称张量积, 即 $S^m TM$ 及 $S^m T^*M$ 的截影就是 M 上的 m 阶反变及协变对称张量场. Kobayashi ([K3]) 的定理是: 设 M 是紧致、单连通 Kähler 流形, 若它的 Ricci 曲率是非负的, 则 $S^m T^*M$ 的全纯截影必恒等于零; 若它的 Ricci 曲率是非正的, 则 $S^m TM$ 的全纯截影必恒等于零, 其中 $m = 1, 2, \cdots$. 关于这个定理有两点要指出. 第一, 这定理是 1955 年之后第一个真正用到 Berger 分类定理的结果. 其次, 这条定理的重要性是和代数几何上的 Kodaira 维数有关的. 读者可以参阅 [K3] 和综合报告 [K1] 内的讨论, 以及 [K1] 中所列举的有关文献. [K3] 的证明和上面 (e) 所提及的证明很相近. 首先用 Kähler 流形的 de Rham 分解定理将问题简化为 M 是不可约流形的情形. 由引理 11 知道 M 的和乐群只有 $U(n)$, $SU(n)$ 和 $Sp\left(\dfrac{n}{2}\right)$ 这三种可能性 (在 [K1] 和 [K3] 中都多加了 $Sp\left(\dfrac{n}{2}\right) \times U(1) = Sp\left(\dfrac{n}{2}\right) \times SO(2)$ 这种可能性. 这是不正确的, 见 §2 定理 2 下面的按语). 由 Bochner 技巧可知在给出的曲率条件下, $S^m TM$ 或 $S^m T^*M$ 的全纯截影一定是平行的. 命该截影为 ψ, 于是在一点 x 上, $\psi(x)$ 是在 H 作用下不变的张量. 但是由标准的表示理论得知, $U(n)$, $SU(n)$ 或 $Sp(n/2)$ 在 $S^m M_x$ 或 $S^m M_x^*$ 上的表示都是不可约的, 所以 $\psi(x) = 0$, 即 $\psi \equiv 0$.

附录　de Rham 分解定理

设 M 是一个任意的黎曼流形, 其整体和乐群 H^* 保持切空间 M_x 的一个真子空间 V^1 不变, 则 de Rham 分解定理的局部的部分断言: M 必局部等距于两个维数大于零的黎曼流形的积. 分解定理的大范围部分则断言: 若 M 是完备、单连通的, 则 M 必等距于两个维数大于零的黎曼流形的积. 下面我们把这两个

断言精确地加以叙述. 设 V^2 是 V^1 在 M_x 中的正交补空间. 用第一和乐原理得知, 每一个 $V^a(a=1,2)$ 在 M 上平行移动便得到切子丛 $\mathscr{T}^a$ (用 [CV] 的术语, 则 $\mathscr{T}^a$ 称为 M 上的**分布**). 在下面要证明 $\mathscr{T}^a$ 是完全可积的. 用 M^a 记 $\mathscr{T}^a$ 的通过 x 的极大积分子流形, 并在 M^a 上赋予由 M 所诱导的黎曼度量, 则前面所说的两个断言分别就是

定理 3 (局部分解定理)　x 在 M, M^1, M^2 上分别有邻域 U, U^1, U^2, 使得 U 与 $U^1 \times U^2$ 等距.

定理 4 (de Rhan 分解定理)　设 M 是完备、单连通黎曼流形, 则 M 与 $M^1 \times M^2$ 等距.

在下面我们要证明定理 3, 并给出定理 4 的证明的主要想法. 首先指出定理 3 有如下的推论:

定理 5　假设 M 是一个任意的黎曼流形, $x \in M$. 又设 M_x 可以写成正交直和 $M_x = V^0 \oplus V^1 \oplus \cdots \oplus V^m$, 使得 H^* 在 V^0 上的作用是平凡的, 同时每个 V^i 满足 $H^*(V^i) \subset V^i$, 且 H^* 在 V^i 上的作用是不可约的, 则 $H^* = H_1 \times \cdots \times H_m$, 其中每个 H_i 是 H^* 的正规子群, H_i 在 $V^j(j \neq i)$ 上的作用是平凡的, H_i 在 V^i 上的作用是不可约的. 此外, x 有一个邻域 U, 它等距于积流形 $N^0 \times N^1 \times \cdots \times N^m$, 其中 $\dim N^i = \dim V^i, \forall i$, 而且 N^0 是平坦的.

读者应当将定理 5 与引理 1 对比, 以考察其中的异同之处. 同理, 定理 4 也有如下的推论, 仍称为 de Rham 分解定理:

定理 6　设 M 是完备、单连通的黎曼流形, 则有

(i) M 等距于 $\mathbf{R}^k \times M^1 \times \cdots \times M^m$, 其中 $k \geqslant 0$, 每个 M^i 是不可约、单连通的完备黎曼流形.

(ii) $\mathbf{R}^k$ 的维数 k 是唯一确定的, 而且 (除了次序之外) 流形 $M^1, \cdots, M^m$ 也是唯一确定的.

(iii) 若 H 是 M 的和乐群, H_i 是 M^i 的和乐群, 则 H 与 $H_1 \times \cdots \times H_m$ 同构.

定理 6 中的 $\mathbf{R}^k$ 称为 M 的**欧氏因子**.

从定理 3 到定理 5 只是一个初等的归纳法步骤 (对 m 进行归纳), 加上所谓

的 factorization lemma(见 [KN], 附录 7). 细节可看 [KN] 第 184 页. 定理 6 是引理 2、定理 4 加上典范分解 (2) 的唯一性的平凡推论.

现在证明定理 3. 首先请读者温习一下关于积流形的基本知识 (见 (11) 的证明). 第一和乐原理给出 $\mathscr{T}^a$ 的定义是

$$\mathscr{T}^a(y) = \tilde{\zeta}(V^a), \quad \forall y, \ \forall \zeta,$$

其中 ζ 是从 x 到 y 的曲线, $\tilde{\zeta}$ 是对应的平行移动 $\tilde{\zeta}: M_x \to M_y$. 现要证明 $\mathscr{T}^a$ 是完全可积的. 设 M 的 Levi-Civita 联络记作 D.

引理 12 设 X 是 $\mathscr{T}^a$ 的**截影** (即 X 是 M 上的向量场, 使得 $\forall y \in M$, $X(y) \in \mathscr{T}^a(y)$), 则对于任意的向量场 Y, $\mathrm{D}_Y X$ 也是 $\mathscr{T}^a$ 的截影.

证明 设 γ 是 M 上的曲线, 使得 $\gamma(0) = y, \gamma'(0) = Y$, 则由 $\mathrm{D}_Y X$ 的定义 (见 [W3] 的 §2) 得到

$$(\mathrm{D}_Y X)(y) = \lim_{t \to 0} \frac{1}{t}[\overline{\gamma}_t^{-1}(X(\gamma(t))) - X(y)],$$

其中 $\tilde{\gamma}_t$ 指平移同构 $\tilde{\gamma}_t: M_y \to M_{\gamma(t)}$. 由 $\mathscr{T}^a$ 的定义可知 $\tilde{\gamma}_t^{-1}(X(\gamma(t))) \in \mathscr{T}^a(y)$, $\forall t$. 所以 $(\mathrm{D}_y X)(y) \in \mathscr{T}^a(y)$. 由于 y 的任意性, 引理得证.

由 D 的无挠性得到: 对于任意的向量场 X, Y 有

$$[X, Y] = \mathrm{D}_X Y - \mathrm{D}_Y X.$$

如果 X, Y 都是 $\mathscr{T}^a$ 的截影, 则引理 12 蕴涵着 $[X, Y]$ 也是 $\mathscr{T}^a$ 的截影, 所以 $\mathscr{T}^a$ 是完全可积的.

定理 3 的证明 设 M^a 是 $\mathscr{T}^a$ ($a = 1, 2$) 的通过 x 的极大积分子流形. 由 Frobenius 定理, 加上一个初等的推导, 知道 x 有邻域 U 及定义在闭包 $\overline{U}$ 上的坐标函数 $\{x^1, \cdots, x^k, y^1, \cdots, y^l\}$ 使得

(a) $x^\alpha(x) = y^\mu(x) = 0, \forall \alpha = 1, \cdots, k, \forall \mu = 1, \cdots, l$;

(b) $U = \{|x^\alpha| < 1, |y^\mu| < 1 : 1 \leqslant \alpha \leqslant k, 1 \leqslant \mu \leqslant l\}$;

(c) 若 $(a_1, \cdots, a_k) \in \mathbf{R}^k, |a_\alpha| < 1$, 则 $U \cap \{x^\alpha = a_\alpha : 1 \leqslant \alpha \leqslant k\}$ 是 $\mathscr{T}^2$ 的积分子流形;

(d) 若 $(b_1, \cdots, b_l) \in \mathbf{R}^l, |b_\mu| < 1$, 则 $U \cap \{y^\mu = b_\mu : 1 \leqslant \mu \leqslant l\}$ 是 $\mathscr{T}^1$ 的积分子流形.

所以 $M^1 \cap U = \{(x^1, \cdots, x^k, 0, \cdots, 0) : |x^\alpha| < 1, \forall \alpha\}$, 以及 $M^2 \cap U = \{(0, \cdots, 0, y^1, \cdots, y^l) : |y^\mu| < 1, \forall \mu\}$. 现定义 x 在 M^1 内的邻域为 U^1 为 $U^1 \equiv \{(x^1, \cdots, x^k) : |x^\alpha| < 1, \forall \alpha\}$, 又定义 x 在 M^2 内的邻域为 U^2 为 $U^2 \equiv \{(y^1, \cdots, y^l) : |y^\mu| < 1, \forall \mu\}$. 定义 $\varphi : U^1 \times U^2 \to U$, 使得

$$\varphi((x^1, \cdots, x^k), (y^1, \cdots, y^l)) = (x^1, \cdots, x^k, y^1, \cdots, y^l).$$

显然 φ 是微分同胚. 问题是 φ 是否等距? 命 M 的度量为 g. 由于 $\mathscr{T}^1 \perp \mathscr{T}^2$ (因为 $V^1 \perp V^2$), 所以

$$g(X_\alpha, Y_\mu) = 0, \quad \forall \alpha = 1, \cdots, k, \quad \forall \mu = 1, \cdots, l,$$

其中 $X_\alpha = \dfrac{\partial}{\partial x^\alpha}, Y_\mu = \dfrac{\partial}{\partial y^\mu}$. 所以

$$g = \sum_{\alpha, \beta} g_{\alpha\beta} \mathrm{d}x^\alpha \mathrm{d}x^\beta + \sum_{\mu, \nu} g_{\mu\nu} \mathrm{d}y^\mu \mathrm{d}y^\nu,$$

其中 $g_{\alpha\beta}, g_{\mu\nu}$ 都是 $\{x^1, \cdots, x^k, y^1, \cdots, y^l\}$ 的函数. 但是, 实际上 $g_{\alpha\beta}$ 不依赖 $y \equiv (y^1, \cdots, y^l), g_{\mu\nu}$ 不依赖 $x \equiv (x^1, \cdots, x^k)$. 为此, 只需证明前者, 即

$$\frac{\partial g_{\alpha\beta}}{\partial y^\mu} = 0, \quad \forall \alpha, \beta = 1, \cdots, k, \quad \forall \mu = 1, \cdots, l. \tag{77}$$

这是因为

$$\begin{aligned} \frac{\partial g_{\alpha\beta}}{\partial y^\mu} &= Y_\mu(g(X_\alpha, X_\beta)) \\ &= g(\mathrm{D}_{Y_\mu} X_\alpha, X_\beta) + g(X_\alpha, \mathrm{D}_{Y_\mu} X_\beta). \end{aligned}$$

但是 $\mathrm{D}_{Y_\mu} X_\alpha = \mathrm{D}_{X_\alpha} Y_\mu + [Y_\mu, X_\alpha] = \mathrm{D}_{X_\alpha} Y_\mu$. 引理 12 说明 $\mathrm{D}_{Y_\mu} X_\alpha$ 是 $\mathscr{T}^1$ 的截影, 而 $\mathrm{D}_{X_\alpha} Y_\mu$ 是 $\mathscr{T}^2$ 的截影. 既然 $\mathscr{T}^1 \cap \mathscr{T}^2 = \{0\}$, 所以 $\mathrm{D}_{Y_\mu} X_\alpha = \mathrm{D}_{X_\alpha} Y_\mu$ 蕴含着 $\mathrm{D}_{Y_\mu} X_\alpha = 0$. (77) 式得证. 同理, $g_{\mu\nu}$ 不依赖 $x^1, \cdots, x^k$. 因此

$$g = \sum_{\alpha, \beta} g_{\alpha\beta}(x) \mathrm{d}x^\alpha \mathrm{d}x^\beta + \sum_{\mu, \nu} g_{\mu\nu}(y) \mathrm{d}y^\mu \mathrm{d}y^\nu.$$

显然右边的第一项是 g 在 M^1 上的诱导度量, 第二项是 g 在 M^2 上的诱导度量. 根据 $U^1 \times U^2$ 的积度量的定义 (见 (11) 以下的讨论), U 与 $U^1 \times U^2$ 在映射 φ 下是等距的. 定理 3 证毕.

定理 4 的证明 定理 4 目前有三个不同的证法. 第一个是 de Rham 原来的证明 ([RH]), 其次是 Kobayashi-Nomizu 的证明 ([KN] 第四章 §6). 第三个是 [WU1] 的证明. de Rham 的证明依赖所谓 monodromy 原理. 直观的想法如下. 问题的焦点是如何构造一个从 M 到 $M^1 \times M^2$ 的映射 φ, 使得 φ 是整体等距的. 如果能够定义这个 φ, 则证明 φ 是等距倒是比较容易做到的. 由定理 3, 已知在 $x \in M$ 和 $(x, x) \in M^1 \times M^2$ 的邻近有定义, 当然在定理 3 中, x 是任意的, 所以可以重复用定理 3, 逐步将映射 $\varphi : U \to U^1 \times U^2$ (定理 3 中的记号) 的定义域延拓到 M 本身. 这种延拓的可能性依赖于 M 的单连通性以及等距映射的刚硬性 (即: 如果 φ_1, φ_2 是任意的在 W 上有定义的等距映射, 并且在一点 $x \in W$ 有 $\varphi_1(x) = \varphi_2(x), \mathrm{d}\varphi_1(x) = \mathrm{d}\varphi_2(x)$, 则 $\varphi_1 \equiv \varphi_2$). 这种延拓的过程与单复变函数论中将幂级数的定义域解析延拓到最大定义域的做法, 在形式上是完全一样的.

下面我们比较直观地说明投影 $p_a : M \to M^a (a = 1, 2)$ 的构造方法. 首先注意到 $\mathscr{T}^a$ 是平行的, 所以它的积分流形必定是全测地的, 故 M^a 内的测地线也是 M 内的测地线. 由 M 的完备性, M 上的测地线可以无限延伸, 因此 M^a 内的测地线也能无限延伸, 于是 M^a 也是完备的 (Hopf-Rinow 定理). 对于 $y \in M$, 则有最短测地线 $\gamma : [0, 1] \to M$ 连接 x 和 y, 即 $\gamma(0) = x, \gamma(1) = y$. 设 $X = \gamma'(0) \in M_x$, 根据正交直和分解 $M_x = V^1 \oplus V^2$, 则 X 可分解为

$$X = X_1 + X_2, \quad X_a \in V^a.$$

由于 $V^a = M_x^a$, 且 M^a 是 M 的完备全测地子流形, 故指数映射 $\exp_x^{(a)} : V^a \to M^a$ 就是 $\exp_x$ 在 V^a 上的限制, 于是命

$$y_a = \exp_x X_a \in M^a,$$
$$p_a(y) = y_a,$$

则映射 $\varphi = (p_1, p_2) : M \to M^1 \times M$ 实际上是可微同胚 (见 [WU1]). 由定理 3, M 在每一点 y 有唯一确定的等距分解, 故 M 在 y 处的黎曼度量可以表示成

$$\mathrm{d}s^2 = \mathrm{d}s_1^2 + \mathrm{d}s_2^2;$$

容易证明 $\mathrm{d}s_a^2$ 恰好是 M^a 在 $p_a(y)$ 的诱导黎曼度量, 因此 M 等距于积流形 $M^1 \times M^2$. 定理 4 证毕.

　　最后应该指出, [WU1] 所给出的 de Rham 分解定理的证明是能够将这个分解定理推广到非正定黎曼度量的情形的. 不幸这篇文章写得十分难念. 但是, 如果只要证明普通正定黎曼度量的分解定理, 则 [WU1] 的第 309 页直接给出了一个简单的证明, 它用到 Ambrose 的等距映照定理 ([AM]). 后者是一个非常基本的结果, 反正是值得学习的. 事实上, O'Neill 的文章 [ON] 已大大简化了 [AM] 一文中的原证明. 所以, 如果把 [ON], [AM] 和 [WU1] 的第 309 页合并在一起, 便会得到一个爽快的、在概念上是明确的 de Rham 分解定理的证明.

参考文献

[AL1] D. V. Alekseevskii, Riemannian spaces with exceptional holonomy groups, *Funkcional Anal. i Prilozen.*, **2** (1968), 1—10. (English translation, *Funct. Analysis Appl.*, **2** (1968), 97—105.)

[AL2] ——, Compact quaternionic spaces, *Funkcional Anal. i Prilozen.* **2** (1968), 11—20. (English translation, *Funct. Analysis Appl.* **2** (1968), 106—114.)

[AL3] ——, Classification of quaternionic spaces with trasitive, solvable groups of motion, *Izv. Akad. Nauk. USSR, ser. Matem.*, **39** (1975), 315—362. (English translation, *Math. of USSR Izvestije*, **9** (1975), 297—339.)

[AM] W. Ambrose, Parallel translation of Riemannian curvature, *Ann. of Math.*, **64** (1956), 337—363.

[AMS] W. Ambrose and I. M. Singer, A theorem on holonomy, *Trans. Amer. Math. Soc.*, **75** (1953), 428—443.

[BA] W. Ballman, Nonpositively curved manifolds of higher rank, *Ann. of Math.*, **122** (1985), 597—609.

[BAGS] W. Ballman, M. Gromov and V. Schroeder, Manifolds of Nonpositive Curvature, Progress in Math. Vol. 61, Birkhauser, Boston, 1985.

[BEA1] A. Beauville, Variétés kählériennes dont la première classe de Chern est null, *J. Diff. Geom.*, **18** (1983), 755—782.

[BEA2] ——, Variétés kählériennes compactes avec $c_1 = 0$, Geometrie de Surfaces K_3: Modules et Périodes, Astérisque 126, *Soc. Math. France*, 1985, 181—192.

[BER1] M. Berger, Sur les groupes d'holonomie des variétés à connexion affine et les variétés riemanniennes, *Bull. Soc. Math. France*, **83** (1955), 279—330.

[BER2] ——, Remarques sur les groupes d'holonomie des variétés riemanniennes, *C. R. Acad. Sci. Paris*, **262** (1966), 1316—1318.

[BES1] A. L. Besse, Manifolds All of whose Geodesics Are Closed, Ergebnisse series, Springer-Verlag, 1978.

[BES2] ——, Einstein Manifolds, Ergebnisse series, Springer-Verlag, 1987.

[BOG] F. Bogomolov, Hamiltonian Kähler manifolds, *Soviet Math. Dokl.*, **19** (1978), 1462—1465.

[BON1] E. Bonan, Sur les variétés riemanniennes à groupe d'holonomie G_2 ou Spin (7), *C. R. Acad. Sci. Paris*, **261** (1966), 127—129.

[BON2] ——, Sur l'algebre extérieure d'une variété presque hermitienne quaternionique, *C. R. Acad. Sci. Paris*, **295** (1982), 115—118.

[BOR1] A. Borel, Some remarks about Lie groups transitive on spheres and tori, *Bull. Amer. Math. Soc.*, **55** (1949), 580—587.

[BOR2] ——, Le plan projective des octaves et les sphères comme espace homogènes, *C. R. Acad. Sci. Paris*, **230** (1950), 1378—1380.

[BRG] R. B. Brown and A. Gray, Riemannian manifolds with holonomy group Spin (9), Differential Geometry (in honor of K. Yano), Kinokuniya, Tokyo, 1972, 41—59.

[BRY1] R. L. Bryant, Metries with holonomy G_2 or Spin(7), Arbeitstagung Bonn 1984, Lecture Notes in Math. Vol. 1111, Springer-Verlag, 1985, 269—277.

[BRY2] ——, Metrics with exceptional holonomy, *Ann. of Math.*, **126** (1987), 525—576.

[BUS] K. Burns and R. Spatzier, Manifolds of nonpositive curvature and their buildings, *Inst. Hautes Etudes Sci. Publ. Math.* **65** (1987), 35—59.

[CAL] E. Calabi, Métriques Kählériennes et fibrés holomorphes, *Ann. Sci. Ec. Norm. Sup.*, **12** (1979), 269—294.

[CAOC] H. D. Cao and B. Chow, Compact Kähler manifolds with nonnegative curvature operator, *Invent. Math.*, **83** (1986), 553—556.

[CAR1] E. Cartan, Les groupes d'holonomie des espaces généralisés et l'analysis situs, Assoc. Avanc. Sci. 45 *Session*, Grenoble, 1925, 47—49 (= Oeuvres Completes, Partie III/1, 919—920).

[CAR2] ——, Sur les variétés à conexion affine et la théorie de la relativités généralisée, *Ann. Ec. Norm.*, **42** (1925), 17—88 (= Oeuvres Completes, Partie III/1, 921—992).

[CAR3] ——, Les groupes d'holonomie des espaces généralisées, *Acta Math.*, **48** (1926), 1—42 (= Oeuvres Completes, Partie III/2, 997—1038).

[CAR4] ——, Sur une classe remarquable d'espaces de Riemann, *Bull. Soc. Math. France*, **54** (1926), 214—264 (= Oeuvres Completes, Partie I, 587—637).

[CE] J. Cheeger and D. Ebin, Comparison Theorems in Riemannian Geometry, North-Holland, Amsterdam, 1975.

[CG] J. Cheeger and D. Gromoll, The splitting theorem for manifolds of nonnegative Ricci curvature, *J. Diff. Geom.*, **6** (1971), 119—128.

[CHN1] S. S. Chern, Differential geometry of fibre bundles, Proc. Int. Congress Math. **1950**, Vol III, Amer. Math. Soc., 1952, 397—411.

[CHN2] ——, On a generalization of Kähler geometry, Algebraic Geometry and Toplogy (Lefschetz Symposium), Princeton Univ. Press, 1957, 102—121.

[CV] C. Chevalley, Theory of Lie Groups I, Princeton Univ. Press, 1946.

[CY] B. Chow and D. Yang, A classification of compact Riemannian manifolds with nonnegative curvature operator, preprint, 1986.

[EB1] P. Eberlein, Rigidity of lattices of nonpositive curvature, *Ergodic Theory and Dynam. Sys.*, **3** (1983), 47—85.

[EB2] ——, A differential geometric characterization of symmetric spaces of higher rank, *Inst, Hautes Etudes Sci. Publ. Math.* **71** (1990), 33—44.

[EH] Ch. Ehresmann, Les connexions infinitésimales dans un espace fibré différentiable, Colloque de Topologie, Bruxelles, 1950, CBRM, 29—55.

[F] A. Fujiki, On primitively symplectic compact Kähler V-manifolds of dimension 4, Classifications of Algebraic and Analytic Manifolds, K. Ueno (ed.), Progress in Math. **39**, Birkhauser, Boston, 1983, 71—250.

[GA] K. Galicki, A generalization of the moment mapping construction for Quaternionic manifolds, *Comm. Math. Phys.* **108** (1987), 117—138.

[GH] P. A. Griffiths and J. Harris, Principles of Algebraic Geometry, Wiley Interscience, New York, 1978.

[GR] A. Gray, A note on manifolds whose holonomy is a subgroup of $Sp(n) \cdot Sp(1)$, *Mich. Math. J.*, **16** (1965), 125—128.

[GRG] A. Gray and P. Green, Sphere transitive structures and the triality automorphisms, *Pacific J. Math.* **34** (1970), 83—96.

[HA1] R. S. Hamilton, Three-manifolds with positive Ricci curvature, *J. Diff. Geom.*, **17** (1982), 255—306.

[HA2] ——, Four-manifolds with positive curvature operator, *J. Diff. Geom.*, **24** (1986), 153—179.

[HE] S. Helgason, Differential Geometry and Symmetrc Spaces, Academic Press, 1962 (Second edition, 1978).

[HI] F. Hirtzbruch, Topological Methods in Algebraic Geometry, Third edition, Springer-Verlag, 1978.

[HKLR] N. Hitchin, A. Karlhende, U. Lindström and M. Roček, Hyperkähler metrics and supersymmetry, *Comm. Math. Phys.*, **108** (1987), 535—589.

[HO] L. Hörmander, Introduction to Complex Analysis in Several Variables, Van Nostrand, Princeton, 1966.

[HSW] A. Howard, B. Smyth and H. Wu, On compact Kähler manifolds of nonnegative bisectional curvature I, *Acta Math.*, **147** (1981), 51—56.

[HU] T. Hübsch, Calabi-Yau manifolds-motivation and constructions, *Comm. Math. Phys.*, **108** (1987), 291—318.

[IR] H. C. ImHof and E. Ruh, An equivariant pinching theorem, *Comm. Math. Helv.*, **50** (1975), 389—401.

[IS] S. Ishihara, Quaternionic Kähler manifolds. *J. Diff. Geom.* **9** (1974), 483—500.

[K1] S. Kobayashi, Recent results in complex differential geometry, *Jber. d. Deut. Math. -Verein.* **83** (1981), 147—158.

[K2] ——, Transformation Groups in Differential Geometry, Springer-Verlag, 1972.

[K3] ——, The first Chern class and holomorphic symmetric tensor fields, *J. Math. Soc. Japan*, **32** (1980), 325—329.

[KN] S. Kobayashi and Nomizu, Foundations of Differential Geometry I, Wiley Interscience, 1963.

[KNII] ——, Foundations of Differential Geometry, II, Wiley Interscience, 1969.

[KR] V. Y. Kraines, Topology of quaternionic manifolds, *Trans. Amer. Math. Soc.*, **122** (1966), 357—367.

[MI] J. Milnor, Morse Theory, Princeton Univ. Press, 1963.

[MIR1] Min-Oo and E. Ruh, Comparison theorems for compact symmetric spaces, *Ann. Sci. Ec. Norm. Sup.*, **12** (1979), 335—353.

[MIR2] ——, Vanishing theorems and almost symmetric spaces of noncompact type, *Math. Ann.*, **257 (1981)**, 419—433.

[MOK1] N. Mok, Compact Kähler manifolds of nonnegative holomorphic bisectional curvature, Complex Analysis and Algebraic Geometry, H. Grauert (ed.), Lecture Notes in Math. Vol. 1194, Springer-Verlag, 1986, 90—103.

[MOK2] ——, The uniformization theorem for compact Kähler manifolds of nonnegative holomorphic bisectional curvature, *J. Diff. Geom.* **27** (1988), 179—214.

[MOK3] ——, Uniqueness theorem of Kähler metrics of semipositive bisectional curvature on compact Hermitian symmetric spaces, *Math. Ann.*, **276** (1987), 177—204.

[MONS] D. Montgomery and H. Samuelson, Transformation groups of spheres, *Ann. of Math.*, **44** (1943), 454—470.

[MOS] G. D. Mostow, Strong Rigidity of Locally Symmetric Spaces, Princeton Univ. Press, 1973.

[N] A. Nijenhuis, On the holonomy groups of linear connections, IA, IB, *Indag. Math.*, 15 (1953), 233—249; I, 16 (1954), 17—25.

[ON] B. O'Neill, Construction of Riemannian coverings, *Proc. Amer. Math. Soc.*, **19**, (1968), 1278—1282.

[RA] H. E. Rauch, The global study of geodesics in symmetric and nearly symmetric Riemannian manifolds, *Comm. Math. Helv.*, **35** (1961), 111—125.

[RH] G. de Rham, Sur la reductibilite d'un espace de Riemann, *Comm. Math. Helv.*, **26** (1952), 328—344.

[SA] S. M. Salamon, Quaternionic Kähler manifolds, *Invent. Math.*, **26** (1982), 143—171.

[SIM] J. Simons, On the transitivity of holonomy systems, *Ann. of Math.*, **76** (1962), 213—234.

[SIU] Y. T. Siu, Complex analyticity of harmonic maps, vanishing theorems, and Lef-
       schetz theorems, *J. Diff. Geom.*, **17** (1982), 55—138.

[SM]   A. J. Smith, Symplectic Kähler Manifolds, Thesis, Univ. of Calif. Berkeley, 1987.

[WA]   H. Wakakuwa, On Riemannian manifolds with homogeneous holonomy group Sp
       (n), *Tohoku Math. J.*, **10** (1958), 274—303.

[WE]   A. Weil, Un theorème fondamental de Chern en géométrie riemannienne, Sémi-
       naire Bourbaki 14 année 1961/62, Paris 1962, 239—01 à 239—13.

[WU1] H. Wu, On the de Rham decomposition theorem, *Ill. J. Math.*, 8 (1964), 291—311.

[WU2] ——, The Bochner Technique in Differential Geometry, Math. Reports, Volume
       3, Part 2, Harwood Academic Publishers, London-Paris, 1988.

[WU3] 伍鸿熙, 沈纯理, 虞言林, 黎曼几何初步, 北京大学出版社, 1989; 高等教育出版社,
       2014.

[Y]   A. T. Yau, On the Ricci curvature of a compact Kähler manifold and the complex
       Monge-Ampère equation I, *Comm. Pure Appl. Math.*, **31** (1978), 339—411.

第三章 非紧非负曲率流形的结构

在本章我们要讨论 Cheeger 和 Gromoll 关于有非负截面曲率或非负 Ricci 曲率的非紧完备黎曼流形的结构定理 (参看 [CG1] 和 [CG2]). 首先我们对于不属于本章讨论范围的非紧流形的结果作一些简要的介绍.

根据 Cartan-Hadamard 定理, 截面曲率非正的完备黎曼流形 M 的通用覆盖流形与欧氏空间可微同胚, 因此它的二阶以上的同伦群 $\pi_i(M) = 0 (i \geqslant 2)$. 所以这种流形的拓扑结构和几何结构或多或少被它的基本群 $\pi_1(M)$ 所控制. 例如, 当 M 是截面曲率非正的紧致黎曼流形时, 如果它的基本群 $\pi_1(M) = \Gamma_1 \times \Gamma_2$, 并且没有非平凡的中心, 则 M 本身等距于积流形 $M_1 \times M_2$, 其中 M_i 的基本群恰好是 Γ_i. 这是所谓的 Gromoll-Lawson-Wolf-Yau 分裂定理, 参看 [CE] 的最后一章. 又例如我们在前面的第二章 §4 已略微讨论了 Mostow 刚性定理对于微分几何的启示, 就是说如果 M 是一个紧致的截面曲率非正的黎曼流形, 而且 M 的截面曲率像一个秩 $\geqslant 2$ 的非紧、单连通对称空间一样常常等于零, 则 M 的基本群决定一切. 另一方面, 从拓扑学的眼光看来, 截面曲率 $K \leqslant -c^2 < 0$ 的完备流形和截面曲率 $K \leqslant 0$ 的完备流形没有什么不同, 因为反正它们的通用覆盖流形都与欧氏空间同胚. 但是在几何上两者有很大的区别, 因为它们的测地线的整体结构截然有异. 比方说, 它们的测地流就有很大的区别. 参阅 [EBN] 及综合报告 [EB]. 对于 Ricci 曲率 $\mathrm{Ric} \leqslant 0$ 或 $\mathrm{Ric} < 0$ 的完备流形, 一直所知甚少, 大家都

不得其解, 但是最近高志勇及丘成桐的工作 [GY] 带来了突破性的信息. 他们证明任何紧致的三维流形都可以赋予一个 Ric < 0 的黎曼度量. 现在大家猜测, 至少所有单位球面 $S^n(n \geqslant 3)$ 都会具有 Ric < 0 的黎曼度量. 甚至可能任何紧致微分流形 (维数 $\geqslant 3$) 都具有 Ric< 0 的黎曼度量. 至少 [GY] 已告诉我们为什么 Ric < 0 的黎曼度量不能控制一个流形的拓扑. 但是, 如果我们要求一个 Kähler 度量满足 Ric $\leqslant$ 0 或 Ric < 0, 则这个度量会立刻控制该复流形的复结构. 例如, 有名的 Kodaira 嵌入定理 (见 [GH]) 蕴涵一个紧致的满足 Ric < 0 的 Kähler 流形一定是一个代数流形. 另一个好例子是第二章 §4 中 (f) 所讨论的 Kobayashi 定理. 相反地, 我们对于 Ric $\geqslant$ 0 或 Ric > 0 的黎曼度量的认识比较多. 经典的 Bonnet-Myers 定理 (见 [CE]) 说: 一个完备的满足 Ric $\geqslant c^2 > 0$ 的黎曼流形一定是紧致的. 从下文要讨论的定理 1, 我们又可以推知: 如果 M 是一个紧致的具有**拟正 Ricci 曲率** (即 Ric $\geqslant$ 0, 且在某一点上 Ric > 0) 的黎曼流形, 则 $\pi_1(M)$ 一定是一个有限群. 在本章的后面我们也会提到 [SY] 在这方面的重要结果. 当然, 一个满足 Ric $\geqslant$ 0 或 Ric > 0 的 Kähler 流形会有更刚硬的结构. 参看第二章 §4 中 (e) 的讨论, 及 [B], [HSW] 和 [W2]. 在这里我们不打算讨论复的情况. 所以, 与下面所讨论的黎曼流形的定理对应的 Kähler 情形, 请参阅 [GEW1] 和 [W1].

我们要证明的第一个结果是

定理 1 若 M 是有非负 Ricci 曲率的紧致黎曼流形, 则 M 的通用覆盖流形 $\widetilde{M}$ 等距于 $M' \times \mathbf{R}^k$, 其中 M' 是紧致黎曼流形, $\mathbf{R}^k$ 具有标准的平坦黎曼度量.

这是 Cheeger-Gromoll 的有非负 Ricci 曲率的紧致流形的结构定理 (参看 [CG1]). 它的证明的关键是下面的定理 2, 为此先叙述一个定义. 所谓流形 M 上的一条**直线**是指 M 上的以弧长为参数的测地线 (称之为正规测地线) $\gamma : \mathbf{R} \to M$, 使得对于任意的 $s, t \in \mathbf{R}$ 都有 $d(\gamma(s), \gamma(t)) = |s - t|$. 这就是说, 直线是定义在整条实数轴上的测地线, 并且它上面的任意一段都是流形 M 上连接它的两个端点的最短线. 例如 $\mathbf{R}^3$ 中圆柱面上的直母线就是圆柱面上的直线.

定理 2 设 M 是有非负 Ricci 曲率的非紧完备黎曼流形. 若 M 包含一条直线, 则 M 必等距于 $M' \times \mathbf{R}$, 其中 M' 是有非负 Ricci 曲率的完备黎曼流形.

上述定理在截面曲率 $K \geqslant 0$ 的条件下首先是由 Toponogov 给出的 (见 [CE]); 目前的推广形式是由 Cheeger-Gromoll 证明的 ([CG1]).

定理 3 若 M 是非紧完备的 n 维黎曼流形, 它的截面曲率 $K > 0$, 则 M 必与 $\mathbf{R}^n$ 可微同胚.

$\mathbf{R}^3$ 中的旋转抛物面 $z = x^2 + y^2$ 就是定理 3 的典型例子, 这个定理最早出现在 [GM]. 他们用广义的 Poincaré 猜想证明了定理在 $n \geqslant 5$ 时成立. 在 [CG2] 中, Cheeger 和 Gromoll 证明了 M 和 $\mathbf{R}^n$ 是同胚的. 这个结论当然比定理 3 要弱; 因为根据 Donaldson 和 Freedman 等人的结果, 在 $n = 4$ 时, 和 $\mathbf{R}^4$ 同胚的流形不一定与 $\mathbf{R}^4$ 是可微同胚的 (见 [K]). 在 1976 年, W. Poor 用另外的方法完全地证明了这个定理, 参看 [P]. 在这里, 我们要叙述 [GEW1] 所给出的证明的大意. 再一个要讲到的结果是

定理 4 设 M 是非紧的完备黎曼流形, 它的截面曲率 $K \geqslant 0$, 则 M 必与它的一个紧致全测地子流形同伦等价.

例如, 欧氏空间 ($K \equiv 0$) 与一点是同伦等价的. 当 $K > 0$ 时, 定理 3 告诉我们, 非紧完备的 M 是与 $\mathbf{R}^n$ 可微同胚的, 因此 M 也与一点同伦等价. 由此可见, 在考虑 $K \geqslant 0$ 的流形的微分拓扑时, 基本上不必考虑非紧情形, 只要研究紧致情形就行了. 我们在本章最后一个注记中给出了构造紧致全测地子流形的基本想法. 完全地证明定理 4 需要较大的篇幅, 读者可看 [CG2] 或 [CE] 的第八章.

假定 M 是完备的非紧致黎曼流形. 当曲率 (比如截面曲率、Ricci 曲率等等) 取一定的符号时, 关于一条射线的 Busemann 函数提供了这个流形的许多信息. 设 $O \in M$, γ 是 M 上从 O 出发的一条射线, 即 γ 是定义在 $[0, +\infty)$ 上的正规测地线 $\gamma : [0, +\infty) \to M$, 并且 $\gamma(0) = O$, 对于任意的 $s, t \geqslant 0$ 都有 $d(\gamma(s), \gamma(t)) = |s - t|$. 容易证明, 在完备黎曼流形 M 上过每一点至少有一条射线的充要条件为流形 M 是非紧的 (习题). 对于 $t \geqslant 0$, 定义函数

$$f_\gamma^t(x) = t - d(x, \gamma(t)), \quad \forall x \in M. \tag{1}$$

容易证明, 函数族 $\{f_\gamma^t : t \geqslant 0\}$ 在 M 的任意一个紧致子集上是一致有界的, 并且对任意一个定点 $x \in M$, $f_\gamma^t(x)$ 是单调递增地依赖 t 的. 这两个性质都是距离函数的三角不等式的推论, 首先

$$|f_\gamma^t(x)| = |t - d(x, \gamma(t))|$$
$$= |d(O, \gamma(t)) - d(x, \gamma(t))|$$

$$\leqslant d(O, x),$$

所以在 M 的紧致子集 X 上, 只要取 $l = \max\limits_{x \in X} d(O, x)$, 则对任意的 $x \in X$ 及 $t \geqslant 0$ 都有

$$|f_\gamma^t(x)| \leqslant l.$$

其次, 对于 $0 \leqslant s < t$ 我们有 (图2)

$$
\begin{aligned}
& f_\gamma^t(x) - f_\gamma^s(x) \\
&= (t - s) + d(x, \gamma(s)) - d(x, \gamma(t)) \\
&= d(\gamma(s), \gamma(t)) + d(x, \gamma(s)) - d(x, \gamma(t)) \\
&\geqslant 0.
\end{aligned}
$$

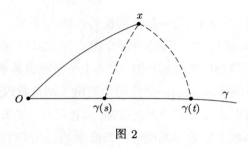

图 2

因此, $\{f_\gamma^t\}$ 的极限函数 f_γ 是存在的, 命

$$f_\gamma(x) = \lim_{t \to +\infty} f_\gamma^t(x). \tag{2}$$

同时可以证明函数族 $\{f_\gamma^t : t \geqslant 0\}$ 是等度连续的, 因此由 Ascoli-Arzela 定理, 函数 f_γ 是连续的. 事实上, f_γ^t 有更好的性质: 它们是 Lipschitz 常数为 1 的 Lipschitz 函数, 即

$$
\begin{aligned}
|f_\gamma^t(x) - f_\gamma^t(y)| &= |d(x, \gamma(t)) - d(y, \gamma(t))| \\
&\leqslant d(x, y).
\end{aligned} \tag{3}
$$

这样, 极限函数 f_γ 不仅仅是连续的, 而且也是常数为 1 的 Lipschitz 函数. 我们称 f_γ 为关于射线 γ 的 **Busemann 函数** (简称为 γ 的 **B-函数**).

我们对 γ 的 B-函数先作一番考察:

(i) 固定 $t \geqslant 0$, 则函数 f_γ^t 的水平集 (即 M 上使函数 f_γ^t 取某常数值的子集) 与函数 $x \mapsto d(x, \gamma(t))$ 的水平集是一致的. 因此, f_γ^t 的水平集是 M 上以 $\gamma(t)$ 为中心的测地球面. 因为 $f_\gamma = \lim\limits_{t \to \infty} f_\gamma^t$, 故 f_γ 的水平集是以点 $\gamma(+\infty)$ 为中心的测地球面. 所以, 从直观上说 f_γ^t 差不多是以 $\gamma(t)$ 为中心的距离函数, 而 f_γ 差不多是以无穷远点 $\gamma(+\infty)$ 为中心的距离函数. 促使这种考虑的因素之一是: 对于单连通的截面曲率 $K \leqslant 0$ 的黎曼流形, 最重要的函数是距离函数 $\rho(x) = d(O, x)$, 它具有性质 $\mathrm{D}^2 \rho^2 \geqslant 0$, 所以 ρ 是凸函数. 在 $K \geqslant 0$ 的情形作对偶的考虑, 这就是取中心在无穷远点 $\gamma(+\infty)$ 的距离函数. 我们期望 f_γ 会是凸函数, 这在 [CG2] 中首次得到证明.

(ii) 当 $x = \gamma(t)$ 时, 若 $s > t$, 则有

$$f_\gamma^s(\gamma(t)) = s - d(x, \gamma(s)) = t,$$

于是 $f_\gamma(\gamma(t)) = t$. 由此可见函数 f_γ 没有上界. 若 M 包含一条直线 $\gamma : (-\infty, +\infty) \to M$, 命 $\gamma^+ = \gamma|_{[0,+\infty)}$, 则仍有

$$f_{\gamma^+}(\gamma(t)) = t,$$

所以函数 f_{γ^+} 既无上界, 亦无下界.

(iii) 一般说来, 在非负曲率情形函数 f_γ 不是 C^1 的, 这使以后的证明复杂化了. 但是 f_γ 是 Lipschitz 常数为 1 的 Lipschitz 函数, 所以 f_γ 是几乎处处可微的, 而且在 f_γ 可微的地方有 $|\mathrm{d}f_\gamma| \leqslant 1$.

下面给出 Busemann 函数的一些例子:

例 1 设 $M = \mathbf{R}^2$, γ 是正向 x-轴, 则 f_γ 是 x-坐标函数, 即 $f_\gamma = x$ (见图3).

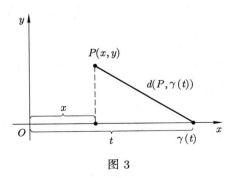

图 3

例 2 设 $M = \mathbf{R}^n$, 点 $x \in M$ 的坐标为 $(x^1, \cdots, x^n)$, 取 γ 为正向 x^n–轴, 则

$$f_\gamma(x) = x^n.$$

例 3 设 $M = \{(x, y, z) \in \mathbf{R}^3 : x^2 + z^2 = 1\}$, 这是 $\mathbf{R}^3$ 中的圆柱面. 命 $\gamma(t) = (1, t, 0), t \geqslant 0$, 则 f_γ 是 $\mathbf{R}^3$ 中的 y–坐标函数在圆柱面 M 上的限制.

例 4 在例 3 中, 取 $\gamma(t) = (a, t, b)$, 其中 a, b 是常数, 满足条件 $a^2 + b^2 = 1$, 则仍有 $f_\gamma = y|_M$.

若命 $\gamma^-(t) = (a, -t, b), t \geqslant 0$, 则 $f_{\gamma^-} = -y|_M$. 当 (a, b) 在单位圆周上变动时, 上面的 γ 和 γ^- 实质上囊括了 M 上所有的射线, 因此圆柱面 M 上仅有的 Busemann 函数实质上是 y–坐标函数及其反号. 但是, 在 $\mathbf{R}^3$ 中 Busemann 函数却要多得多. 由此便提出一个问题: 若在一个非紧黎曼流形上仅有两个其符号彼此相反的 Busemann 函数 (不计差一个常数的其余 Busemann 函数), 则该流形的结构如何? 这个问题也许不太容易.

例 5 设 $M = D \equiv \{(x, y) \in \mathbf{R}^2 : x^2 + y^2 < 1\}$, 在 D 内有完备的双曲度量

$$\mathrm{d}s^2 = \frac{4(\mathrm{d}x^2 + \mathrm{d}y^2)}{[1 - (x^2 + y^2)]^2}. \tag{4}$$

设

$$\gamma(t) = \left(\frac{\mathrm{e}^t - 1}{\mathrm{e}^t + 1}, 0\right), \tag{5}$$

则 γ 是 M 上过 $(0, 0)$ 的一条射线, 它的 Busemann 函数是

$$f_\gamma(z) = \ln \frac{|1 - z|^2}{1 - |z|^2} = \ln \frac{(1 - x)^2 + y^2}{1 - (x^2 + y^2)}, \tag{6}$$

其中 $z = x + \mathrm{i}y$, f_γ 的水平集是图 4 所示的圆周 (称为**极限圆**, horocycle). 请读者自行证明以上事实.

射线 γ 的 Busemann 函数的重要性在于流形 M 的曲率特性能够表现该函数的性质, 具体地说, 我们有以下的蕴含关系:

(A) 若 Ric$\geqslant 0$, 则 f_γ 是次调和函数;

(B) 若 Ric> 0, 则 f_γ 是强次调和函数;

(C) 若 $K \geqslant 0$, 则 f_γ 是凸函数;

(D) 若 $K > 0$, 则 f_γ 是本质强凸函数.

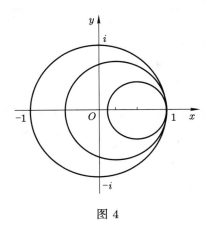

图 4

此外, 还有一些别的蕴含关系, 可参看 [W1]. 对于非紧黎曼流形的了解就是从以上蕴含关系逐渐引申出来的. 要说清楚上面这些关系的含义, 我们必须先叙述一些定义, 并且对它们的历史作一些简要的说明.

假定 f 是连续函数. 如果对任意一点 $x \in M$, 存在充分小的正数 r, 使得在测地球 $B(x, r)$ 上存在调和函数 h 满足以下条件: (i) $h|_{\partial B} = f|_{\partial B}$; (ii) 在 $B(x, r)$ 内有 $f \leqslant h$, 则我们称 f 是**次调和函数** (从直观上看, f 是次调和函数的意义是, 在每一点附近 f 总是在有相同边界值的调和函数的下面). 当 $f \in C^2$ 时, f 是次调和函数的充要条件是

$$\Delta f \geqslant 0.$$

注意, 这里的 Δ 是在黎曼流形 M 上作用于函数上的通常意义的 Laplace 算子, 与 Hodge 理论中的 Laplace 算子差一个符号. 如果对于流形 M 上任意一条正规测地线 γ, $f \circ \gamma$ 总是一元的凸函数, 则称 f 是 M 上的**凸函数**. 当 $f \in C^2$ 时, 函数 $f : M \to \boldsymbol{R}$ 是凸函数的充要条件是它的 Hessian $\mathrm{D}^2 f$ 是半正定的, 即 $\mathrm{D}^2 f \geqslant 0$ (函数 f 的 Hessian 是 M 上的二阶协变对称张量, 定义为

$$\mathrm{D}^2 f(X, Y) = X(Yf) - (\mathrm{D}_X Y)f, \tag{7}$$

其中 $X, Y \in M_p, p \in M$. 右端中的 Y 是 $Y \in M_p$ 在 p 的邻域内任意的可微延拓). 当 $f \in C^2$ 时, 如果 $\Delta f > 0$, 则称 f 是**强次调和的**; 如果 $\mathrm{D}^2 f > 0$, 则称 f 是**强凸的**. 但是对于连续而非可微的函数, 它们的强次调和性及强凸性的定义则需作精心的设计.

先假定 $f \in C^2$. 若 f 是强凸的, 则 $\mathrm{D}^2 f > 0$; 对于任意的正规测地线 γ, 就有 $(f \circ \gamma)'' > 0$. 由 Taylor 展式不难得到

$$(f \circ \gamma)''(0) = \lim_{r \to 0} \frac{1}{r^2} \{f \circ \gamma(r) + f \circ \gamma(-r) - 2f \circ \gamma(0)\}.$$

值得注意的是, 上式右边的差商对于连续函数是有意义的. 由此可把连续函数的强凸性定义如下: 设 f 是 M 上的连续函数. 对于任意一点 $y \in M$, 以及通过 y 的任意一条正规测地线 $\gamma : (-\varepsilon, \varepsilon) \to M, \gamma(0) = y$, 命

$$Cf(y, \gamma) = \lim_{r \to 0} \inf \frac{1}{r^2} \{f \circ \gamma(r) + f \circ \gamma(-r) - 2f \circ \gamma(0)\}, \tag{8}$$

$$Cf(y) = \inf_{\gamma} Cf(y, \gamma). \tag{9}$$

如果在每一点 $x \in M$, 都有 x 的一个邻域 U 及正数 c, 使得当 $y \in U$ 时都有

$$Cf(y) \geqslant c, \tag{10}$$

则称 f 是 M 上的**强凸函数**. 显然, 当 $f \in C^2$ 时,

$$\inf_{\gamma} Cf(y, \gamma) = \min_{\substack{X \in M_y \\ |X| = 1}} \mathrm{D}^2 f(X, X),$$

所以在 $f \in C^2$ 时, (10) 式成为 $\mathrm{D}^2 f > 0$, 这正是 f 是强凸函数的条件.

强次调和函数的情形比较复杂. 先设 $f \in C^2$, $B(x, r)$ 表示以 x 为中心、以 r 为半径的测地球. 又设 σ_r 是 $B(x, r)$ 上以 x 为奇点的 Green 函数, 即 σ_r 是下列边界问题的基本解:

$$\begin{cases} \Delta \sigma_r = \delta_x, \\ \sigma_r|_{\partial B} = 0, \end{cases} \tag{11}$$

其中 δ_x 是 Dirac δ–函数. 由 Green 公式得到

$$f(x) = \int_{\partial B(x,r)} f * \mathrm{d}\sigma_r + \int_{B(x,r)} \sigma_r \cdot \Delta f, \tag{12}$$

其中 $*$ 是 Hodge 星算子. 简单的计算表明

$$\lim_{r \to 0} \frac{1}{r^2} \int_{B(x,r)} \sigma_r \cdot \Delta f = -2n \Delta f(x), \tag{13}$$

其中 $n = \dim M$ (参看 [F]), 这样,

$$\Delta f(x) = -\frac{1}{2n} \lim_{r \to 0} \frac{1}{r^2} \left\{ f(x) - \int_{\partial B(x,r)} f * \mathrm{d}\sigma_r \right\}. \tag{14}$$

连续函数 f 的强次调和性定义如下: 如果在每一点 $x \in M$, 存在 x 的一个邻域 U 及正数 c, 使得对任意的 $y \in U$ 都有

$$Sf(y) \equiv \lim_{r \to 0} \inf \frac{1}{2nr^2} \left\{ \int_{\partial B(y,r)} f * \mathrm{d}\sigma_r - f(y) \right\} \geqslant c, \qquad (15)$$

则称 f 是**强次调和**的. 当 $f \in C^2$ 时, $Sf = \Delta f$. 由此可见, 算子 S 是十分重要的, 它是连续函数所成的代数上 Laplace 算子的替身.

很明显, 强凸性 (强次调和性) 蕴含着凸性 (次调和性). 事实上, f 是凸函数的条件可以表成 $Cf \geqslant 0$, f 是次调和函数的条件可以表成 $Sf \geqslant 0$.

最后我们来解释 f 是本质强凸函数的意义. 设 f 是 M 上的连续函数. 如果对于任意一个满足条件

$$\chi'(t) > 0, \quad \chi''(t) > 0$$

的光滑函数 $\chi : \mathbf{R} \to \mathbf{R}$, 都有 $\chi \circ f$ 是强凸函数, 则称 f 是**本质强凸函数**. 换言之, 如果 f 与任意一个单调递增的光滑强凸函数复合之后是一个强凸函数, 则 f 是本质强凸的. 直接计算得到

$$\mathrm{D}^2(\chi \circ f) = \chi'' \cdot \mathrm{d}f \otimes \mathrm{d}f + \chi' \cdot \mathrm{D}^2 f,$$

$$\triangle(\chi \circ f) = \chi'' \cdot |\nabla f|^2 + \chi' \cdot \triangle f.$$

由此可见, 强凸性要比本质强凸性来得强. 在蕴含关系 (D) 中本质强凸的结论不能换成强凸性, 因为当 f_γ 限制在 γ 上时, $f_\gamma(\gamma(t)) = t$, 故 f_γ 不是强凸函数.

现在让我们初步看一看, 为什么截面曲率控制函数的凸性, 而 Ricci 曲率却控制函数的次调和性. 为简单起见, 不妨在 f_γ 为 2 次连续可微的地方考虑. 在蕴含关系 (A)—(D) 中, f_γ 的性质都与 $\mathrm{D}^2 f_\gamma$ 有关. $\mathrm{D}^2 f_\gamma$ 是对称的二阶协变张量, 假定它的特征值是 $\lambda_1, \cdots, \lambda_n$, 则 f_γ 是凸函数 (或强凸函数) 等价于每一个特征值 $\lambda_i \geqslant 0$ (或 $\lambda_i > 0$). 设 $e_1, \cdots, e_n$ 是使 $\mathrm{D}^2 f_\gamma$ 对角化的单位正交基, 要知道每一个 λ_i 就要知道包含 e_i 的各二维截面的截面曲率. 然而次调和性的意思是 $\Delta f_\gamma = \mathrm{tr} \mathrm{D}^2 f_\gamma \geqslant 0$, 即 $\sum \lambda_i \geqslant 0$. 因此, 控制 λ_i 的平均值只要知道截面曲率的平均值 (也就是 Ricci 曲率) 就行了, 同样道理, 在复流形的情形, 双截曲率所控制的是**多次调和性** (pluri-subharmonicity).

断言 (A) 和 (C) 是 Cheeger-Gromoll 的结果 (参看 [CG1], [CG2]). (D)是 Greene–Wu 得到的 (参看 [GEW1]), 但是它或多或少地隐含在 [GM] 内. 在 [W1]

之前, (A) 和 (C) 的证明是完全不同的. 而 [W1] 对它们作了统一的、程式化的处理. 下面我们按照 [W1] 叙述证明断言 (A) 的主要思路.

已知函数 f. 我们称光滑函数 g 在点 $x \in M$ **支撑**了函数 f, 如果在 x 的一个邻域内成立 $g \leqslant f$, 并且 $g(x) = f(x)$. 支撑函数提供了从考虑连续函数过渡到考虑光滑函数的有效途径, 若光滑函数 g 在 x 处支撑了函数 f, 则由定义得到

$$Sf(x) \geqslant Sg(x) = \Delta g(x),$$

$$Cf(x) \geqslant Cg(x) = \min_{\substack{X \in M_x \\ |X|=1}} \mathrm{D}^2 g(X, X).$$

因此, 为证明断言 (A), 只要在每一点 $x \in M$ 找出 f 的支撑函数 g, 使得 $\Delta g(x) \geqslant 0$ 就行了. 当 $\mathrm{Ric}\,(M) \geqslant 0$ 时, 这样的支撑函数是容易构造出来的.

设 γ 是 M 上从 O 点出发的一条射线. 由定义, $f_\gamma^t(x) = t - d(x, \gamma(t))$. 固定 $x \in M$ 及 $t \in [0, +\infty)$, 考虑从 x 到 $\gamma(t)$ 的最短正规测地线 $\zeta : [0, l] \to M$, 使得 $\zeta(0) = x, \zeta(l) = \gamma(t)$, 其中 $l = d(x, \gamma(t))$. 这样, $f_\gamma^t(x) = t - l$. 我们要构造在 x 点支撑函数 f_γ^t 的 g_t. 设 $B_\varepsilon(0)$ 是 M_x 中以充分小的正数 ε 为半径的球, 使得指数映射 $\exp_x : B_\varepsilon(0) \to M$ 是嵌入, 因而 $B_\varepsilon(0)$ 和 $U = \exp_x(B_\varepsilon(0))$ 是可微同胚的. 于是对于任意的 $y \in U$, 必存在 $Y \in B_\varepsilon(0)$, 使得 $y = \exp_x Y$ (见图 5). 命 $Y(s)$ 是 Y 沿 ζ 的平行向量场; 对任意的 $s \in [0, l]$, 记

$$\zeta_y(s) = \exp_{\zeta(s)} \left\{ \left(1 - \frac{s}{l}\right) Y(s) \right\},$$

则 $\zeta_y : [0, l] \to M$ 是流形 M 上连接 y 和 $\gamma(t)$ 的光滑曲线, 并且 $\zeta_x = \zeta$. 命

$$\widetilde{g}_t(y) = L(\zeta_y) = \text{曲线 } \zeta_y \text{ 的长度},$$

$$g_t = t - \widetilde{g}_t, \tag{16}$$

则 g_t 是定义在 U 上的光滑函数. 因为

$$\widetilde{g}_t(y) \geqslant d(y, \gamma(t)),$$

故

$$g_t(y) = t - \widetilde{g}_t(y) \leqslant t - d(y, \gamma(t)) = f_\gamma^t(y),$$

并且

$$g_t(x) = t - d(x, \gamma(t)) = f_\gamma^t(x).$$

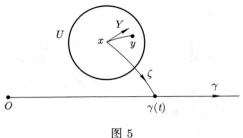

图 5

由此可见, g_t 在 x 处支撑了 f_γ^t. 下面我们要估计 $\Delta g_t(x)$.

在 M_x 中取单位正交基 $\{e_1, \cdots, e_n\}$, 使 $e_1 = \zeta'(0)$. 设它在 U 中给出的测地法坐标是 $(x^1, \cdots, x^n)$, 因此测地线 $\zeta \cap U$ 的方程是

$$x^i(s) = s \cdot \delta_1^i, \quad 0 \leqslant s < \varepsilon,$$

并且

$$\widetilde{g}_t(x^1, 0, \cdots, 0) = l - x^1,$$

所以

$$\frac{\partial^2 \widetilde{g}_t}{(\partial x^1)^2}(x) = 0.$$

由于 $\left\langle \dfrac{\partial}{\partial x^i}, \dfrac{\partial}{\partial x^j} \right\rangle \bigg|_x = \delta_{ij}$, 且 $\Gamma_{jk}^i(x) = 0$, 故

$$\begin{aligned}
\Delta g_t(x) &= \sum_{i=1}^n \frac{\partial^2 g_t}{(\partial x^i)^2}(x) \\
&= -\sum_{i=1}^n \frac{\partial^2 \widetilde{g}_t}{(\partial x^i)^2}(x) = -\sum_{i=2}^n \frac{\partial^2 \widetilde{g}_t}{(\partial x^i)^2}(x).
\end{aligned} \quad (17)$$

很明显, $\dfrac{\partial^2 \widetilde{g}_t}{(\partial x^i)^2}(x)$ 是点 y 沿着 x^i-曲线变动时弧长函数 $L(\zeta_y)$ 在 $y = x$ 处的二阶微商. 设 X_i 是 $e_i = \dfrac{\partial}{\partial x^i}\bigg|_x$ 沿测地线 ζ 平行移动所得的向量场, 考虑 ζ 的变分

$$f_i(s, u) = \exp_{\zeta(s)} \left(1 - \frac{s}{l}\right)(u X_i(s)),$$

其中 $0 \leqslant s \leqslant l$, $-\varepsilon < u < \varepsilon$, 则它的变分向量场是

$$v_i(s) = \left(1 - \frac{s}{l}\right) X_i(s).$$

由弧长的第二变分公式得到

$$\frac{\partial^2 \widetilde{g}_t}{(\partial x^i)^2}(x) = \int_0^l [|v_i'(s)|^2 - \langle R_{\zeta'(s)v_i(s)}\zeta'(s), v_i(s)\rangle] \mathrm{d}s$$

$$= \int_0^l \left[\frac{1}{l^2} - \left(1 - \frac{s}{l}\right)^2 K(\zeta'(s), X_i(s))\right] \mathrm{d}s, \tag{18}$$

故由 Ricci 曲率的非负的假设得到

$$\Delta g_t(x) = \int_0^l \left[-\frac{n-1}{l^2} + \left(1 - \frac{s}{l}\right)^2 \mathrm{Ric}(\zeta'(s), \zeta'(s))\right] \mathrm{d}s$$

$$\geqslant -\frac{n-1}{l}. \tag{19}$$

固为 g_t 支撑了 f_γ^t, 所以

$$Sf_\gamma^t(x) \geqslant \Delta g_t(x) \geqslant -\frac{n-1}{l}. \tag{20}$$

对于固定的 x, 当 $t \to +\infty$ 时, $l \to +\infty$, 故

$$Sf_\gamma(x) = \lim_{t \to +\infty} Sf_\gamma^t(x) \geqslant 0,$$

这就证明了 f_γ 是次调和函数.

用同样的办法可以证明断言 (C) 为真 (请读者自证).

定理 2 的证明　设 $\gamma: \boldsymbol{R} \to M$ 是一条直线, 记 $\gamma^+ = \gamma|_{[0,+\infty)}$, 用 $\gamma^-: [0,+\infty) \to M$ 记反方向的射线, 即

$$\gamma^-(t) = \gamma(-t).$$

射线 γ^+ 和 γ^- 的 Busemann 函数分别记作 f_+ 和 f_-. 因为 $\mathrm{Ric}\,(M) \geqslant 0$, 由 (A) 得知 f_+ 和 f_- 都是次调和函数, 即

$$\Delta f_+ \geqslant 0, \quad \Delta f_- \geqslant 0,$$

故

$$\Delta(f_+ + f_-) \geqslant 0. \tag{21}$$

我们断言 $f_+ + f_-$ 是 M 上的非正函数, 实际上对于任意的 $x \in M$, 我们有 (见图 6)

$$(f_+ + f_-)(x) = \lim_{t,s \to +\infty} \{(t - d(x, \gamma(t))) + (s - d(x, \gamma(-s)))\}$$

$$= \lim_{t,s \to +\infty} \{(t+s) - d(x, \gamma(t)) - d(x, \gamma(-s))\}$$

$$\leqslant 0.$$

但是, 对于任意的 $t \in \mathbf{R}$ 有

$$(f_+ + f_-)(\gamma(t)) = f_+(\gamma(t)) + f_-(\gamma(t))$$
$$= f_+(\gamma^+(t)) + f_-(\gamma^-(-t)) = t - t = 0.$$

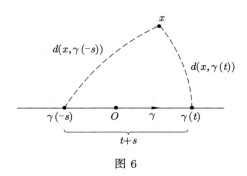

图 6

所以函数 $f_+ + f_-$ 在 γ 上达到它的最大值. 由于非负函数 $f_+ + f_- \leqslant 0$ 满足 $\triangle(f_+ + f_-) \geqslant 0$, 并且在 M 的内部 (即在 γ 上的任意一点) 达到最大值 0, 根据经典的极值原理, 它必定在 M 上恒等于零, 于是

$$f_- = -f_+. \tag{22}$$

因此我们又有

$$\Delta f_- = -\Delta f_+ \leqslant 0,$$

由此可见, f_+ 和 f_- 必须是 M 上的调和函数. 根据经典的 Weyl 引理, f_+ 和 f_- 都是 M 上的光滑函数 (第一章的引理 2 是 Weyl 引理的弱形式, 现在所用的是它的强形式, 即对于任意的黎曼流形 M, 只要 $\varphi \in \overset{\sim}{H_0}(M)$, 且 $\Delta\varphi = 0$, 就必有 $\varphi \in A^*(M)$. 也可以用 Feller 的办法来证 ([F])).

为简便起见, 记 $f = f_+$. 我们要证明 $\mathrm{grad} f$ 是平行的单位切向量场. 首先注意到 f 是常数为 1 的 Lipschitz 函数, 所以 $|\mathrm{grad} f| \leqslant 1$. 因此, 我们只要在每一点 $x \in M$ 找出一个单位切向量 $v \in M_x$, 使得 $v(f) = 1$ 就行了. 事实上, 如果这样的切向量 v 能找到, 则

$$|\mathrm{grad}\, f| = |\mathrm{grad}\, f| \cdot |v|$$
$$\geqslant \langle \mathrm{grad}\, f, v \rangle = v(f) = 1,$$

因此只能是 $|\mathrm{grad}\, f| \equiv 1$. 为寻求切向量 v, 我们取一个单调递增并趋于 $+\infty$ 的序列 $\{t_k\}$ (见图 7). 设 σ_k 是连接 x 和 $\gamma(t_k)$ 的最短正规测地线. 由于 $\{\dot\sigma_k(0)\}$ 是 M_x 中单位球面上的一个点列, 并且单位球面是紧致的, 故在 $\{\dot\sigma_k(0)\}$ 中必有收敛子序列. 不妨设序列 $\{\dot\sigma_k(0)\}$ 本身是收敛的, 命

$$v = \lim_{k\to+\infty} \dot\sigma_k(0) \in M_x,$$

设 $\sigma : [0,+\infty) \to M$ 是从 x 出发并与 v 相切的正规测地线, 则 σ 显然是一条从 x 引出的射线 (事实上对于任意的 $0 \leqslant s_1 < s_2 < +\infty$, $d(\sigma(s_1),\sigma(s_2)) = \lim_{k\to+\infty} d(\sigma_k(s_1),\sigma_k(s_2)) = s_2 - s_1$). 此外, 由于测地线关于初始条件的连续依赖性, 我们有

$$\lim_{k\to\infty} \sigma_k(s) = \sigma(s).$$

命 $f_k = f_{\gamma^+}^{t_k}$, 则有

$$|f(\sigma(s)) - f_k(\sigma_k(s))|$$
$$\leqslant |f(\sigma(s)) - f_k(\sigma(s))| + |f_k(\sigma(s)) - f_k(\sigma_k(s))|$$
$$\leqslant |f(\sigma(s)) - f_k(\sigma(s))| + d(\sigma(s)), \sigma_k(s)),$$

所以

$$\lim_{k\to+\infty} f_k(\sigma_k(s)) = f(\sigma(s)). \tag{23}$$

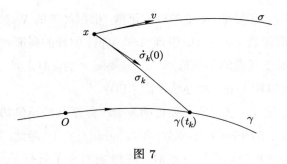

图 7

用 L_k 记测地线 σ_k 的长度, 则对每一个固定的 k 有

$$f_k(\sigma_k(s)) = t_k - d(\sigma_k(s),\gamma(t_k))$$
$$= t_k - (L_k - s) = s + (t_k - L_k),$$

因此

$$f_k(\sigma_k(s)) - f_k(\sigma_k(s')) = s - s',$$

让 $k \to +\infty$, 由 (23) 式得到

$$f(\sigma(s)) - f(\sigma(s')) = s - s',$$

因此 $\dfrac{\mathrm{d}(f \circ \sigma)}{\mathrm{d}t} = 1$, 即 $v(f) = 1$. 这就证明了 $\operatorname{grad} f$ 是 M 上的单位切向量场.

为证明 $\operatorname{grad} f$ 是平行切向量场, 我们提请注意第一章的 (27) 式: 设 $\{X_i\}$ 是流形 M 上的局部单位正交标架场, $\{\omega^i\}$ 是它的对偶余标架场, 则对于任意的一次微分式 φ 有

$$\langle \Delta\varphi, \varphi \rangle = \sum_i |\mathrm{D}_{X_i}\varphi|^2 + \frac{1}{2}\Delta|\varphi|^2 + F(\varphi), \tag{24}$$

其中

$$\begin{aligned} F(\varphi) &= \left\langle \sum_{i,j} \omega^i \wedge i(X_j) R_{X_i X_j}\varphi, \varphi \right\rangle \\ &= \operatorname{Ric}(\varphi^\#, \varphi^\#), \end{aligned} \tag{25}$$

这里 $\varphi^\#$ 是 φ 的借助于黎曼度量诱导的对偶切向量场, 即对于任意的切向量 X 有

$$\langle \varphi^\#, X \rangle = \varphi(X).$$

现命 $\varphi = \mathrm{d}f$, 因为 $\Delta f = 0$, 故 $\Delta\varphi = \Delta \circ \mathrm{d}f = \mathrm{d} \circ \Delta f = 0$. 又因为 $|\varphi| = |\mathrm{d}f| = |\operatorname{grad} f| \equiv 1$, 故 $\Delta|\varphi|^2 = 0$. 然而 $\operatorname{Ric}(M) \geqslant 0$, 故 $F(\varphi) \geqslant 0$, 于是由 (24) 式得到

$$\sum_i |\mathrm{D}_{X_i}\varphi|^2 = 0,$$

即 $|\mathrm{D}_{X_i}\varphi| = 0$, $\forall i$. 这意味着 $\varphi = \mathrm{d}f$ 是 M 上平行的一次微分式, 故 $\operatorname{grad} f = (\mathrm{d}f)^\#$ 是 M 上的平行切向量场.

因为 $\mathscr{V} = \operatorname{grad} f$ 是 M 上的平行切向量场, 故 $\mathscr{V}$ 及其在每一点的正交补空间给出的分布 $\mathscr{V}^\perp$ 在整体和乐群的作用下是保持不变的. 如果 M 是单连通的, 则由 de Rham 分解定理 (见第二章附录定理 4), M 等距于积流形 $M_1 \times M_2$, 其中 M_1, M_2 分别是分布 $\mathscr{V}^\perp$ 和 $\mathscr{V}$ 的通过 $O = \gamma(0)$ 的极大积分子流形, 容易验证

M_1 是 $f = 0$ 的水平超曲面 (习题), 而 M_2 明显地等距于 $\boldsymbol{R}$. 但是我们能够得到更多一些结果.

对于任意的 $t \in \boldsymbol{R}$, 设 M_t 是 f 的水平集, 即

$$M_t = \{x : x \in M, \text{ 且 } f(x) = t\}.$$

因为 $|\mathrm{d}f| = 1$, f 没有临界点, 故 M_t 是 M 的光滑超曲面. 用 $\{\varphi_s\}$ 表示向量场 $\mathscr{V}$ 所确定的流, 即 φ_s 满足条件

$$\begin{cases} \left.\dfrac{\mathrm{d}\varphi_s}{\mathrm{d}s}\right|_{s=0} = \mathscr{V}, \\ \varphi_0 = \mathrm{id} : M \to M, \end{cases} \tag{26}$$

并且

$$\varphi_{s+t} = \varphi_s \circ \varphi_t : M \to M. \tag{27}$$

在完备黎曼流形上, 有界切向量场 (即它的长度是有界的) 必定是完备的, 即它所决定的流在整个实数轴 $\boldsymbol{R}$ 上有定义 (参考 [WSY] §3 习题 3). 由于 $|\mathscr{V}| = 1$, 故 φ_s 在整个实数轴上有定义, 于是 $\{\varphi_s : s \in \boldsymbol{R}\}$ 是作用在 M 上的单参数变换群. 对于固定的点 $x \in M$, 由于

$$\frac{\mathrm{d}}{\mathrm{d}s}(f(\varphi_s(x))) = \left\langle \mathrm{grad}\, f, \frac{\mathrm{d}\varphi_s}{\mathrm{d}s} \right\rangle_x$$
$$|\mathrm{grad}\, f|^2 = 1,$$

故 $f(\varphi_s(x)) = s + f(x)$. 由此可见, φ_s 把水平集 M_t 映到水平集 M_{s+t}, 换言之 $\varphi_s|_{M_t}$ 是从 M_t 到 M_{s+t} 的可微同胚.

命单参数变换群 $\{\varphi_s\}$ 的通过点 x 的轨线是

$$\gamma_x(s) = \varphi_s(x),$$

因为 $\mathscr{V}$ 是平行切向量场, 故 γ_x 是通过 x 且与 $\mathscr{V}$ 相切的测地线. 水平超曲面 M_t 恰好是这族测地线的正交轨面, 而且是 M 中的全测地超曲面, 实际上, M_t 的第二基本形式是

$$\mathrm{II}\,(X, Y) = \langle \mathrm{D}_X \mathscr{V}, Y \rangle \equiv 0, \quad \forall X, Y \in T_x(M_t), \quad x \in M_t$$

(参看 [WSY], §4, §13). 由此可知 M_t 必是完备的, 并且 $\mathrm{Ric}(M_t) \geqslant 0$ (留作习题).

我们要证明: 对于任意固定的 $s, t \in \mathbf{R}$, $\varphi_s : M_t \to M_{s+t}$ 是等距对应. 为此, 设 $x \in M_t$, $X_0 \in T_x M_t$. 在 M_t 中任取一条曲线 $\sigma(a), |a| < \varepsilon$, 使得 $\sigma(0) = x, \sigma'(0) = X_0$. 命

$$F(a, b) = \varphi_b(\sigma(a)) = \gamma_{\sigma(a)}(b), \quad \forall (a, b) \in (-\varepsilon, \varepsilon) \times [0, s],$$

则 F 是测地线 $\gamma_x(b)(0 \leqslant b \leqslant s)$ 的一个变分. 显然

$$F_*\left(\frac{\partial}{\partial b}\right) = \mathscr{V}.$$

命

$$\widetilde{X} = F_*\left(\frac{\partial}{\partial a}\right),$$

则 $X = \widetilde{X}|_{a=0}$ 是 F 的沿测地线 γ_x 的变分向量场, 并且

$$X|_{b=0} = X_0, \quad X|_{b=s} = (\varphi_s)_*(X_0).$$

由于 $\mathscr{V}$ 的平行性及 $\left[\dfrac{\partial}{\partial a}, \dfrac{\partial}{\partial b}\right] = 0$, 故

$$\mathrm{D}_{\mathscr{V}} \widetilde{X} = \mathrm{D}_{\widetilde{X}} \mathscr{V} + F_*\left(\left[\frac{\partial}{\partial b}, \frac{\partial}{\partial a}\right]\right) = 0.$$

由此可见向量场 X 沿轨线 γ_x 是平行的, 特别是

$$|(\varphi_s)_*(X_0)| = |X_0|, \quad \forall X_0 \in T_x(M_t),$$

因此 $\varphi_s : M_t \to M_{s+t}$ 是等距映射.

现在定义映射 $\varphi : M_0 \times \mathbf{R} \to M$, 使得对于任意的 $m \in M_0, s \in \mathbf{R}$ 有

$$\varphi(m, s) = \varphi_s(m),$$

则 φ 是可微同胚, 并且是等距变换 (请读者自己验证). 证毕.

定理 1 的证明　设 $\widetilde{M}$ 是紧致黎曼流形 M 的通用覆盖流形, $\widetilde{M}$ 对于从 M 诱导的黎曼度量成为单连通完备黎曼流形, 并且覆盖映射 $\pi : \widetilde{M} \to M$ 是局部等距. 这样, 我们仍然有 $\mathrm{Ric}(\widetilde{M}) \geqslant 0$. 根据 de Rham 分解定理, $\widetilde{M}$ 等距于积流形 $M' \times \mathbf{R}^k$, $k \geqslant 0$, 其中 $\mathbf{R}^k$ 是 $\widetilde{M}$ 的欧氏因子, 并且在每一点 $x \in \widetilde{M}$ 有

$$k = \dim\{v \in \widetilde{M}_x : h(v) = v, \ \forall h \in H(x)\}.$$

这里 $H(x)$ 是 $\widetilde{M}$ 在 x 的和乐群. 上式右端的空间恰是 $\widetilde{M}_x$ 内 $H(x)$ 的作用是平凡的子空间, 它与 $M' \times \mathbf{R}^k$ 中的因子 $\mathbf{R}^k$ 是相切的. 由此可见, $\widetilde{M}$ 的欧氏因子是唯一的. 下面我们要证明 M' 是紧致的. 若不然, 则我们能在 M' 中构造出一条直线 (见下面的论述), 从而由假定 $\mathrm{Ric}(M') \geqslant 0$ 及定理 2 得到 M' 必等距于 $M'' \times \mathbf{R}$, 于是 $\widetilde{M}$ 会等距于 $M'' \times \mathbf{R}^{k+1}$, 这与 $\widetilde{M}$ 的欧氏因子为 $\mathbf{R}^k$ 相矛盾. 因此 M' 必定是紧致的.

　　现在要解决的问题就是在 M' 非紧致的假设下, 如何在 M' 中构造出一条直线. 因为 M 是紧致的, 故在 $\widetilde{M}$ 中存在紧致子集 C, 使得 $\pi(C) = M$ (事实上, 若把 M 的直径记作 d, 则 $\widetilde{M}$ 中半径为 d 的测地闭球必在映射 π 下盖住了 M). 因为 $\widetilde{M}$ 等距于 $M' \times \mathbf{R}^k$, 不妨假定 $C = C' \times K$, 其中 C' 是 M' 的紧致子集, K 是 $\mathbf{R}^k$ 的紧致子集. 若 M' 是非紧的, 则从任意一点 $x \in M'$ 出发至少可以引一条射线 $\gamma : [0, +\infty) \to M', \gamma(0) = x$. 对于通用覆盖流形 $\pi : \widetilde{M} \to M$ 而言, M 的基本群 $\pi_1(M)$ 同构于覆盖变换群, 故每一个元素 $g \in \pi_1(M)$ 给出了 $\widetilde{M}$ 到自身的一个等距变换. 此外, $\pi_1(M)$ 在纤维 $\pi^{-1}(x)(x \in M)$ 上的作用是可迁的. 因此, 对于任意给定的正整数 m, 必能找到元素 $g_m \in \pi_1(M)$, 使得 $g_m(\gamma(m)) \in C$. 因为 g_m 是等距, 从欧氏因子的唯一性不难得到 $g_m(\{x'\} \times \mathbf{R}^k) = \{y'\} \times \mathbf{R}^k$, 其中 $x', y' \in M'$, 因而 $g_m(M' \times \{s\}) = M' \times \{t\}$, 其中 $s, t \in \mathbf{R}^k$. 所以每一个元素 g_m 可以写成

$$g_m = (\alpha_m, \beta_m),$$

其中 α_m 是 M' 上的等距变换, β_m 是 $\mathbf{R}^k$ 中的等距变换. 由此得到 $\alpha_m(\gamma(m)) \in C' \subset M'$. 因为 C' 是紧致集, 故在 $\{m\}$ 中存在单调递增子序列 $\{m_i\}$, 使得 $\{\alpha_{m_i}(\gamma(m_i))\}$ 在 C' 内收敛于一点 $y \in C'$, 且 $\{\mathrm{d}\alpha_{m_i}(\dot{\gamma}(m_i))\}$ 收敛于 $v \in T_y M'$, 其中 $|v| = 1$. 设 σ 是 M' 中过点 y 并与 v 相切的正规测地线 (见图 8). 我们断言: σ 是 M' 中一条直线. 为此只要证明: 对于任意的 $i, \sigma|_{[-m_i, m_i]}$ 是最短线. 事实上, 只要考虑测地线 $\sigma_i : [-m_i, +\infty) \to M'$, 使得 $\sigma_i(0) = \alpha_{m_i}(\gamma(m_i))$, $\dot{\sigma}_i(0) = \mathrm{d}\alpha_{m_i}(\dot{\gamma}(m_i))$. 由于 α_{m_i} 是 M' 中的等距变换, 所以

$$\sigma_i = \alpha_{m_i} \circ \gamma.$$

由于 γ 是射线, 故 σ_i 也是射线, 因而 $\sigma_i|_{[-m_i, m_i]}$ 是最短测地线, 即 $L(\sigma_i|_{[-m_i, m_i]})$

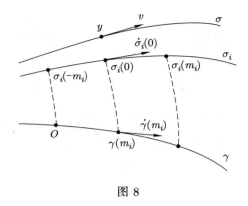

图 8

$= 2m_i$. 固定 i, 当 $j \to +\infty$ 时, $\sigma_j|_{[-m_i, m_i]}$ 显然一致地收敛于 $\sigma|_{[-m_i, m_i]}$, 故

$$L(\sigma|_{[-m_i, m_i]}) = 2m_i.$$

因此 σ 是 M' 中的一条直线. 定理 1 证毕.

一般说来, 射线 γ 的 Busemann 函数 f_γ 只是连续的, 所以在直接把 f_γ 用于分析问题时会遇到技术上的麻烦, 要克服这种困难需要把函数 f_γ 光滑化, 并且具有与 f_γ 相同的凸性或次调和性. 这方面的基本文献是 [GEW2]. 我们所需要的主要事实如下:

光滑化引理 设 M 是任意的黎曼流形, f 是 M 上的 (i) 强凸函数; (ii) 次调和函数; (iii) 强次调和函数, 则对于任意给定的正值光滑函数 $\eta : M \to (0, +\infty)$, 都能找到光滑函数 $\widetilde{f} : M \to \mathbf{R}$, 使得 $|\widetilde{f}(x) - f(x)| < \eta(x), \forall x \in M$, 并且 $\widetilde{f}$ 仍是 (i) 强凸函数; (ii) 次调和函数; (iii) 强次调和函数. 我们称 $\widetilde{f}$ 是 f 的光滑逼近.

现在尚未弄清楚的是 M 上的凸函数能否用光滑凸函数去逼近.

下面我们继续考虑 Busemann 函数的应用, 粗略地讨论定理 3 和定理 4. 设 f 是 M 上的连续函数. 若对任意实数 a, 集合

$$\{x : x \in M, f(x) \leqslant a\}$$

都是 M 的紧致子集, 则称 f 是 M 上的**穷竭函数**. 如果 M 上有一个穷竭函数, 则 M 就可以用紧致子集来逼近. 所以对于非紧完备黎曼流形来说, 穷竭函数的存在性是十分要紧的. Cheeger-Gromoll 在 [CG2] 中有一个具有基本重要性的观察: 假定 M 是有非负截面曲率的非紧完备黎曼流形, $O \in M$. 命

$$\tau = \sup_\gamma f_\gamma, \tag{28}$$

其中 γ 遍历所有 M 上从 O 点出发的射线. 则 τ 是 M 上连续的穷竭函数.

首先, 我们注意到对于任意固定的 $x \in M$ 有

$$|f_\gamma(x)| \leqslant d(O, x),$$

故 $\sup\limits_\gamma f_\gamma(x)$ 是存在的, 即函数 τ 的定义是合理的. 取定 $c \in \boldsymbol{R}$, 考虑子集 $D_\gamma = \{x : x \in M, f_\gamma(x) < c\}$. 显然, 它的边界是 $\partial D_\gamma = \{x : x \in M, f_\gamma(x) = c\} = M_c$ (函数 f_γ 的水平集). 当 $c' < c$ 时, 不难证明

$$d(M_c, M_{c'}) = c - c'$$

(习题). 因此, 当 $x \in D_\gamma$ 时, $c' \equiv f_\gamma(x) < c$, 故有

$$d(x, \partial D_\gamma) = d(x, M_c) = c - c',$$
$$f_\gamma(x) = c - d(x, \partial D_\gamma),$$

即

$$f_\gamma|_{D_\gamma} = c - d(\cdot, \partial D_\gamma).$$

命 $D = \{x : x \in M, \tau(x) < c\}$, 则 $D \subset \bigcap\limits_\gamma D_\gamma$, 所以

$$\begin{aligned} \tau|_D = \sup_\gamma f_\gamma|_D &= \sup_\gamma(c - d(\cdot, \partial D_\gamma)) \\ &= c - \inf_\gamma d(\cdot, \partial D_\gamma) = c - d(\cdot, \partial D). \end{aligned} \tag{29}$$

因此, 函数 τ 在 D 内是连续的. 由于 c 的随意性, 故 τ 是 M 上的连续函数. 下面要证明 τ 是穷竭函数. 因 $K \geqslant 0$, 由 (C) 知 f_γ 是凸的. 所以 $\tau = \sup\limits_\gamma f_\gamma$ 也是凸函数 (习题). 这样, 对于任意的 $c > 0, \overline{D} = \{x : x \in M, \tau(x) \leqslant c\}$ 是**全凸集**, 即对于任意两点 $x, y \in \overline{D}$, 连接 x, y 的任意一条正规测地线段必整个地落在 $\overline{D}$ 上. 实际上, 如果 $\zeta : [0, l] \to M$ 是连接 x, y 的正规测地线段, $\zeta(0) = x, \zeta(l) = y$, 并且存在一点 $t_0 \in (0, l)$, 使得 $\zeta(t_0) \notin \overline{D}$, 则有 $\tau(\zeta(t_0)) > c$. 因此函数 $\tau \circ \zeta : [0, l] \to \boldsymbol{R}$ 在区间 $[0, l]$ 的内部达到最大值 $> c$, 与 $\tau \circ \zeta$ 是凸函数相矛盾. 这就证明了 $\overline{D}$ 的全凸性. 如果假定有某个 $c > 0$, 使得 $\overline{D}$ 不是紧致集, 则有点列 $\{p_i\} \subset \overline{D}$ 使得 $d(O, p_i) \to +\infty$ (当 $i \to +\infty$ 时). 设 γ_i 是连接 O 和 p_i 的最短正规测地线, $\gamma_i(0) = 0$. 由于 $\overline{D}$ 的全凸性, 我们有 $\gamma_i \subset \overline{D}$. 在必要时可以过渡到 $\{p_i\}$ 的一个子

序列, 总可以假定 $\dot{\gamma}_i(0)$ 收敛于在 O 点的单位切向量 $v \in M_0$. 设 $\sigma : [0, +\infty) \to M$ 是从 O 点出发、与 v 相切的正规测地线, 则 σ 必是一条射线. 因为 $\overline{D}$ 是 M 的闭子集, 而对于 σ 上的每一点 $\sigma(s)$ 都有充分大的正数 A, 使得 $\sigma(s)$ 是点列 $\{\gamma_i(s)\}_{i \geqslant A}$ 的极限, 所以 $\sigma(s) \in \overline{D}$, 即 $\sigma \subset \overline{D}$. 然而 $\tau(\sigma(s)) \geqslant f_\sigma(\sigma(s)) = s$, 即 τ 在 σ 上是无界的, 这与 $\overline{D}$ 的定义相矛盾. 所以 $\overline{D}$ 必须是紧致的, 即 τ 是穷竭函数.

上面所构造的函数 τ 的穷竭性依赖于 Busemann 函数的凸性, 因而依赖于曲率条件 $K \geqslant 0$. 如果对于 K 的符号不加限制, 则不能保证 $\tau = \sup_\gamma f_\gamma$ 是穷竭函数. 尚无答案的一个问题是: 能否减弱 $K \geqslant 0$ 的条件而仍旧保持 τ 是穷竭函数?

若 $K > 0$, 则由 (D) 可知 f_γ 是本质上强凸函数, 故 e^{f_γ} 是强凸函数. 这样, 对于任意一点 $x \in M$, 存在 x 的一个邻域 U_x 及正数 α, 使得当 $y \in U_x$ 时有 $C(\mathrm{e}^{f_\gamma})(y) \geqslant \alpha > 0$, 故 $C(\mathrm{e}^\tau)(y) \geqslant \alpha > 0$, 所以 e^τ 是强凸函数. 根据光滑化引理, 存在光滑强凸函数 $\mu : M \to \mathbf{R}$, 使得 $|\mu - \mathrm{e}^\tau| < 1$. 由于 τ 是穷竭函数, e^τ 也是穷竭函数. 由于 $\mathrm{e}^\tau < \mu + 1$, 故 μ 仍是穷竭函数. 从 μ 的强凸性及 Morse 引理可知, μ 的临界点都是非退化的, 因而是孤立的, 而且只能是极小值点. 再利用 μ 的穷竭性立即可知, μ 只有唯一的一个最小值点作为它的临界点. 现在不难利用 $\mathrm{grad}\,\mu$ 的积分曲线构造 M 与 $\mathbf{R}^n$ 的可微同胚, 这就是在 [GEW1] 中所给出的定理 3 的证明. 事实上我们证明了一个更一般的定理 (参看 [GEW1]): 若 M 是非紧完备黎曼流形, 并且它有一个连续的强凸穷竭函数, 则 M 与 $\mathbf{R}^n$ 可微同胚, 其中 $n = \dim M$.

因为连续的强凸穷竭函数具有唯一的一个极小值点, 我们可以把 Cartan 关于有非正曲率的黎曼流形的不动点定理推广如下: 若非紧完备黎曼流形 M 有一个连续的强凸穷竭函数, 则 M 上每一个紧致的等距变换群必有一个不动点. 实际上, 若 μ 是 M 上的连续强凸穷竭函数, G 是作用在 M 上的紧致等距变换群, $\mathrm{d}g$ 是 G 上的双不变测度. 命

$$\mu_0 = \int_G (g^*\mu)\mathrm{d}g.$$

则 μ_0 仍是连续的强凸穷竭函数, 而且 $g^*\mu_0 = \mu_0, \forall g \in G$. 因为 μ_0 有唯一的最小值点 x_0, 故 $g(x_0) = x_0, \forall g \in G$.

当 $K \leqslant 0$ 时, 在单连通黎曼流形上到定点 O 的距离函数 ρ 的平方是一个光滑的强凸穷竭函数, 所以上面的定理自然包含了 Cartan 的定理作为特例.

注记 1　定理 2 有一个初等的证明, 它不用 Weyl 引理、Green 函数等分析工具, 可参看 [EH]. 但是基本的想法是一样的.

注记 2　在维数为 3 时, 定理 3 有一个出色的推广, 它是 R. Schoen 和丘成桐作出的 (参看 [SY]). 他们的定理说: 有正 Ricci 曲率的 3 维非紧完备流形可微同胚于 R^3. 粗略地说, 他们的推广的成功基于下面的考虑: 定理 3 的证明依赖于正截面曲率流形中测地线的性状, 在考虑 Ricci 曲率时就失掉了对这些性状在细节上的了解. 但是在3维情形, Ricci 曲率的正定性控制了流形中极小曲面的性状. Schoen 和丘成桐就设法用关于极小曲面的讨论来代替原来关于测地线的讨论, 以达到他们的目标, 这里需要很多分析中的技巧.

注记 3　定理 3 还有沿另一个方向的推广. 若用 $K \geqslant 0$ 代替 $K > 0$, 则穷竭函数 $\tau = \sup_\gamma f_\gamma$ 只是凸函数, 而不是本质上强凸的函数. 一般说来, τ 的极小值点的集合 Σ 不再是由一个点组成的, 但仍是一个全凸集. Cheeger 和 Gromoll 在 [CG2] 中证明了: 一个全凸子集总是一个具有 C^0 边界的 C^∞ 子流形. 如果 $\partial\Sigma \neq \varnothing$, 则命 $\delta : \Sigma \to R$, 使得 $\delta(x) = d(x, \partial\Sigma), \forall x \in \Sigma$. 考虑凸函数 $-\delta$ 的极小值点集 Σ_1, 则 $\dim \Sigma_1 \leqslant \dim \Sigma - 1$. 若 $\partial\Sigma_1 \neq \varnothing$, 则重复上面的过程. 在有限步之后 (显然不会超过 n 步, 其中 $n = \dim M$), 我们会得到一个无边的全凸子集 S. 这样, S 必是 M 的一个紧致的全测地子流形, 称为 M **的核心** (soul). 显然, R^n 的核心是一点, R^3 中圆柱面的核心是一个圆周, 旋转抛物面的核心是它的顶点. 一般地, 非紧完备的正截面曲率流形的核心是由一点组成的. 对于 $K \geqslant 0$ 的非紧完备黎曼流形来说, 它的核心的重要性在于: 该流形可微同胚于其核心的法丛. 特别是, 该流形与它的核心有相同的伦型. 因此, 这在很大程度上把截面曲率非负的非紧完备流形的研究归结为对于截面曲率非负的紧致流形的研究, 细节可看 [CG2].

参考文献

[B]　A. Beauville, Variétés Kählériennes dont la première classe de Chern est null, *J. Diff. Geom.*, **18** (1983), 755—782.

[CE]　J. Cheeger and D. Ebin, Comparison Theorems in Riemannian Geometry, North-Holland, Armsterdam, 1975.

[CG1] J. Cheeger and D. Gromoll, The splitting theorem for manifolds of nonnegative Ricci curvature, *J. Diff. Geom.* **6** (1971), 199—128.

[CG2] ——, On the structure of complete manifolds of nonnegative curvature, *Ann. of Math.*, **96** (1972), 413—443.

[EB] P. Eberlein, Structure of manifolds of nonpositive curvature, Global Diff. Geom. and Global Analysis 1984, D. Ferus et. al. (eds.), Lecture Notes in Math. 1156, Springer-Verlag, 1985, 86—153.

[EBN] P. Eberlein and B. O'Neill, Visibility manifolds, *Pacific J. Math.*, **46** (1973), 45—109.

[EH] J. H. Eschenburg and E. Heintze, An elementary proof of the Cheeger-Gromoll splitting theorem, *Ann. Global Analysis and Geom.*, **2** (1984), 141–151.

[F] W. Feller, Über die Lösungen der linearen partiallen Differentialgleichungen zweiter Ordnung vom elliptischen typus, *Math. Ann.*, **102** (1930), 633—649.

[GEW1] R. E. Greene and H. Wu, C^∞ convex functions and manifolds of positive curvature, *Acta Math.*, **137** (1976), 209—245.

[GEW2] ——, C^∞ approximation of convex, subharmonic and plurisubharmonic functions, *Ann. Sci. Ec Norm. Sup.*, **12** (1979), 47—84.

[GH] P. A. Griffiths and J. Harris, Principles of Algebraic Geometry, Wiley Interscience, 1978.

[GM] D. Gromoll and W. Meyer, On complete open manifolds of positive curvature, *Ann. of Math.*, **90** (1969), 75—90.

[GY] L. Z. Gao and S. T. Yau, The existence of negatively curved metrics on three manifolds, *Invent. Math.*, **85** (1986), 637—652.

[HSW] A. Howard, B. Smyth and H. Wu, On compact Kähler manifolds of nonnegative bisectional curvature I, *Acta Math.*, **147** (1981), 51—56.

[K] M. Kreck, Exotische Strukturen auf 4-Mannifaltigkeiten, *Jber. d. Deut. Math. Verein.*, **88** (1986), 124—145. (= 数学译林, 8 (1987), 1—15.)

[P] W. Poor, Some results on nonnegatively curved manifolds, *J. Diff. Geom.*, **9** (1974), 583—600.

[SY] R. Schoen and S. T. Yau, Complete three dimensional manifolds with positive Ricci curvature and scalar curvature, Seminar on Diff. Geom., S. T. Yau (ed.), Ann. of Math. Studies 102, Princeton Univ. Press, 1982, 159—183.

[W1] H. Wu, An elementary method in the study of nonnegative curvature, *Acta Math.*, **142** (1979), 57—78.

[W2] ——, On compact Kähler manifolds of nonnegative bisectional curvature II, *Acta Math.*, **147** (1981), 57—70.

[WSY] 伍鸿熙, 沈纯理, 虞言林, 黎曼几何初步, 北京大学出版社, 1989; 高等教育出版社, 2014.

第四章　Gauss-Bonnet 定理

　　本章的目的在于解释陈省身关于 Gauss-Bonnet 定理的内在证明的想法, 并且在叙述过程中自然地引进黎曼流形上的标架丛和球丛的概念.

　　至今, 写进教科书的关于 Gauss-Bonnet 定理的证明都置于拓扑学的严重影响之下, 方法是通过示性类的函子性质把问题归结为 2 维的情形, 然后再直接进行验证 (参看 [KN II] 第十二章 §5 及 Note 20, 或者 [SP] 第十三章). 这种证法不需要很多巧妙的计算, 但是需要许多加工过的概念. 要真正弄懂证明的背景仍然需要研究陈省身的原来的论文 ([CH1] 和 [CH2]). 陈省身关于 Gauss-Bonnet 定理的证明是十分漂亮的, 有非常深刻而丰富的内涵. 在他的证明中首先是一系列娴熟而困难的计算, 最后得到整齐的结果, 令人惊叹不已. 更重要的是在他的证明中蕴含着许多闪烁发光的思想, 这些思想后来导致超渡等概念的出现, 引起了陈省身示性类的发现和研究. 像 [CH1] 和 [CH2] 这样把光辉的思想与高度的技巧美妙地结合起来的文章是不多见的. 现在整体微分几何的研究受到陈省身的这个工作的巨大的影响. 还要指出的一点是, 现在 Gauss-Bonnet 定理还有第三种证明方法, 这个方法与 Atiyah-Singer 指标定理有密切的关系 (见 [PA] 和 [ABP]).

　　下面我们简单地介绍一下 Gauss-Bonnet定理的历史. 就我们所知, 最早是 H. Hopf 在 1925 年把经典的 Gauss-Bonnet 公式推广到 R^n 中的超曲面情形. 很自然, 在这种情形所考虑的是超曲面的 Gauss-Kronecker 曲率 (即超曲面在一点的各个主曲率的乘积) 的积分. 在 1939 年和 1940 年, C. B. Allendoerfer 和 W. Fenchel ([A] 及 [FE]) 各自独立地证明了 Gauss-Bonnet 定理对于 R^n 中任意余维的子流形成立 (这时用了 Lipschitz-Killing 曲率, 即关于每一个单位法向量的 Gauss-Kronecker 曲率在法空间中单位球面上的平均值; 在偶维子流形的情形, 这是仅与子流形的黎曼度量有关而与子流形在 R^n 中的保长变形无关的不变量). 如果我们承认 Nash 嵌入定理的正确性, 则 Allendoerfer 和 Fenchel 的定理已经表明 Gauss-Bonnet 定理在一般的紧致、有向黎曼流形上是成立的, 当然, Nash 的定理直到 1956 年才有证明 (见 [SC] 第 53 页定理 2.4. 这个定理说, 任意的黎曼流形必等距于高维欧氏空间内的一个子流形). 同时也要认识到, 用这个办法证明 Gauss-Bonnet 定理的路子显然是不对的, 既然定理本身只牵涉黎曼流形 M 的内蕴不变量, 为什么要将 M 嵌入欧氏空间才能证明呢? 现在回到历史的叙述. 在 1943 年, Allendoerfer 和 Weil ([ALW]) 终于证明了 Gauss-Bonnet 定理对于一般的抽象紧黎曼流形成立. 他们的证明方法是利用 Whitney 的一个有名的逼近定理, 将问题简化为解析的黎曼流形, 然后用 Cartan-Janet 局部嵌入定理 (见 [SP], 第 10 章), 把黎曼流形中各个小块邻域局部地等距嵌入到欧氏空间, 套用 [A] 和 [FE] 已经证明的结果, 拼起来后就得到整体的结果. 我们刚才已经指出, 这种证明是令人非常不满意的, 像 Weil 这样的一流数学家, 当然对其中的弊处知道得很清楚. 在 1943 年 8 月, 陈省身从昆明抵达 Princeton. 之后不出一个月, 他就和 Weil 交上朋友, Weil 立刻告诉陈先生说 [ALW] 这个结果一定有一个简单的内蕴的证明. 不到两个星期, 陈先生就将这个问题做了出来, 这就是 [CH1] (据他自己说, [CH2] 和 [CH3] 内所有的结果在 1943 年年底之前已完全做了出来. [CH3] 就是第一次引进陈氏示性类的文章). 他在那段时间对 [CH1] 里面的这种计算非常熟练, 其中许多复杂的恒等式他根本不用写下来, 只靠心算就行了. 任何人只要略微看一下 [CH1], 就一定会对这种计算能力大吃一惊的.

从上面简单的历史叙述中可知, 高维的 Gauss-Bonnet 公式在任意的光滑黎曼流形上成立, 虽然首先是由 Allendoerfer-Weil 做出来的, 但是对这个定理的深入了解, 则是依靠陈省身的内蕴证明的. 当然, 仅仅是正确地把高维情形的 Gauss-Bonnet 公式写出来本身已是很了不起的成就. 所以为了避免对于前面所提到的有贡献者的任何一位的不公正态度, 我们就简单地把这个结果冠以 Gauss-Bonnet 定理的名字. 还要指出的一点是, 陈省身在 [CH2] 中给出的证明实际上比 [CH1] 中原来的证明要更好一些. 此外, Flanders 重新叙述的陈省身的内在证

明 ([FL]) 兼有简明而优美的特点, 是值得细读的 ([FL] 所引进的联络的定义, 现在几乎已被所有的人采用).

我们从对偶地叙述联络的概念着手. 通常, 联络是用向量场的协变微商 $D_X Y$ 来表达的, 设 M 是一个黎曼流形, $\{X_1, \cdots, X_n\}$ 是 M 上的一个局部正交标架场, $\{\theta^i\}$ 是它的对偶余标架场. 联络是由系数 Γ^i_{jk} 确定的, 即

$$D_{X_i} X_j = \sum_k \Gamma^k_{ij} X_k. \tag{1}$$

所谓 Levi-Civita 联络就是要求相应的平行移动保持度量, 并且挠率为零. 这两个性质用联络系数表达就是:

(a) $\Gamma^k_{ij} = -\Gamma^j_{ik}, \forall i, j, k$. 这是平行移动保持度量性质不变的要求所满足的条件. 实际上, 在任意一点 $x \in M$, 设 γ 是从 x 出发的任意一条光滑曲线, Y 是沿曲线 γ 平行的切向量场, 即 $D_{\gamma'} Y \equiv 0$. 假定 $\gamma'(t) = (\gamma'(t))^i X_i$, $Y|_\gamma = Y^i X_i$, 则

$$0 = D_{\gamma'} Y = (\gamma'(t))^i D_{X_i} Y = \left(\frac{dY^k}{dt} + (\gamma'(t))^i \Gamma^k_{ij} Y^j \right) X_k,$$

$$\frac{dY^k}{dt} = -(\gamma'(t))^i \Gamma^k_{ij} Y^j,$$

$$\frac{d|Y|^2}{dt} = 2 \sum_{k=1}^n \frac{dY^k}{dt} \cdot Y^k = -2 \sum_{i,j,k=1}^n (\gamma'(t))^i \Gamma^k_{ij} Y^j Y^k$$

$$= - \sum_{i,j,k=1}^n (\gamma'(t))^i (\Gamma^k_{ij} + \Gamma^j_{ik}) Y^j Y^k.$$

若要求沿曲线 γ 平行的切向量场 Y 的长度不变, 即要求 $\frac{d|Y|^2}{dt} = 0$, 特别地在点 x 考虑, 由于切向量 $Y \in T_x M$ 的任意性, 以及曲线 γ 的任意性, 即 $(\gamma'(0))^i$ 的任意性, 则在任意一点 $x \in M$ 有 $\Gamma^k_{ij}(x) + \Gamma^j_{ik}(x) = 0$. 反之亦然.

(b) 设 $[X_i, X_j] = C^k_{ij} X_k$, 则 $\Gamma^k_{ij} - \Gamma^k_{ji} - C^k_{ij} = 0, \forall i, j, k$. 这是 Levi-Civita 联络 D 的无挠性. 实际上, 联络的挠率张量是

$$T(X, Y) = D_X Y - D_Y X - [X, Y], \quad T(X_i, X_j) = \left(\Gamma^k_{ij} - \Gamma^k_{ji} - C^k_{ij} \right) X_k,$$

所以, 联络 D 无挠的充分必要条件是 $T \equiv 0$, 即 $\Gamma^k_{ij} - \Gamma^k_{ji} - C^k_{ij} = 0$.

引进一组一次微分式 $\{\omega^i_j\}$, 使得

$$\omega^k_j(X_i) = \Gamma^k_{ij}, \quad \forall i, j, k. \tag{2}$$

这样, (1) 式可以记成

$$DX_j = \sum_k X_k \omega_j^k. \tag{3}$$

(严格地说, 右边应理解为 $\sum_k X_k \otimes \omega_j^k$). 性质 (a) 和 (b) 分别成为:

(a') $\omega_j^i = -\omega_i^j$;

(b') $d\theta^i = -\sum_l \omega_l^i \wedge \theta^l$.

(a) 和 (a') 的等价性是明显的. 至于 (b) 和 (b') 的等价性, 要用到公式

$$d\theta(X, Y) = X(\theta(Y)) - Y(\theta(X)) - \theta([X, Y]), \tag{4}$$

其中 θ 是任意的一次微分式, X, Y 是任意的切向量场. 由公式 (4), 将 (b') 式的左边用于 X_j, X_k 得到

$$d\theta^i(X_j, X_k) = X_j(\theta^i(X_k)) - X_k(\theta^i(X_j)) - \theta^i([X_j, X_k])$$
$$= X_j(\delta_k^i) - X_k(\delta_j^i) - \theta^i(C_{jk}^l X_l) = -C_{jk}^i.$$

将 (b') 式的右边用于 X_j, X_k 得到

$$-\sum_{l=1}^n \omega_l^i \wedge \theta^l(X_j, X_k) = -\sum_{l=1}^n (\omega_l^i(X_j)\theta^l(X_k) - \omega_l^i(X_k)\theta^l(X_j))$$
$$= -\omega_k^i(X_j) + \omega_j^i(X_k) = -\Gamma_{jk}^i + \Gamma_{kj}^i.$$

由此可见, (b) 和 (b') 是等价的. 下面采用矩阵记法比较方便. 设 $\boldsymbol{\omega}$ 是一次微分式 ω_j^i 构成的矩阵 $[\omega_j^i]$, $\boldsymbol{\theta}$ 表示一次微分式 θ^i 构成的列矩阵, $\boldsymbol{X}$ 表示向量场 X_i 构成的行矩阵, 也就是

$$\boldsymbol{\theta} = [\theta^1, \cdots, \theta^n]^t,$$
$$\boldsymbol{X} = [X_1, \cdots, X_n],$$
$$\boldsymbol{\omega} = \begin{bmatrix} \omega_1^1 & \cdots & \omega_n^1 \\ \cdots\cdots\cdots\cdots \\ \omega_1^n & \cdots & \omega_n^n \end{bmatrix},$$

则 (3) 式成为

$$D\boldsymbol{X} = \boldsymbol{X}\boldsymbol{\omega}. \tag{5}$$

性质 (a′) 和 (b′) 表明, $\boldsymbol{\omega}$ 是 Levi-Civita联络的充要条件是 $\boldsymbol{\omega}$ 为取值在反对称实矩阵构成的李代数中的一次微分式, 并且满足方程

$$\mathrm{d}\boldsymbol{\theta} = -\boldsymbol{\omega} \wedge \boldsymbol{\theta}. \tag{6}$$

命

$$\boldsymbol{\Omega} = \mathrm{d}\boldsymbol{\omega} + \boldsymbol{\omega} \wedge \boldsymbol{\omega}, \tag{7}$$

则 $\boldsymbol{\Omega} = [\Omega_i^j]$ 是由二次外微分式 Ω_j^i 构成的矩阵, 其中

$$\Omega_j^i = \mathrm{d}\omega_j^i + \sum_l \omega_l^i \wedge \omega_j^l. \tag{8}$$

很明显, $\Omega_j^i = -\Omega_i^j$, 所以矩阵 $\boldsymbol{\Omega}$ 是在反对称实矩阵的李代数中取值的二次外微分式. 从 (8) 式得到

$$\Omega_j^i(X_k, X_l)$$
$$= \mathrm{d}\omega_j^i(X_k, X_l) + \sum_h \{\omega_h^i(X_k)\omega_j^k(X_l) - \omega_h^i(X_l)\omega_j^h(X_k)\}.$$

利用 (4) 式我们有

$$\Omega_j^i(X_k, X_l)$$
$$= X_k(\Gamma_{lj}^i) - X_l(\Gamma_{kj}^i) + \sum_h (\Gamma_{kh}^i \Gamma_{lj}^h - \Gamma_{lh}^i \Gamma_{kj}^h)$$
$$- \omega_j^i([X_k, X_l]),$$

即

$$\sum_i \Omega_j^i(X_k, X_l)X_i$$
$$= \mathrm{D}_{X_k}\mathrm{D}_{X_l}X_j - \mathrm{D}_{X_l}\mathrm{D}_{x_K}X_j - \mathrm{D}_{[X_k, X_l]}X_j. \tag{9}$$

把右端记作 $-R_{X_k X_l}X_j$, 则 (9) 式成为

$$\sum_i \Omega_j^i(X_k, X_l)X_i = -R_{X_k X_l}X_j. \tag{10}$$

我们称 $R_{X_k X_l}$ 为**曲率算子**, 它是从切空间到自身的线性变换. (10) 式表明, 这个线性变换的矩阵是 $[-\Omega_j^i(X_k, X_l)]$. 因此, 我们把 $\boldsymbol{\Omega}$ 称为**曲率形式**, 而把 $\boldsymbol{\omega}$ 称为**联络形式**. (6) 和 (7) 两式就是 Cartan 的**结构方程**.

将 (7) 式外微分得到

$$d\boldsymbol{\Omega} = \boldsymbol{\Omega} \wedge \boldsymbol{\omega} - \boldsymbol{\omega} \wedge \boldsymbol{\Omega}, \tag{11}$$

这正是 Bianchi 恒等式, 用分量表示, (11) 式成为

$$d\Omega_j^i = \sum_k (\Omega_k^i \wedge \omega_j^k - \omega_k^i \wedge \Omega_j^k). \tag{12}$$

上面的过程可以概括成

$$\{X_i\} \to \{\theta^i\} \to \{\omega_j^i\} \to \{\Omega_j^i\},$$

其中 $\{\theta^i\}$ 是由 $\{X_i\}$ 唯一确定的, 而根据黎曼几何基本定理 $\{\omega_j^i\}$ 是由 $\{\theta^i\}$ 在条件 (a′), (b′) 下唯一确定的, 因此曲率形式 $\{\Omega_j^i\}$ 是由局部正交标架场 $\{X_i\}$ 决定的. 如果另取一个局部正交标架场 $\{\widetilde{X}_i\}$, 可以假定

$$\widetilde{\boldsymbol{X}} = \boldsymbol{X} \cdot \boldsymbol{A}, \tag{13}$$

或者写成

$$\widetilde{X}_i = \sum_j X_i A_i^j,$$

其中 $\boldsymbol{A} = [A_i^j]$ 是正交矩阵, 即它适合条件

$$\boldsymbol{A} \cdot \boldsymbol{A}^t = \boldsymbol{I}. \tag{14}$$

这时, 在 $\widetilde{\boldsymbol{\omega}}$ 和 $\boldsymbol{\omega}$ 之间的关系是比较复杂的, 但是 $\widetilde{\boldsymbol{\Omega}}$ 和 $\boldsymbol{\Omega}$ 之间的关系却是非常简单的. 实际上从 (13) 式得到

$$\boldsymbol{A} \cdot \widetilde{\boldsymbol{\theta}} = \boldsymbol{\theta}. \tag{15}$$

将 (13) 式微分得到

$$\begin{aligned}
D\widetilde{\boldsymbol{X}} &= D\boldsymbol{X} \cdot \boldsymbol{A} + \boldsymbol{X} \cdot d\boldsymbol{A} \\
&= \widetilde{\boldsymbol{X}}(\boldsymbol{A}^{-1}\boldsymbol{\omega}\boldsymbol{A} + \boldsymbol{A}^{-1}d\boldsymbol{A}).
\end{aligned}$$

所以

$$\widetilde{\boldsymbol{\omega}} = A^{-1}\widetilde{\boldsymbol{\omega}}A + A^{-1}d\boldsymbol{A}. \tag{16}$$

直接计算得到

$$\widetilde{\boldsymbol{\Omega}} = \mathrm{d}\widetilde{\boldsymbol{\omega}} + \widetilde{\boldsymbol{\omega}} \wedge \widetilde{\boldsymbol{\omega}} = \boldsymbol{A}^{-1}\boldsymbol{\Omega}\boldsymbol{A}. \tag{17}$$

其实 (10) 式已经表明 $[\Omega_j^i(X_k, X_l)]$ 是切空间上的一个线性变换的矩阵, 而 (17) 式正好是线性变换的矩阵在基底变换时的变换规律.

设 $\dim M = n = 2p$, 考虑在局部上有定义的 n 次微分式

$$\Omega_0 = \sum_{i_1,\cdots,i_{2p}} \varepsilon(i_1,\cdots,i_{2p}) \Omega_{i_2}^{i_1} \wedge \Omega_{i_4}^{i_3} \wedge \cdots \wedge \Omega_{i_{2p}}^{i_{2p-1}}, \tag{18}$$

其中

$$\varepsilon(i_1,\cdots,i_{2p}) = \begin{cases} 1, & \text{若 } (i_1,\cdots,i_{2p}) \text{ 是 } (1,\cdots,2p) \text{ 的偶排列,} \\ -1, & \text{若 } (i_1,\cdots,i_{2p}) \text{ 是 } (1,\cdots,2p) \text{ 的奇排列,} \\ 0, & \text{若 } (i_1,\cdots,i_{2p}) \text{ 不是 } (1,\cdots,2p) \text{ 的排列.} \end{cases} \tag{19}$$

形式 Ω_0 是在 Gauss-Bonnet 定理的逐步推广的进程中自然地发现的. 从现在起, 假定 M 是有定向的黎曼流形, 并且以后所用的标架场 $\{X_1,\cdots,X_n\}$ (及余标架场 $\{\theta^1,\cdots,\theta^n\}$) 都是与 M 的定向相符的. 我们断言: (18) 式所定义的 Ω_0 实际上是在 M 上大范围定义的 n 次外微分式, 即 Ω_0 实际上与局部正交标架场 $\{X_i\}$ 的选取是无关的. 为看清楚这一点, 我们用新标架场 $\{\widetilde{X}_1,\cdots,\widetilde{X}_n\}$ 代替 $\{X_1,\cdots,X_n\}$, 它们之间的关系如 (13) 式所示, 因此由 (17) 式得到

$$\boldsymbol{\Omega} = \boldsymbol{A} \cdot \widetilde{\boldsymbol{\Omega}} \cdot \boldsymbol{A}^{-1} = \boldsymbol{A} \cdot \widetilde{\boldsymbol{\Omega}} \cdot \boldsymbol{A}^t,$$

即

$$\Omega_j^i = \sum_{k,l} A_k^i \widetilde{\Omega}_l^k A_l^j, \tag{20}$$

其中 $\widetilde{\boldsymbol{\Omega}}$ 是对应于 $\{\widetilde{X}_i\}$ 的曲率形式. 代入 (18) 式得到

$$\sum_{i_1,\cdots,i_{2p}} \varepsilon(i_1,\cdots,i_{2p}) \Omega_{i_2}^{i_1} \wedge \cdots \wedge \Omega_{i_{2p}}^{i_{2p-1}}$$

$$= \sum_{\sigma \in s_n} \mathrm{sign}\,\sigma \cdot \Omega_{\sigma(2)}^{\sigma(1)} \wedge \cdots \wedge \Omega_{\sigma(2p)}^{\sigma(2p-1)}$$

$$= \sum_{\sigma} \sum_{s_1,\cdots,s_{2p}} (\mathrm{sign}\,\sigma \cdot A_{s_1}^{\sigma(1)} \cdots A_{s_{2p}}^{\sigma(2p)}) \widetilde{\Omega}_{s_2}^{s_1} \wedge \cdots \wedge \widetilde{\Omega}_{s_{2p}}^{s_{2p-1}}$$

$$= \sum_{s_1,\cdots,s_{2p}} \varepsilon(s_1,\cdots,s_{2p}) \cdot \det \boldsymbol{A} \cdot \widetilde{\Omega}_{s_2}^{s_1} \wedge \cdots \wedge \widetilde{\Omega}_{s_{2p}}^{s_{2p-1}}$$

$$= \sum_{s_1,\cdots,s_{2p}} \varepsilon(s_1,\cdots,s_{2p}) \widetilde{\Omega}_{s_2}^{s_1} \wedge \cdots \wedge \widetilde{\Omega}_{s_{2p}}^{s_{2p-1}}.$$

断言得证.

现在我们可以把 Gauss-Bonnet 定理叙述如下:

定理　设 M 是紧致、有向的偶数维黎曼流形, 它的维数记为 $n = 2p$, 则

$$\int_M \Omega = \chi(M), \tag{21}$$

其中 $\Omega = \dfrac{1}{2^{2p}\pi^p p!}\Omega_0, \chi(M)$ 是 M 的 Euler 示性数.

注记 1　若 $p = 1$, 即 $n = 2$, 则定理成为

$$\chi(M) = \frac{1}{4\pi}\int_M (\Omega_2^1 - \Omega_1^2) = \frac{1}{2\pi}\int_M \Omega_2^1.$$

但是

$$\Omega_2^1(X_1, X_2) = -\langle R_{X_1 X_2} X_2, X_1\rangle$$
$$= \langle R_{X_1 X_2} X_1, X_2\rangle = K,$$

其中 K 是 Gauss 曲率, 故

$$\Omega_2^1 = K\theta^1 \wedge \theta^2 = K\mathrm{d}v, \tag{22}$$

这里 $\mathrm{d}v = \theta^1 \wedge \theta^2$ 是 M 的体积元素. 因此

$$\chi(M) = \frac{1}{2\pi}\int_M K\mathrm{d}v, \tag{23}$$

这正是经典的 Gauss-Bonnet 定理.

注记 2　若 $p = 2, n = 4$, 则

$$\Omega_0 = 8\{\Omega_2^1 \wedge \Omega_4^3 - \Omega_3^1 \wedge \Omega_4^2 + \Omega_3^2 \wedge \Omega_4^1\},$$

因此

$$\chi(M) = \frac{1}{4\pi^2}\int_M (\Omega_2^1 \wedge \Omega_4^3 - \Omega_3^1 \wedge \Omega_4^2 + \Omega_3^2 \wedge \Omega_4^1). \tag{24}$$

如果截面曲率 $K > 0$ 或 $K < 0$, 则经过一个巧妙的计算可证

$$\Omega_2^1 \wedge \Omega_4^3 - \Omega_3^1 \wedge \Omega_4^2 + \Omega_3^2 \wedge \Omega_4^1 > 0,$$

即它是 M 的体积元素的正数倍. 这是 Milnor 的一个定理, 陈省身写出了该定理的证明 (见 [CH4]). 由此可见, 如果 M 是紧致有向的四维黎曼流形, 并且它的截面曲率保持定号 (即 $K > 0$ 或 $K < 0$), 则 $\chi(M) > 0$. 如果 $K \geqslant 0$ 或 $K \leqslant 0$, 则 $\chi(M) \geqslant 0$. 在第一章我们已经提到过, R. Geroch 给出了一个六维黎曼流形的例子, 它的截面曲率 > 0, 但在某些点却有 $\Omega_0 < 0$. 所以 Milnor 的定理在更高维情形是不成立的.

　　现在我们来讨论 Causs-Bonnet 定理的证明. 我们知道 (7) 式给出的 Ω 是局部定义在流形 M 上、取值为反对称矩阵的 2 次外微分式, 它的表达式不仅与点 $x \in M$ 有关, 而且依赖于切空间 M_x 中正交基底的选取. 为要清晰地了解 Ω, 需要考虑集合

$$F(M) = \{(x; e_1, \cdots, e_n) : x \in M, \text{ 且 } (e_1, \cdots, e_n) \text{ 是}$$
$$M_x \text{ 中定向相符的单位正交基底}\}; \tag{25}$$

我们称 $(x; e_1, \cdots, e_n)$ 为流形 M 在点 $x \in M$ 的一个**标架**, 因而 $F(M)$ 是 M 上全体 (正定向) 标架的集合. 我们可以在 $F(M)$ 上引进一个微分结构, 使之成为一个光滑流形. 为此, 考虑映射 $\pi : F(M) \to M$, 它把每个标架 $(x; e_1, \cdots, e_n)$ 映为它的原点, 称此映射为**自然投影**. 所以 $\pi^{-1}(x)$ 恰好是以 x 为原点的全体标架的集合. 我们知道, 在每一点 $x \in M$ 的某个邻域 U 内必存在光滑的单位正交标架场, 设该标架场为 $(x; e_1(x), \cdots, e_n(x)), x \in U$. 定义映射

$$\varphi : U \times \mathrm{SO}(n) \to \pi^{-1}(U),$$

使得

$$\varphi(x, g) = (x; X_1, \cdots, X_n), \tag{26}$$

其中 $g = (X_i^j) \in \mathrm{SO}(n)$, 且

$$X_i = \sum_{j=1}^n e_j(x) X_i^j. \tag{27}$$

映射 φ 是单一的满映射, 它把 $U \times \mathrm{SO}(n)$ 上的拓扑结构和微分结构自然地搬到 $\pi^{-1}(U)$ 上去了, 从而给出了 $F(M)$ 的拓扑结构和微分结构, 使得 $F(M)$ 成为 $n + \dfrac{n(n-1)}{2}$ 维的光滑流形 (参看 [CHC], p. 122). 因为从 $U \times \mathrm{SO}(n)$ 到 U 的自

然投影是光滑的, 所以在 $F(M)$ 的上述微分结构下, 自然投影 $\pi : F(M) \to M$ 也是光滑的.

由于 $F(M)$ 在局部上是乘积结构, $\pi^{-1}(U) \cong U \times \mathrm{SO}(n)$, 故 $F(M)$ 是以 M 为底, 以 $\mathrm{SO}(n)$ 为纤维型的纤维丛, 称为 M 上的 (有向) **正交标架丛**. 用纤维丛的术语说, $F(M)$ 是流形 M 上以 $\mathrm{SO}(n)$ 为结构群的主丛 (参看 [KN], 第 50 页). 作为主丛, 结构群 $\mathrm{SO}(n)$ 在 $F(M)$ 上有右作用, 即

$$\varphi(x, g) \cdot h = \varphi(x, g \cdot h), \quad \forall h \in \mathrm{SO}(n),$$

或

$$R_h(\boldsymbol{X}) = \boldsymbol{X} \cdot h, \tag{28}$$

此处记 $\boldsymbol{X} = (X_1, \cdots, X_n)$. 我们把 $R_h : F(M) \to F(M)$ 称为标架丛 $F(M)$ 上的**右移动**. 显然有

$$\pi \circ R_h = \pi, \quad \forall h \in \mathrm{SO}(n). \tag{29}$$

设 $x \in M, \boldsymbol{X} \in \pi^{-1}(x)$, 则切映射 $\pi_* : (F(M))_x \to M_x$ 是满同态; 由维数定理可知, 同态核 $\ker \pi_*$ 是 $(F(M))_x$ 的 $\frac{1}{2} n(n-1)$ 维子空间. 容易验证, 它恰好是纤维 $\pi^{-1}(x)$ 在 $\boldsymbol{X}$ 处的切空间 $(\pi^{-1}(x))_X$. 我们把 $\ker \pi_* = (\pi^{-1}(x))_X$ 称为标架丛 $F(M)$ 在 $\boldsymbol{X}$ 处的**纵空间**, 其元素称为**纵向量**.

假定 α 是流形 M 上的一个外微分式, 则 $\tilde{\alpha} = \pi^*\alpha$ 便是流形 $F(M)$ 上的外微分式, 它具有下面两个性质:

(i) $R_h^* \tilde{\alpha} = \tilde{\alpha}, \forall h \in \mathrm{SO}(n)$. 事实上, 从 (29) 式得到

$$\pi^* = (R_h)^* \circ \pi^* : M_x^* \to (F(M))_X^*,$$

所以

$$\pi^*\alpha = (R_h)^*(\pi^*\alpha), \ \text{即} \ \tilde{\alpha} = (R_h)^*\tilde{\alpha}.$$

这个性质说成是: 外微分式 $\tilde{\alpha}$ 在 $F(M)$ 的右移动下是不变的.

(ii) 当 $\tilde{\alpha}$ 的自变量至少有一个取纵向量值时, $\tilde{\alpha}$ 的值为零. 实际上, 若 $Y \in \ker \pi^*$, 则

$$\tilde{\alpha}(Y, \cdots) = \pi^*\alpha(Y, \cdots)$$
$$= \alpha(\pi_*Y, \cdots) = 0.$$

具有上述性质的外微分式 $\tilde{\alpha}$ 称为**横微分式**.

一个自然的问题是: 标架丛 $F(M)$ 上什么样的外微分式实际上是从底流形 M 上的外微分式通过 π 拉回来的? 容易证明, 标架丛 $F(M)$ 上在右移动下不变的横微分式实际上是底流形 M 上的外微分式, 即: 如果 $F(M)$ 上的外微分式 $\tilde{\alpha}$ 满足条件 (i) 和 (ii), 则在底流形 M 上必存在一个外微分式 α, 使得 $\pi^*\alpha = \tilde{\alpha}$ (习题). 这个结论在任意的主丛上都是对的, 只不过性质 (i) 中的群要换成该主丛对应的结构群.

从某种意义上说, 标架丛 $F(M)$ 比它的底流形 M 来得简单, 因为借助于 M 上的 Levi-Civita 联络 D, 在 $F(M)$ 上可以构造出大范围定义的 $n + \dfrac{n(n-1)}{2}$ 个一次微分式, 它们构成 $F(M)$ 上的余标架场.

首先, 取定 M 上的一个局部单位正交标架场 $\{(x; e_1(x), \cdots, e_n(x)), x \in U\}$, 设它的对偶余标架场为 $(x; \omega^1(x), \cdots, \omega^n(x))$, 于是在 $\pi^{-1}(U)$ 上可以定义一次微分式

$$\theta^i = \sum_j X_i^j \pi^* \omega^j, \tag{30}$$

其中 (X_i^j) 是 $\boldsymbol{X} = (X_1, \cdots, X_n)$ 关于标架 $(x; e_1(x), \cdots, e_n(x))$ 的分量, 见 (27) 式. 容易验证 θ^i 与局部单位正交标架场 $(x; e_1(x), \cdots, e_n(x)), x \in U$ 的选取无关, 即 θ^i 与主丛 $F(M)$ 的局部平凡化无关, 因而 θ^i 给出了在 $F(M)$ 上大范围定义的一次微分式 (习题). 显然, 纵空间恰好是

$$(\pi^{-1}(x))_X = \{Y \in (F(M))_X : \theta^i(Y) = 0, \forall i\}. \tag{31}$$

其次设 D 是 M 上的 Levi-Civita 联络, 命 $De_i = \omega_i^j e_j$, 于是在 $\pi^{-1}(U)$ 上可以定义一次微分式

$$\theta_i^j = \sum_l X_j^l \left(dX_i^l + \sum_h X_i^h \pi^* \omega_h^l \right). \tag{32}$$

同样可以验证 θ_i^j 不依赖主丛 $F(M)$ 的局部平凡化, 因而也给出了在 $F(M)$ 上大范围定义的一次微分式 (习题). 切子空间

$$\{Y \in (F(M))_X : \theta_i^j(Y) = 0, \forall i, j\} \tag{33}$$

称为**横空间**, 它与纵空间一起张成切空间 $(F(M))_X$.

容易看出, θ^i 和 θ_i^j 满足下列方程:

$$\theta_i^j + \theta_j^i = 0.$$
$$\mathrm{d}\theta^i = \theta^j \wedge \theta_j^i. \tag{34}$$

设 $a = (a_i^j) \in \mathrm{SO}(n)$, 它在 $F(M)$ 上的右作用记为 R_a, 则

$$(R_a)^* \theta^i = \sum_j a_i^j \theta^j,$$
$$(R_a)^* \theta_i^j = \sum_{k,l} a_i^k a_j^l \theta_k^l \tag{35}$$

(习题). 若记矩阵

$$\boldsymbol{\theta}_0 = \begin{bmatrix} \theta^1 \\ \vdots \\ \theta^n \end{bmatrix}, \quad \boldsymbol{\theta} = \begin{bmatrix} \theta_1^1 & \cdots & \theta_n^1 \\ \cdots\cdots\cdots\cdots \\ \theta_1^n & \cdots & \theta_n^n \end{bmatrix},$$

则上面的公式成为

$$(R_a)^* \boldsymbol{\theta}_0 = a^{-1} \cdot \boldsymbol{\theta}_0,$$
$$(R_a)^* \boldsymbol{\theta} = a^{-1} \cdot \boldsymbol{\theta} \cdot a = \mathrm{ad}(a^{-1}) \cdot \boldsymbol{\theta}. \tag{36}$$

θ_i^j 称为主丛 $F(M)$ 上的联络形式. 这个联络形式对应的曲率形式是

$$\Theta_i^j = \mathrm{d}\theta_i^j + \theta_k^j \wedge \theta_i^k = \mathrm{d}\theta_i^j - \theta_i^k \wedge \theta_k^j, \tag{37}$$

则 Θ_i^j 是在 $F(M)$ 上大范围定义的 2–形式, 关于两个指标是反对称的, 即

$$\Theta_i^j + \Theta_j^i = 0. \tag{38}$$

直接计算得到

$$\Theta_i^j = \sum_{k,l} X_i^k X_j^l \pi^* \Omega_k^l \tag{39}$$

(习题), 其中 Ω_k^l 是在局部正交标架场 $\{(x; e_1(x), \cdots, e_n(x)), x \in U\}$ 下写出来的联络 D 的曲率形式, 即 $\Omega_k^l = \mathrm{d}\omega_k^l - \omega_k^h \wedge \omega_h^l$. Θ_i^j 与 Ω_i^j 的差别在于: 一是 $F(M)$ 上的微分式, 一是底流形 M 上的微分式; 一是大范围定义的微分式, 一是依赖于

局部标架场选取的微分式. 但是从 (39) 式可知, Θ_i^j 是横微分式, 并且经计算可得

$$(R_{\boldsymbol{a}})^* \Theta_i^j = \sum_{k,l} a_i^k a_j^l \Theta_k^l, \tag{40}$$

若记

$$\boldsymbol{\Theta} = \begin{bmatrix} \Theta_1^1 & \cdots & \Theta_n^1 \\ \cdots\cdots\cdots\cdots \\ \Theta_1^n & \cdots & \Theta_n^n \end{bmatrix},$$

则 (40) 式成为

$$(R_{\boldsymbol{a}})^* \boldsymbol{\Theta} = a^{-1} \cdot \boldsymbol{\Theta} \cdot a = \mathrm{ad}(a^{-1}) \cdot \boldsymbol{\Theta}. \tag{41}$$

有了上面所述的主丛 $F(M)$ 上的联络理论, 流形 M 上的 n 次外微分式 Ω_0 可以拉回到 $F(M)$ 上来考虑. 实际上, 我们命

$$\Theta_0 = \sum_{i_1,\cdots,i_{2p}} \varepsilon(i_1,\cdots,i_{2p}) \Theta_{i_2}^{i_1} \wedge \cdots \wedge \Theta_{i_{2p}}^{i_{2p-1}}, \tag{42}$$

则 Θ_0 是 $F(M)$ 上大范围定义的 n 次右不变的横微分式, 且由 (39), (18) 两式得到

$$\Theta_0 = \pi^* \Omega_0. \tag{43}$$

在陈省身的证明中, 第一个惊人的结果是: Θ_0 是 $F(M)$ 上的恰当微分式, 即存在 $F(M)$ 上的 $n-1$ 次微分式 Π, 使得

$$\Theta \equiv \frac{1}{2^{2p}\pi^p p!} \Theta_0 = \mathrm{d}\Pi. \tag{44}$$

值得指出的是: 一般说来, M 上的 n 次微分式 Ω 不可能是恰当的; 若 Ω 是恰当的, 则由 Stokes 公式便有 $\int_M \Omega = 0$, 根据 Gauss-Bonnet 定理就会有 $\chi(M) = 0$, 因而在 M 上就有很强的拓扑限制. 我们暂且把 (44) 式的证明放在一边, 继续讨论证明的其余部分 (从技巧上来说, (44) 式的证明是整个证明最困难的一步). 现在我们要说明陈省身的证明中的第二个主要观念.

设

$$S(M) = \{(x,e) : x \in M, e \in M_x, |e| = 1\},$$

即 $S(M)$ 是流形 M 上全体单位切向量的集合. 利用隐函数定理, 不难证明 $S(M)$ 是切丛 $T(M)$ 中的嵌入子流形. 用 $\pi_2 : S(M) \to M$ 表示投影

$$\pi_2((x, e)) = x, \tag{45}$$

则对于任意一点 $x \in M$, 必有 x 的邻域 $U \subset M$, 使得 $\pi_2^{-1}(U)$ 可微同胚于 $U \times S^{n-1}$, 其中 S^{n-1} 表示 E^n 中的单位**球面**, 我们称 $S(M)$ 为流形 M 上的**球丛**.

再定义映射 $\pi_1 : F(M) \to S(M)$, 使得

$$\pi_1((x; e_1, \cdots, e_n)) = (x, e_n), \tag{46}$$

则我们有下列交换图表:

$$\pi = \pi_2 \circ \pi_1 \tag{47}$$

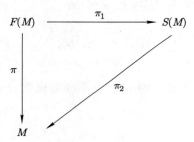

根据主丛的定义, 不难看出 $\pi_1 : F(M) \to S(M)$ 是 $2n - 1$ 维紧致流形 $S(M)$ 上的 $\mathrm{SO}(n-1)$-主丛 (习题), 其纤维 $\pi_1^{-1}((x, e_n))$ 恰好是流形 M 在点 x 处、其最后一个向量为 e_n 的全体正定向单位正交标架的集合. $\mathrm{SO}(n-1)$ 的元素 g 在丛空间 $F(M)$ 上的右作用就是元素 $\tilde{g} = \begin{bmatrix} g & 0 \\ 0 & 1 \end{bmatrix} \in \mathrm{SO}(n)$ 在 $F(M)$ 上的右作用, 它给出了主丛 $\pi_1 : F(M) \to S(M)$ 上的右移动. 根据前面所述, $F(M)$ 上在 $\mathrm{SO}(n-1)$-右移动下不变的、关于 π_1 是横的微分式必是 $S(M)$ 上的微分式经过 π_1 拉回到 $F(M)$ 的结果. 特别是, $F(M)$ 上的微分式 Θ 可以看作 $S(M)$ 上的微分式. 实际上由上述交换图表得到

$$\Theta = \pi^* \Omega = (\pi_1^* \circ \pi_2^*)\Omega = \pi_1^* \Theta_1, \tag{48}$$

其中 $\Theta_1 = \pi_2^* \Omega$ 是 $S(M)$ 上的微分式.

第二个主要观念是: (44) 式中的微分式 Π 还可以 "落" 到 $S(M)$ 上去, 即存在一个定义在 $S(M)$ 上的 $n-1$ 次微分式 Π_1, 使得

$$\pi_1^* \Pi_1 = \Pi. \tag{49}$$

先暂时把构造性的细节搁置一边, 则我们断言: 在 $S(M)$ 上成立

$$\Theta_1 = \mathrm{d}\Pi_1. \tag{50}$$

事实上, 由于映射 $\pi_1 : F(M) \to S(M)$ 是满的, 切映射 $(\pi_1)_*$ 也处处是满的, 所以余切映射 π_1^* 是单的. 将 (48), (49) 式代入 (44) 式得到

$$\pi_1^* \Theta_1 = \pi_1^*(\mathrm{d}\Pi_1).$$

故 (50) 式成立.

现在我们已到达整个论证的核心部分: 若把微分式 Π_1 用显式写出来, 则立即可以看出 Π_1 作为 $S(M)$ 上的形式限制到每一个纤维 $\pi_2^{-1}(x)$ 上时 ($\pi_2^{-1}(x)$ 是切空间 M_x 中的单位球面), 恰好是单位球面上的规范体积形式 (见 (63) 式以下的运算); 换言之, 对每一点 $x \in M$, 我们有

$$\int_{\pi_2^{-1}(x)} \Pi_1 = 1, \tag{51}$$

其中 $\pi_2^{-1}(x)$ 的定向是这样确定的: 在球面 $\pi_2^{-1}(x)$ 上取标架 $(e_1, \cdots, e_n)$, 使它的定向与 M_x 一致, 并且 e_n 是球面 $\pi_2^{-1}(x)$ 的外法向量, 而 $\pi_2^{-1}(x)$ 的定向恰好是由 $(e_1, \cdots, e_{n-1})$ 给出的. 我们称 $\pi_2^{-1}(x)$ 的这种定向为从 M_x 的定向通过 $\pi_2^{-1}(x)$ 的外法向量诱导的. 上面的结果是十分漂亮的, 也是出乎意料的. 至此, Gauss-Bonnet 定理的证明的最后步骤变得十分清楚了.

根据向量场的 Hopf 指标定理, 在流形 M 上存在光滑的切向量场 X_0, 使得 X_0 在 M 上仅有一个零点 $x_0 \in M$, 并且 X_0 在 x_0 的指标正好是 Euler 示性数 $\chi(M)$. 在流形 $M \backslash \{x_0\}$ 上考虑单位切向量场 $\xi = \dfrac{X_0}{|X_0|}$, 则 $\xi : M \backslash \{x_0\} \to S(M)$ 是光滑映射, 并且

$$\pi_2 \circ \xi = \mathrm{id} : M \backslash \{x_0\} \to M \backslash \{x_0\}.$$

因此, $M \backslash \{x_0\}$ 与切向量场 ξ (作为 $S(M)$ 的子流形) 是可微同胚的, 因而可以把 $M \backslash \{x_0\}$ 上的积分转移到这个切向量场上去考虑. 确切地说, 由于 $(\pi_2 \circ \xi)^* =$

$\xi^* \circ \pi_2^* = \mathrm{id}$, 故在 $M \backslash \{x_0\}$ 上有

$$\Omega = (\xi^* \circ \pi_2^*)\Omega = \xi^* \Theta_1$$
$$= \xi^*(\mathrm{d}\varPi_1) = \mathrm{d}(\xi^* \varPi_1).$$

$$(52)$$

设 $B(\varepsilon)$ 是以 x_0 为中心、以 ε 为半径的测地球, 则

$$\int_M \Omega = \lim_{\varepsilon \to 0} \int_{M \backslash B(\varepsilon)} \Omega = \lim_{\varepsilon \to 0} \int_{M \backslash B(\varepsilon)} \mathrm{d}(\xi^* \varPi_1)$$
$$= \lim_{\varepsilon \to 0} - \int_{\partial B(\varepsilon)} \xi^* \varPi_1 = \lim_{\varepsilon \to 0} - \int_{\xi(\partial B(\varepsilon))} \varPi_1.$$

$$(53)$$

对上面各个积分区域的定向要作一些说明, 边界 $\partial(M \backslash B(\varepsilon))$ 和 $\partial B(\varepsilon)$ 作为集合是相同的, 但是在用 Stokes 公式时, M 在 $\partial(M \backslash B(\varepsilon))$ 和 $\partial B(\varepsilon)$ 上诱导的定向恰好是相反的, 这就是在第三个等号后面出现负号的原因. 另外, 根据 Stokes 公式在 $\partial B(\varepsilon)$ 上所用的诱导定向与 $\partial B(\varepsilon)$ 作为 M 的子流形从外法向诱导的定向是相反的 (参看 (51) 式后面的说明, 以及 [CHC], 第 95 页). 在 (53) 式中, $\partial B(\varepsilon)$ 具有 Stokes 公式所要求的诱导定向.

为了求出最后一式的极限, 考虑映射 $\sigma : S(B(\varepsilon)) \to \pi_2^{-1}(x_0)$ (其中 $S(B(\varepsilon))$ 指开子流形 $B(\varepsilon) \subset M$ 上的球丛): 对于任意的 $(x, v) \in S(B(\varepsilon))$, 规定

$$\sigma((x, v)) = (x_0, Pv),$$

其中 P 表示在黎曼流形 M 上沿着从 x 到 x_0 的径向测地线的平行移动. 显然 σ 是光滑映射. 因为 ξ 是球丛 $S(M \backslash \{x_0\})$ 的光滑截影, 于是当 $0 < \varepsilon_1 < \varepsilon$ 时, $\xi(\partial B(\varepsilon_1))$ 是 $S(B(\varepsilon))$ 中的 $n-1$ 维闭子流形, 故映射 $\sigma|_{\xi(\partial B(\varepsilon_1))} : \xi(\partial B(\varepsilon_1)) \to \pi_2^{-1}(x_0)$ 是两个同维紧致流形之间的映射, 其映射度必为整数. 很明显, 这个映射度连续地依赖于 ε_1, 故当 $\varepsilon_1 \to 0$ 时, 它保持为常数. 考虑到前面关于 $\partial B(\varepsilon_1)$ 及 $\pi_2^{-1}(x_0)$ 的定向的约定, 上述映射度恰好是 $-\mathrm{index}(\xi)$. 这里 $\mathrm{index}(\xi)$ 是向量场 ξ 在 x_0 的指标, 简记为 i_ξ, 于是

$$\sigma(\xi(\partial B(\varepsilon_1))) = -i_\xi \cdot \pi_2^{-1}(x_0).$$

$$(54)$$

由此可见

$$\lim_{\varepsilon \to 0} \xi(\partial B(\varepsilon)) = -i_\xi \cdot \pi_2^{-1}(x_0).$$

$$(55)$$

从 (53), (55) 式得到

$$\int_M \Omega = \lim_{\varepsilon \to 0} - \int_{\xi(\partial B(\varepsilon))} \Pi_1$$

$$= i_\xi \cdot \int_{\pi_2^{-1}(x_0)} \Pi_1 = i_\xi.$$

因为 x_0 是向量场 ξ 的仅有的奇点, 由 Hopf 指标定理得到 $i_\xi = \chi(M)$, Gauss-Bonnet 定理得证.

下面我们来完成上面的论证中尚未给出的构造性细节. 为证明 (44) 式, 考虑 $F(M)$ 上的 $2p-1$ 次微分式 $\Phi_0, \Phi_1, \cdots, \Phi_{p-1}$ 及 $2p$ 次微分式 $\Psi_0, \Psi_1, \cdots, \Psi_{p-1}$:

$$\Phi_k = \sum_{i_1,\cdots,i_{2p-1}} \varepsilon(i_1,\cdots,i_{2p-1},n) \Theta_{i_2}^{i_1} \wedge \cdots \wedge \Theta_{i_{2k}}^{i_{2k-1}}$$

$$\wedge \theta_n^{i_{2k+1}} \wedge \cdots \wedge \theta_n^{i_{2p-1}},$$

$$\Psi_k = 2(k+1) \sum_{i_1,\cdots,i_{2p-1}} \varepsilon(i_1,\cdots,i_{2p-1},n) \Theta_{i_2}^{i_1} \qquad (56)$$

$$\wedge \cdots \wedge \Theta_{i_{2k}}^{i_{2k-1}} \wedge \Theta_n^{i_{2k+1}}$$

$$\wedge \theta_n^{i_{2k+2}} \wedge \cdots \wedge \theta_n^{i_{2p-1}}.$$

为方便起见, 规定 $\Psi_{-1} = 0$. 我们要证明 Φ_k, Ψ_k 关于 $\mathrm{SO}(n-1)$ 主丛 $\pi_1 : F(M) \to S(M)$ 是群 $\mathrm{SO}(n-1)$–右移动下不变的横微分式. 容易验证, 对于 $g = (g_\alpha^\beta) \in \mathrm{SO}(n-1)$, 其中 $\alpha, \beta = 1, \cdots, n-1$, 则

$$R_g^* \Theta_\alpha^\beta \equiv R_{\tilde{g}}^* \Theta_\alpha^\beta = \sum_{\gamma,\delta} g_\alpha^\gamma g_\beta^\delta \Theta_\gamma^\delta,$$

$$R_g^* \Theta_n^\alpha \equiv R_{\tilde{g}}^* \Theta_n^\alpha = \sum_\beta g_\alpha^\beta \Theta_n^\beta, \qquad (57)$$

$$R_g^* \theta_n^\alpha \equiv R_{\tilde{g}}^* \theta_n^\alpha = \sum_\beta g_\alpha^\beta \theta_n^\beta,$$

其中 $\tilde{g} \in \begin{bmatrix} g & 0 \\ 0 & 1 \end{bmatrix} \in \mathrm{SO}(n)$. 由此得到

$$R_g^* \Phi_k = \Phi_k, \quad R_g^* \Psi_k = \Psi_k, \quad \forall g \in \mathrm{SO}(n-1).$$

另一方面, 主丛 $\pi_1 : F(M) \to S(M)$ 的纵空间是

$$\{Y \in (F(M))_X : \theta^i(Y) = 0, \theta_n^i(Y) = 0, \forall i\},$$

所以从 (56) 式可知 Φ_k, Ψ_k 都是关于 π_1 的横微分式. 这就证明了外微分式 Φ_k, Ψ_k 都可以 "落" 到球丛 $S(M)$ 上去, 即存在 $S(M)$ 上的微分式 Φ_k', Ψ_k' 使得

$$\pi_1^* \Phi_k' = \Phi_k, \quad \pi_1^* \Psi_k' = \Psi_k. \tag{58}$$

从表达式 (56) 可知

$$\Psi_{p-1} = \Theta_0. \tag{59}$$

对 (37) 式求外微分得到下面的 Bianchi 恒等式:

$$\mathrm{d}\Theta_i^j = \theta_i^k \wedge \Theta_k^j - \Theta_i^k \wedge \theta_k^j, \tag{60}$$

因此外微分 Φ_k 得到

$$\mathrm{d}\Phi_k = -\Psi_{k-1} + \frac{n-2k-1}{2(k+1)}\Psi_k$$
$$-2k\sum_{\alpha=1}^{n-1}\varepsilon(i_1,\cdots,i_{2p-1},n)\Theta_{i_2}^{i_1}\wedge\cdots\wedge\Theta_{i_{2k-2}}^{i_{2k-3}}\wedge\Theta_\alpha^{i_{2k-1}}$$
$$\wedge\theta_\alpha^{i_{2k}}\wedge\theta_n^{i_{2k+1}}\wedge\cdots\wedge\theta_n^{i_{2p-1}}$$
$$-(n-2k-1)\sum_{\alpha=1}^{n-1}\varepsilon(i_1,\cdots,i_{2p-1},n)\Theta_{i_2}^{i_1}\wedge\cdots$$
$$\wedge\Theta_{i_{2k}}^{i_{2k-1}}\wedge\theta_\alpha^{i_{2k+1}}\wedge\theta_n^\alpha\wedge\theta_n^{i_{2k+2}}\wedge\cdots\wedge\theta_n^{i_{2p-1}}.$$

由于 $\mathrm{d}\Phi_k, \Psi_{k-1}, \Psi_k$ 都是关于 π_1 的横微分式, 所以包含 θ_α^β 的项必定是互相抵消的, 故有

$$\mathrm{d}\Phi_k = -\Psi_{k-1} + \frac{n-2k-1}{2(k+1)}\Psi_k. \tag{61}$$

命

$$\Pi = \frac{1}{\pi^p}\sum_{k=0}^{p-1}\frac{1}{(2p-2k-1)!!k!2^{p+k}}\Phi_k, \tag{62}$$

则由 (61), (59) 两式得到

$$\mathrm{d}\Pi = \frac{1}{2^{2p}\pi^p p!}\Psi_{p-1} = \Theta,$$

此即所要证的 (44) 式.

在 (62) 式中用 Φ_k' 代替 Φ_k, 便得到球丛 $S(M)$ 上的 $n-1$ 次微分式 Π_1, 并且

$$\pi_1^*\Pi_1 = \Pi.$$

将 Φ'_k 具体地表示出来则有

$$
\begin{aligned}
\Phi'_k = {} & \varepsilon(j_1, \cdots, j_n) X_n^{j_n} \pi_2^* \Omega_{j_2}^{j_1} \wedge \cdots \wedge \pi_2^* \Omega_{j_{2k}}^{j_{2k-1}} \\
& \wedge (\mathrm{d}X_n^{j_{2k+1}} + X_n^{l_{2k+1}} \pi^* \omega_{l_{2k+1}}^{j_{2k+1}}) \\
& \wedge \cdots \wedge (\mathrm{d}X_n^{j_{n-1}} + X_n^{l_{n-1}} \pi^* \omega_{l_{n-1}}^{j_{n-1}}),
\end{aligned} \tag{63}
$$

所以当 Π_1 限制到 $S(M)$ 的纤维 $\pi_2^{-1}(x_0)$ 上时, 含有因子 $\pi_2^* \Omega_j^i$ 的项全部为零, 故得

$$
\begin{aligned}
\Pi_1|_{\pi_2^{-1}(x_0)} &= \frac{1}{\pi^p (2p-1)!! 2^p} \Phi'_0 \\
&= \frac{(p-1)!}{2 \cdot \pi^p} \sum_{i=1}^{n} (-1)^{n+i} X_n^i \mathrm{d}X_n^1 \wedge \cdots \wedge \widehat{\mathrm{d}X_n^i} \wedge \cdots \wedge \mathrm{d}X_n^n \\
&= \frac{(p-1)!}{2 \cdot \pi^p} \mathrm{d}\sigma,
\end{aligned} \tag{64}
$$

其中

$$
\mathrm{d}\sigma = \sum_{i=1}^{n} (-1)^{n+i} X_n^i \mathrm{d}X_n^1 \wedge \cdots \wedge \widehat{\mathrm{d}X_n^i} \wedge \cdots \wedge \mathrm{d}X_n^n
$$

是单位球面 $\pi_2^{-1}(x_0) = S^{n-1} \subset M_{x_0}$ 上由外法向量定向的面积元素, 而且熟知

$$
\int_{\pi_2^{-1}(x_0)} \mathrm{d}\sigma = \frac{\left[\Gamma\left(\dfrac{1}{2} \right) \right]^{2p}}{\dfrac{1}{2} \Gamma(p)} = \frac{2\pi^p}{(p-1)!}, \tag{65}
$$

所以

$$
\int_{\pi_2^{-1}(x_0)} \Pi_1 = 1,
$$

(51) 式得证. 至此, Gauss-Bonnet 定理证毕.

陈省身在 1944 年给出的这个证明, 第一次用到纤维丛 $F(M)$ 和 $S(M)$ 的整体性质, 因此不但说明纤维丛这个概念在拓扑和微分几何两个方面都是要紧的, 而且真正把黎曼几何带进大范围几何的新纪元了 (参阅 [KN Ⅱ], 第十二章).

现在我们把后来的进展作一些注解.

Pontryagin 形式和 Pontryagin 类 (参阅 [KN Ⅱ], 第十二章). 设 A 是 $n \times n$ 矩阵, 考虑 A 的特征多项式

$$
\det(\lambda \mathrm{I} + A) = \sum_{k=0}^{n} p'_k(A) \lambda^{n-k}, \tag{66}
$$

其中 I 是单位矩阵,

$$p'_k(A) = \frac{1}{k!} \sum_{1 \leqslant i_1 < \cdots < i_k \leqslant n} \sum_{\sigma \in S(i_1, \cdots, i_k)} \mathrm{sign}\sigma \cdot A^{i_1}_{\sigma(i_1)} \cdots A^{i_k}_{\sigma(i_k)}, \tag{67}$$

这里 $S(i_1, \cdots, i_k)$ 表示字母 $i_1, \cdots, i_k$ 的对称群. 如果 A 是反对称的, 则

$$\det(\lambda \mathrm{I} + A) = \det(\lambda \mathrm{I} - A),$$

因此

$$p'_{2i+1}(A) = 0, \quad \forall i = 0, 1, 2, \cdots. \tag{68}$$

于是我们只需要考虑 $p'_{2i}(A)$.

设 Ω 是一个黎曼度量的曲率形式. 因为 Ω^j_i 是二次微分式, 它们的外积是可交换的, 所以我们可以在 $p'_{2i}(A)$ 的表达式中用 Ω^i_j 代替 A^i_j, 并用外积代替普通的乘法得到

$$p'_{2k}(\Omega) = \frac{1}{(2k)!} \sum_{i_1 < \cdots < i_{2k}} \sum_{\sigma} \mathrm{sign}\sigma \cdot \Omega^{i_1}_{\sigma(i_1)} \wedge \cdots \wedge \Omega^{i_{2k}}_{\sigma(i_{2k})}. \tag{69}$$

可以验证, 形式

$$p_k(\Omega) = \left(\frac{1}{2\pi}\right)^{2k} p'_{2k}(\Omega), \qquad k = 0, 1, 2, \cdots \tag{70}$$

是在 M 上大范围定义的闭微分式, 并且它所决定的 de Rham 上同调类与黎曼度量的选取无关 (这一点比较难证). 注意到形式 Θ 也具备相同的性质; 实际上不管在 M 上取什么样的黎曼度量, 我们都有 $\int_M \Theta = \chi(M)$. 形式 $p_k(\Omega)$ 是 Pontryagin 在 1945 年左右独立发现的, 因此称为 **Pontryagin 形式**, 它们在 $H^{4k}(M, \boldsymbol{R})$ 中所对应的 de Rham 上同调类称为 M 的 **Pontryagin 类**. 可以证明, 它们实际上属于 $H^{4k}(M, \boldsymbol{Z})$, 即是整系数上同调类. 现在, 人们首先对于 M 上的复向量丛定义陈类, 然后把实向量丛的 Pontryagin 类定义为它的复化向量丛的陈类. 但是在历史上并不是如此 (因为我们现在不具有复微分几何的必要准备, 故在此不讨论陈类).

超渡　这是代数拓扑和李代数上同调的基本概念, 它恰恰起源于陈省身关于 Gauss-Bonnet 定理的证明. 我们已经看到在 $F(M)$ 上有 $\Theta = \mathrm{d}\Pi$. 而在标架丛 $\pi : F(M) \to M$ 的每个纤维 $\pi^{-1}(x)$ 上 $\Pi|_{\pi^{-1}(x)}$ 是闭形式, 因而它定义了属于

$H^*(\mathrm{SO}(n), \boldsymbol{R})$ 的一个上同调类 $(\pi^{-1}(x)$ 恰好是 $\mathrm{SO}(n))$，陈–Weil 关于示性类的理论表明，这个在 $H^*(\mathrm{SO}(n), \boldsymbol{R})$ 中的上同调类与 M 上的度量的选取无关 (看[KN II]，第十二章和 Note 20). 在 (36) 式中我们已经看到一种等价的现象，即 $\varPi_1$ 限制在 M_{x_0} 内的单位球面 S^{n-1} 上是 $H^{n-1}(S^{n-1}, \boldsymbol{R})$ 的生成元. 上面的步骤可以概括成

$$\varTheta \to \varPi \to \varPi|_{\pi^{-1}(x)}.$$

从 $\varTheta$ 到 $\varPi$ 的过程确定到差一个 $(n-1)$ 次闭微分式 η，也就是说, 若 η 是 $(n-1)$ 次微分式，且 $\mathrm{d}\eta = 0$，则我们仍有 $\mathrm{d}(\varPi+\eta) = \varTheta$. 这时, 从 $\varPi \to \varPi|_{\pi^{-1}(x)}$ 的过程就变成从 $(\varPi+\eta) \to (\varPi+\eta)|_{\pi^{-1}(x)}$. 于是我们得到一个映射, 它把 $H^n(M, \boldsymbol{Z})$ 中 $\varTheta$ 的上同调类 $e(M)$ (称为 M 的 **Euler 类**) 映到 $H^{n-1}(\mathrm{SO}(n), \boldsymbol{R})/i^*(H^{n-1}(F(M), \boldsymbol{R}))$ 中的一个元素, 其中 $i: \mathrm{SO}(n) \to F(M)$ 是把 $\pi^{-1}(x)$ 嵌入到 $F(M)$ 中的单射.

一般地, 所谓 $\mathrm{SO}(n)$ 上的不变多项式 p 是指多线性映射 $p: \mathfrak{so}(n) \times \cdots \times \mathfrak{so}(n) \to \boldsymbol{R}$ (其中 $\mathfrak{so}(n)$ 是 $\mathrm{SO}(n)$ 的李代数), 使得对于任意的 $g \in \mathrm{SO}(n)$ 有

$$p(\mathrm{Ad}(g)A_1, \cdots, \mathrm{Ad}(g)A_k) = p(A_1, \cdots, A_k).$$

设 $I(\mathrm{SO}(n))$ 是 $\mathrm{SO}(n)$ 上这种不变多项式构成的实代数, 若在 M 上任意给定一个黎曼度量, 则对于 $p \in I(\mathrm{SO}(n))$, 可以定义上同调类 $[p(\varOmega)] \in H^*(M, \boldsymbol{R})$, 使得

$$p(\varOmega) = p(\varOmega, \cdots, \varOmega),$$

也就是在 $p(A_1, \cdots, A_k)$ 中用 $\varOmega$ 代替每一个变量 A_i, 并且用外积代替普通乘法. 例如, 当 $n = 2p$ 时, 命

$$e(A_1, \cdots, A_p) = \sum_{i_1 < \cdots < i_{2p}} \varepsilon(i_1, \cdots, i_{2p}) A_{i_2}^{i_1} \cdots A_{i_{2p}}^{i_{2p-1}},$$

则 $e \in I(\mathrm{SO}(2p))$, 并且它给出的 $e(\varOmega)$ 就是前面所定义的 $\varTheta_0$. 当然, 说 $p(\varOmega)$ 在 $H^*(M, \boldsymbol{R})$ 中定义了一个上同调类, 必须证明以下三点:

(i) 每一个 $p(\varOmega)$ 是闭形式;

(ii) 每一个 $p(\varOmega)$ 在 $R_g(\forall g \in \mathrm{SO}(n))$ 的作用下是不变的, 因而它限制在每个纤维 $\pi^{-1}(x)$ 上为零, 于是 $p(\varOmega)$ 可以表成 M 上的一个微分式在 π^* 下拉回来的形式. 这样, 我们能够说 $p(\varOmega)$ 实际上是定义在 M 上的微分式 ($p(\varOmega)$ 在 R_g 的作用下的不变性是由 p 是不变多项式保证的);

(iii) $p(\Omega)$ 作为上同调类与 M 的度量的选择是无关的. 这个映射

$$\rho : I(\mathrm{SO}(n)) \to H^*(M, \boldsymbol{R}) \tag{71}$$

定义了所谓的 M 的示性环 $\rho(I(\mathrm{SO}(n)))$. 此外, 对于每一个 $p(\Omega)$, 在 $F(M)$ 上存在某个光滑微分式 Q, 使得在 $F(M)$ 上有

$$p(\Omega) = \mathrm{d}Q,$$

并且 Q 在纤维 $\pi^{-1}(x)$ 上的限制 $Q|_{\pi^{-1}(x)}$ 给出了 $H^*(\mathrm{SO}(n), \boldsymbol{R})$ 中的一个上同调类, 它确定到差一个 $i^*H^*(F(M), \boldsymbol{R})$ 中的元素. 这样, 我们有同态

$$I(\mathrm{SO}(n)) \to H^*(\mathrm{SO}(n), \boldsymbol{R})/i^*(H^*(F(M), \boldsymbol{R})). \tag{72}$$

如果 M 是 N 维向量空间中 n–平面构成的 Grassmann 流形, 则利用纤维的同伦序列可以用归纳法证明, 只要 N 充分大, 对于任意的 i 直到所要求的维数, 都有 $H^i(F(M), \boldsymbol{R}) = 0$. 因此当 N 充分大时, 把 M 取作 N 维向量空间中的 n–平面构成的 Grassmann 流形, 则 (72) 成为

$$I(\mathrm{SO}(n)) \to H^*(\mathrm{SO}(n), \boldsymbol{R}).$$

自然, 上面的 Grassmann 流形是向量丛的**分类空间** (参阅 [ST]). 现在, $\mathrm{SO}(n)$ 的上同调恰好是 $\mathfrak{so}(n)$ 的李代数上同调 (本质上这就是 de Rham 定理. E. Cartan 提出 de Rham 定理的猜测, 正是因为他需要这个事实). 这样, 我们最终达到同态

$$I(\mathrm{SO}(n)) \to H^*(\mathfrak{so}(n)), \tag{73}$$

称为**超渡同态** (参看 [W], [CA1] 和 [CA2]), 在 $H^*(\mathfrak{so}(n))$ 中的像元素称为**超渡元素**, 它们正好与 $H^*(\mathfrak{so}(n))$ 中的本原元素 (即 $H^*(\mathfrak{so}(n))$ 的最小生成元素组) 一致. 自然, 上面的构造可以推广到任意李群的情形. 这种考虑在李代数的上同调理论中是重要的.

低维情形的 Gauss-Bonnet 定理　由于 $\Theta = \mathrm{d}\Pi$, 并且 Θ 实际上是定义在 M 上的形式, 而 Π 至少是定义在 $S(M)$ 上的形式. 当 M 有定向, D 是 M 中的一个区域, 并且它的边界 ∂D 是光滑或分片光滑时, 则我们有

$$\int_D \Theta = \int_{\partial D} \Pi. \tag{74}$$

严格地说, $\varPi$ 应该写成 $\nu^* \varPi_1$, 其中 ν 是 ∂D 的单位外法向量场, 看作 ∂D 上的球丛的截面, 而 $\varPi_1$ 是 $S(M)$ 上的微分式, 适合 $\pi_1^* \varPi_1 = \varPi$ (参看 (49) 式). (74) 式是关于曲面上带边区域的经典 Gauss-Bonnet 定理的直接推广. 对于 $n \geqslant 8$, 从 (74) 式得不到什么结果. 但是在 $n = 4$ 或 $n = 6$ 时, 有一些结果与 Cohn-Vossen ([CO]) 的定理有关 (可参阅 [WA1], [WA2] 的 §6 和 §7, [GW1]). 如果 M 是有向的非紧完备的 2 维黎曼流形, Cohn-Vossen ([CO]) 证明了: 如果 $H_1(M, \boldsymbol{R})$ 是有限维的, 则

$$\int_M \varTheta \leqslant \chi(M), \tag{75}$$

即积分收敛且不大于 $\chi(M)$, 或者发散到 $-\infty$. 后来, A. Huber ([H]) 去掉了关于 $H_1(M, \boldsymbol{R})$ 的限制. 这两篇论文都是微分几何方面的大文章, 既是很专门的, 又是极富有思想的. Greene-Wu ([GW1]) 所证明的是: 倘若 $\dim M = 4$, 且除去一个紧致集之外, M 的截面曲率处处是正的, 则 (75) 式成立. R. Walter ([WA1]) 证明: 若截面曲率处处非负, 则 (75) 式成立.

在 $\dim M = 6$ 时, 只知道有这方面的部分结果, 因为在这时候情形变得十分复杂了, 前面提到的 Geroch 的例子已经说明了这一点. 关于比较详细的讨论, 请看 [PO].

高维情形的 Gauss-Bonnet 定理　　由于 $\varTheta$ 的复杂性, 当 $\dim M \geqslant 6$ 时应用 Gauss-Bonnet 定理几乎是不可能的. 只有两个例外. 在 1943 年, C. L. Siegel 用它来算一些紧复流形 $\mathscr{S}/\varGamma$ 的体积, 其中 $\mathscr{S}$ 就是所谓 **Siegel 广义上半平面**, $\varGamma$ 是 $\mathscr{S}$ 上的一个离散等距变换群 ([SI], 见 §18 的定理 5). 另外, [GW2] 将 Gauss-Bonnet 定理用来研究几乎平坦的非紧流形. 在这里, Gauss-Bonnet 定理的作用是决定性的. 这个想法最近被其他的作者用来对几乎平坦非紧流形作深入的研究 (如 A. Kasue, J. Eschenburg, V. Schroeder, M. Strake, 等等). 但是大致说来, Gauss-Bonnet 定理表现在它的内在和谐美的方面比它的实用性要重要得多.

最后请读者注意: Gauss-Bonnet 公式不但在光滑流形上成立, 甚至在所谓的 Simplicial 黎曼流形上也成立. 这是虞言林的工作 [Y], 其证明有一点是使人感到意外的, 即陈省身在 [CH1] 中的证明的最基本想法居然在 Simplicial 情形也可以用到.

参考文献

[A]　C. B. Allendoerfer, The Euler number of a Riemannian manifold, *Amer. J. Math.*, **62** (1940), 243—248.

[ABP]　M. Atiyah, R. Bott, V. K. Patodi, On the heat equation and the index theorem, *Invent. Math.* **19** (1973), 279—330.

[ALW]　C. B. Allendoerfer and A. Weil, The Gauss-Bonnet theorem for Riemannian polyhedra, *Trans. Amer. Math. Soc.*, **53** (1943), 101—129.

[CA1]　H. Cartan, Notions d'algèbre differentielle: Applications aux groupes de Lie et aux variétés où opère un groupe de Lie, Colloque de Topologie, Bruxelles, 1950, CBRM, 15—27.

[CA2]　——, La transgression dans un groupe de Lie et dans espace fibré principal, Colloque de Topologie, Bruxelles, 1950, CBRM, 73—82.

[CH1]　S. S. Chern, A simple intrinsic proof of the Gauss-Bonnet formula for closed Riemannian manifolds, *Ann. of Math.*, **45** (1944), 747—752.

[CH2]　——, On the curvatura integra in a Riemannian manifold, *Ann. of Math.*, **46** (1945), 674—684.

[CH3]　——, Characteristic classes of Hermitian manifolds, *Ann. of Math.*, **47** (1946), 85—121.

[CH4]　——, On curvature and characteristic classes of a Riemannian manifold, *Abh. Math. Sem. Univ. Hamburg*, **20** (1955), 117—126.

[CHC]　陈省身, 陈维恒, 微分几何讲义, 北京大学出版社, 1984.

[CO]　S. Cohn-Vossen, Kürzeste Wege und Totalkrümmung auf Flachen, *Compositio Math.*, 2 (1935), 69—133.

[FE]　W. Fenchel, On total curvatures of Riemannian Manifolds, *J. London Math. Soc.*, **15** (1940), 15—22.

[FL]　H. Flanders, Development of an extended exterior differential calculus, *Trans. Amer. Math. Soc.*, **75** (1953), 311—326.

[GW1]　R. E. Greene and H. Wu, C^∞ Convex functions and manifolds of positive curvature, *Acta Math.*, **137** (1976), 209—245.

[GW2] ———, Gap theorems for noncompact Riemannian manifolds, *Duke Math. J.*, **49** (1982), 731—756.

[H] A. Huber, On Subharmonic functions and differential geometry in the large, *Comm. Math. Helv.*, **32** (1957), 13—72.

[KN] S. Kobayashi and K. Nomizu, Foundations of Differential Geometry I, Wiley Interscience, 1963.

[KNⅡ] ———, Foudations of Differential Geometry II, Wiley Interscience, 1969.

[PA] V. K. Patodi, Curvature and the eigenforms of the Laplace operator, *J. Diff. Geom.*, **5** (1971), 233—249.

[PO] E. Portnoy, Towards a generalized Gauss-Bonnet formula for complete open manifolds, *Comm. Math. Helv.*, **46** (1971), 324—344.

[SC] J. Schwartz, Non-linear Functional Analysis, Gordon and Breach, 1969.

[SI] C. L. Siegel, Symplectic geometry, *Amer. J. Math.*, **65** (1943), 1—86.

[SP] M. Spivak, A Comprehensive Introduction to Differential Geometry, Volume V, Second edition, Publish or Perish, 1979.

[ST] N. E. Steenrod, The Topology of Fibre Bundles, Princeton Univ. Press, 1951.

[W] 吴光磊, 示性式的超渡, 数学学报, **19** (1976), 52—62, 119—128.

[WA1] R. Walter, A generalized Allendoerfer-Weil formula and an inequality of the Cohn-Vossen type, *J. Diff. Geom.*, **10** (1975), 167—180.

[WA2] ———, Konvexität in Riemannschen mannifaltigkeiten, *Jber d. Deut. Math. Ver.*, **83** (1981), 1—31.

[Y] Y. L. Yu, Combinational Gauss-Bonnet-Chern formula, *Topology*, **22** (1983), 153—163.

第五章　黎曼流形的收敛性

　　M. Gromov 最近给出了关于大范围黎曼流形的一系列讲演, 这些讲演由 La-fontaine 和 Pensu 写成讲义 [GLP]. 这里大范围一词的意义与普通的意义不同. 通常, 大范围是指对于一个给定的流形作拓扑学上整体的研究. Gromov 意义下的大范围是考虑给定的一族黎曼流形, 研究这族黎曼流形之间的关系. 换句话说, 我们现在要考虑的是由满足一定条件的黎曼流形所构成的空间. 由于在 [GLP] 中包含了许多新的观念和想法, 所以从这种大范围的角度去考察黎曼流形引起了许多几何学家的兴趣. 吸引了黎曼几何学家注意的第二个原因是在 [GLP] 中有两个收敛定理, 一个是关于 Ricci 曲率有下界的紧致黎曼流形的, 另一个是关于截面曲率的绝对值一致有界的紧致黎曼流形的. 第一个定理的证明无疑是正确的, 但是第二个定理的证明是粗线条的, 多年来一直有很大的争议. 第二个定理无论从它的结论, 还是从它内在的和谐来看都具有十分重要的意义, 因此值得对它的发展和前景作一番简要的讨论.

　　让我们先回忆一下任意的度量空间 X 中两个紧致子集之间的 Hausdorff 距离的概念. 设 A, B 是度量空间 X 中的两个紧致子集, 命

$$d(A, B) = \max_{a \in A} d(a, B), \tag{1}$$

则 A, B 之间的 **Hausdorff 距离** d_H 定义为

$$d_H(A, B) = \max\{d(A, B), d(B, A)\}. \tag{2}$$

可以证明, d_H 使得 X 中全体紧致子集的集合成为一个度量空间. 特别是 $d_H(A, B) = 0$, 当且仅当 $A = B$. 但是这个度量不是很好的. 比如, 若一列紧致子集 $\{A_i\}$ 在 d_H 意义下收敛到紧致子集 A, 即使 A_i 是一些非常好的子集, 我们仍然对于 A 说不出更多的性质. 作为例子, 考虑 $X = [0, 1] \times [0, 1]$ 内间距为 $\dfrac{1}{n}$ 的网格点集 A_n $\left(\text{即坐标为} \left(\dfrac{i}{n}, \dfrac{i}{n}\right), 0 \leqslant i, j \leqslant n \text{的点构成的集合}\right)$, 显然, $\{A_n\}$ 在 d_H 意义下收敛到 X 自身, 所以在取极限过程中维数可以向上跳跃. 若命 $A_\lambda = [0, \lambda] \times [0, \lambda], 0 \leqslant \lambda \leqslant 1$, 则 $\{A_\lambda\}$ 在 d_H 意义下收敛到原点 O, 所以在取极限过程中维数也可以下跌. 此外, 前面的例子还说明 A_n 和极限 $A = X$ 在拓扑上可以毫无关系.

现在我们要定义任意两个紧致度量空间之间的 Hausdorff 距离 d_H. 设 μ 是所有紧致 (但不一定连通) 的度量空间所构成的集合, 设 $X, Y \in \mu$. 假定 $Z \in \mu$, 并且存在分别从 X, Y 到 Z 内的等距嵌入 $f : X \to Z$ 和 $g : Y \to Z$. 用 d_H^z 表示度量空间 Z 中紧致子集之间的 Hausdorff 距离, 则命

$$d_H(X, Y) = \inf_{z, f, g} d_H^z(f(X), g(Y)), \tag{3}$$

其中 inf 是在所有可能的 Z, f, g 的集合上取的. 这种 Z 的存在性是明显的, 例如取 $Z = X \times Y$, 其中的距离函数是

$$d(z_1, z_2) = d(x_1, x_2) + d(y_1, y_2),$$

这里 $z_1 = (x_1, y_1), z_2 = (x_2, y_2) \in X \times Y$; 此时, 从 X, Y 到 Z 中的自然嵌入就是等距嵌入. 可以证明, $d_H(X, Y) = 0$ 当且仅当 X, Y 是等距的 (习题, 但是这不很容易!). 如果把彼此等距的紧致度量空间等同起来, 并把相应的等价类的集合仍记作 μ, 则 d_H 成为 μ 上的距离函数, 称为 μ **上的 Hausdorff 距离**.

下面定义内蕴度量空间. 设 X 是度量空间, d 是它的距离函数 (为了避免与黎曼度量发生混淆, 我们总是把度量空间意义下的度量用距离函数来描述). 设 $\gamma : [0, 1] \to X$ 是 X 中的任意一条曲线 (即 γ 是从 $[0, 1]$ 到 X 内的一个连续映

射), 我们把 γ 的长度 $l(\gamma)$ 定义为

$$l(\gamma) = \sup \sum_{i=0}^{n} d(\gamma(t_i), \gamma(t_{i+1})), \tag{4}$$

其中 sup 是对于所有的分割 $0 = t_0 < t_1 < \cdots < t_{n+1} = 1$ 取的. 由此可以在 X 上定义一个新的距离函数 $d_l : X \times X \to [0, \infty)$, 使得对于任意的 $x, y \in X$ 有

$$d_l(x, y) = \inf_{\gamma} l(\gamma), \tag{5}$$

其中 γ 取遍所有连接 x 和 y 的曲线. 但是, 一般说来 $d \leqslant d_l$ (例如, 在 S^n 上取距离函数 d, 使得 d 是 $\boldsymbol{R}^{n+1}$ 中标准的距离函数在 S^n 上的限制; 这时 d_l 就是 S^n 上通常的球面距离, 则显然有 $d < d_l$). 如果度量空间 (X, d) 满足条件 $d = d_l$, 则称 (X, d) 是**内蕴度量空间**. 在黎曼流形 M 上, 若用 d 表示用 M 的黎曼度量定义曲线的长度从而诱导出来的距离函数, 则 (M, d) 显然是内蕴度量空间. 内蕴度量空间 X 的特征是: X 首先是一个度量空间, 并且对于任意的 $x, y \in X$, 及任意的 $\varepsilon > 0$, 必能找到一点 $z \in X$ 使得

$$\max\{d(x, z), d(z, y)\} \leqslant \frac{1}{2} d(x, y) + \varepsilon$$

(这样的点 z 称为 x, y 的近似中点). 用 $\mathscr{I}$ 记全体紧致内蕴度量空间的集合, 它关于 Hausdorff 距离 d_H 成为度量空间. 命

$$\mathscr{V}(n, c, \delta) = \{M : M \text{ 是 } n \text{ 维紧致黎曼流形},$$
$$\text{且 } \mathrm{Ric}(M) \geqslant (n-1)c, \ \mathrm{diam}(M) \leqslant \delta\},$$

其中 $\mathrm{diam}(M)$ 是指 M 的直径. 很明显 $\mathscr{V}(n, c, \delta) \subset \mathscr{I}$. 现在我们可以叙述第一收敛定理如下:

第一收敛定理 集合 $\mathscr{V}(n, c, \delta)$ 在 $\mathscr{I}$ 中的闭包是紧致的. 换言之, 对于 $\mathscr{V}(n, c, \delta)$ 中任意一个序列 $\{M_i\}$, 必有它的一个子序列 $\{M_{i_\alpha}\}$ 及紧致的内蕴度量空间 X, 使得 M_{i_α} 在 d_H 意义下收敛到 X.

为简单起见, 设 $\mathscr{V} = \mathscr{V}(n, c, \delta)$. 要指出的是, 集合 $\overline{\mathscr{V}} - \mathscr{V}$ 中的元素一般说来不是 n 维流形, 更谈不上是光滑流形, 例如, 设

$$X_\lambda = \boldsymbol{R}/\boldsymbol{Z} \times \boldsymbol{R}/(\lambda \boldsymbol{Z}), \quad \lambda > 0.$$

显然, 每一个 X_λ 在拓扑上是紧致环面, 并且赋以平坦黎曼度量. 这样, $\{X_\lambda\}$ 是一些 Ricci 曲率有下界、直径有上界的紧致黎曼流形的集合. 当 $\lambda \to 0$ 时, X_λ 在 d_H 意义下的极限是 $\boldsymbol{R}/\boldsymbol{Z}$, 所以 d_H 的收敛性不能保证极限的维数与序列中各成员的维数相一致. 再如, 设 M 是一个圆锥面, M_α 是在顶点处逐渐逼近 M 的一系列光滑曲面 (见图 9). 显然, $M_\alpha \xrightarrow{d_H} M$, 但是 M 有奇点. 所以 d_H 的收敛性也不能保证光滑性保持不变. 由此可见, 第一收敛定理给出的收敛性尽管是很意外的, 但是收敛本身的意义并不大.

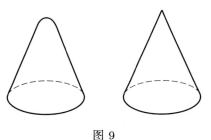

图 9

如果加强关于曲率的条件, 并且对体积加上一些条件, 则可以保证某类黎曼流形集合的边界点仍是黎曼流形. 为此需要定义紧致度量空间的集合 μ 上的 Lipschitz 距离函数 d_L. 设 $f : X \to Y$ 是从度量空间 X 到 Y 的连续映射. f 的伸长系数 $\mathrm{dil} f$ 定义为

$$\mathrm{dil} f = \sup_{\substack{x \neq x' \\ x, x' \in X}} \frac{d(f(x'), f(x))}{d(x', x)} \tag{6}$$

(可能 $\mathrm{dil} f = +\infty$). 若 $\mathrm{dil} f < +\infty$, 则称 f 是 Lipschitz 映射. 设 X, Y 是任意两个度量空间, 如果 X, Y 不彼此同胚, 则规定 $d_L(X, Y) = +\infty$; 若 X 和 Y 同胚, 则命

$$d_L(X, Y) = \inf_f (|\log \mathrm{dil} f| + |\log \mathrm{dil} f^{-1}|), \tag{7}$$

其中 inf 是在所有的同胚 $f : X \to Y$ 上取的. 显然, 若 X, Y 是等距的, 则 $d_L(X, Y) = 0$. 反之亦对. 这样, d_L 在 μ 上诱导出一个拓扑, 称为 μ 上的 Lipschitz 拓扑. 虽然对于不同胚的 X, Y, 规定了 $d_L(X, Y) = +\infty$, 但是为了方便起见, 仍然称 d_L 为 X, Y 之间的 **Lipschitz 距离**. 可以证明, 如果 $\{M_i\}$ 是紧致度量空间构成的序列, 则 $M_i \xrightarrow{d_L} M$ 蕴含着 $M_i \xrightarrow{d_H} M$. 反过来不对. d_L 的重要性在于下面的引理, 它是 Shikata 提出来的:

引理 ([S])　对于任意给定的正整数 n, 存在只依赖 n 的 $\varepsilon(n) > 0$, 使得任意两个 n 维紧致黎曼流形 M, M', 只要满足条件 $d_L(M, M') < \varepsilon(n)$, 则它们必定是彼此可微同胚的.

很明显, Shikata 的文章对于 Gromov 的工作有决定性的影响. 然而 Gromov 的功劳是把这个大家知道的事实变成强有力的工具.

为了叙述 Gromov 的第二收敛定理, 我们先给出 $C^{1,\alpha}$-黎曼流形的概念. 设 $\alpha \in (0, 1]$. 如果 n 维流形 M 有一个坐标覆盖, 使得坐标变换函数的一次偏导数都是 α-Hölder 连续的, 则称该坐标覆盖是 M 的一个 $C^{1,\alpha}$-微分结构, 而 M 称为 $C^{1,\alpha}$-**微分流形**. 如果在 n 维 $C^{1,\alpha}$-微分流形 M 上有一个 C^0-黎曼度量, 并且关于任意点 $x \in M$ 的距离函数 ρ 在位于 x 的截割轨迹以内的每一个测地球 $B(x, r)$ 内除 x 之外是 $C^{1,\alpha}$ 的, 并且 Hölder 常数是一个只与流形 M 有关的数, 则称 M 为 $C^{1,\alpha}$-**黎曼流形**. 关于上面的定义有一点需要说明. 设流形 M 上的黎曼度量局部表示是 $\sum\limits_{i,j} g_{ij} \mathrm{d}x^i \mathrm{d}x^j$, 所谓 C^0-黎曼度量是指度量系数 g_{ij} 是连续函数. 至于距离函数 ρ, 则要求它在奇点 x 以外是 $C^{1,\alpha}$ 的, 即

$$|\mathrm{d}\rho(x_1) - \mathrm{d}\rho(x_2)| \leqslant K \cdot [d(x_1, x_2)]^{\alpha},$$

其中 K 是只依赖于 M 的常数. 因为在事实上距离函数 ρ 具有比 g_{ij} 更高的可微性, 所以上面的两个要求没有矛盾.

现在命

$$\mathscr{C} = \mathscr{C}(n, \Lambda, \delta, v)$$
$$= \{M : M \text{ 是 } n \text{ 维紧致黎曼流形},$$
$$|K_M| \leqslant \Lambda^2, \quad \mathrm{diam}\,(M) \leqslant \delta, \text{ 且 } \mathrm{vol}(M) \geqslant v\},$$

其中 K_M 表示流形 M 的截面曲率. 我们可以叙述第二收敛定理如下:

第二收敛定理　对于在 $\mathscr{C}$ 中任意给定的一个序列 $\{M_i\}$, 必有它的一个子序列 $\{M_{i_\alpha}\}$ 及 $C^{1,1}$-黎曼流形 M, 使得 $M_{i_\alpha} \xrightarrow{\;d_L\;} M$ (当 $\alpha \to +\infty$).

这就是 [GLP] 中的定理 8.28. 在讨论这个定理之前, 我们先处理几个明显的问题.

首先, 由于 d_L-收敛性蕴含着 d_H-收敛性, 所以第二收敛定理断言 $\mathscr{C}$ 在 $\mathscr{I}$ 中在 d_H 意义下的闭包是由 n 维流形组成的.

其次, 注意到 Shikata 引理以及任何 $C^{1,\alpha}$-微分流形都具有一个 C^∞-微分结构的事实, 则不难看出在上述定理中当 α 充分大时 M_{i_α} 与 M 都是可微同胚的, 因而它们之间也必定是彼此可微同胚的. 于是我们有下面的

推论 ([C] 及 [PE1])　在 $\mathscr{C}$ 中彼此不可微同胚的成员只有有限多个.

在此我们把上面的推论看作是从第二收敛定理自然地引申出来的. 但是, 事实上这个论断在 [C], [PE1] 中是直接证明的, 而且它是证明第二收敛定理的必要前提.

再有, 我们在该定理中所考虑的流形要满足三个假设:

(i) $|K_M| \leqslant \Lambda^2$;

(ii) $\mathrm{diam}(M) \leqslant \delta$;

(iii) $\mathrm{vol}(M) \geqslant v$.

这三个条件是缺一不可的, 例如, 若去掉假设 (ii), 则我们可以把一个标准的环面逐渐拉长, 并增加亏格, 使条件 (i) 和 (iii) 照样可满足 (见图 10). 但是, 这样的 2 维紧致曲面可以有无限多个不同的拓扑类型, 所以第二收敛定理是不可能成立的. 去掉假设 (i) 或 (iii) 的例子在前面已经给过了 (见第一收敛定理后面的两个例子). 由此可见, 这个定理的假设是不能再减弱的.

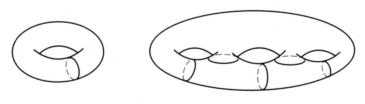

图 10

我们现在来解释为什么这个定理会引起许多黎曼几何学家的惊讶. 为简化讨论起见, 我们从一开始就假定 M_{i_α} 和 M 都是可微同胚的, 并且把 M_{i_α} 上的黎曼度量都拉到 M 上去考虑. 这样, 在 M 上就有一系列黎曼度量 g_α, 它们满足一定的条件. 定理说, $\{g_\alpha\}$ 应该一致收敛到 M 上的 $C^{1,1}$-黎曼度量. 根据定义, $C^{1,1}$-黎曼度量 $g = \displaystyle\sum_{i,j} g_{ij}\mathrm{d}x^i\mathrm{d}x^j$ 是指它的系数 g_{ij} 是连续函数, 并且从它诱导的距离函数是 $C^{1,1}$ 的. 设 $g_\alpha = \displaystyle\sum_{i,j} g_{ij}^\alpha \mathrm{d}x^i\mathrm{d}x^j$. 要证明在紧致集上 g_{ij}^α 一致收敛到 g_{ij} 的办法是用 Arzela-Ascoli 定理, 然而要运用 Arzela-Ascoli 定理就需要假

定 $\{g_{ij}^\alpha\}$ 在紧致集上是一致有界的, 并且是等度连续的. 后者实际上是要求 g_{ij}^α 的一阶导数是一致有界的. 因此要证明的是在每一个紧致子集上, 对每一个 α 都一致地有

$$|g_{ij}^\alpha| \leqslant C_1 \tag{8}$$

和

$$|\mathrm{d}g_{ij}^\alpha| \leqslant C_2. \tag{9}$$

大体上说, (8) 式在曲率 $|K_M| \leqslant \Lambda^2$ 的假定下是能够得到保证的; 因为在测地坐标系 $\{y^i\}$ 下, 设

$$g_\alpha = \sum \overline{g}_{ij}^\alpha \mathrm{d}y^i \mathrm{d}y^j,$$

则在条件 $|K_M| \leqslant \Lambda^2$ 下用 Rauch 比较定理可以给出 $|\overline{g}_{ij}^\alpha|$ 的界. 但是, (9) 式的情形不是那么简单. Kaul 证明了 ([KAU]): 如果 $|DR|$ 是有界的 (其中 R 是黎曼曲率张量), 则 $|d\overline{g}_{ij}^\alpha|$ 有界. 于是, 问题就成为: 如果没有关于 $|DR|$ 的假定, 怎么能够证明类似于 (9) 式的估计呢? Gromov 的第二收敛定理似乎是断言: 关于所论的这一系列黎曼度量 g_α, 尽管没有等度连续的假定, 但是 Arzela-Ascoli 定理仍然是成立的. 对于这一点, 许多几何学家都有一个好奇的问号: 这怎么是可能的? Gromov 在 [GLP] 中的论证是比较粗略的, 并没有为这个问题提供答案. 下面我们先扼要地叙述 Gromov 的证明.

黎曼流形 M 中的一个离散点集 $\mathscr{L}$ 称为**密度是** η **的** ε-**格**, 如果对于任意的 $x_1, x_2 \in \mathscr{L}$ 有 $d(x_1, x_2) \geqslant \eta$, 并且对于任意的 $y \in M$ 必存在一点 $x \in \mathscr{L}$, 使得 $d(x, y) \leqslant \varepsilon$. Gromov 论证的第一步 (基本上是 [GLP] 中关于 8.25 的证明) 如下: 给定 $M \in \mathscr{C}$, 设 $\mathscr{L} = \{m_1, \cdots, m_{n(\varepsilon)}\}$ 是 M 中密度为 $\frac{\varepsilon}{10}$ 的 ε-格. 假定 h 是如图 11 所示的函数. 定义 $f_\varepsilon : M \to \mathbf{R}^{n(\varepsilon)}$, 使得

$$f_\varepsilon(x) = (h(d(x, m_1)), \cdots, h(d(x, m_{n(\varepsilon)}))).$$

当 ε 充分小时, f_ε 是 C^∞ 嵌入. 这样, 存在常数 $\eta > 0$, 使得 $f_\varepsilon(M)$ 的法丛的指数映射限制在 $B_\eta(f_\varepsilon(M))$ 上是可微同胚. 如果 $M' \in \mathscr{C}, d_H(M, M')$ 充分地小, 则 M' 也有一个密度为 $\frac{\varepsilon}{10}$ 的 ε-格, 并且恰好包含 $n(\varepsilon)$ 个元素. 这样, 还可以定义映射 $f_\varepsilon' : M' \to \mathbf{R}^{n(\varepsilon)}$, 则 f_ε' 仍然是 C^∞ 嵌入. 可以证明 $f_\varepsilon'(M') \subset B_\eta(f_\varepsilon(M))$, 因此只要证明 $B_\eta(f_\varepsilon(M))$ 到 $f_\varepsilon(M)$ 的正交投影实际上给出了从 $f_\varepsilon'(M')$ 到 $f_\varepsilon(M)$

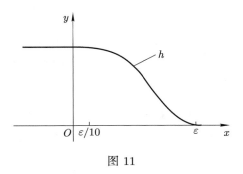

图 11

上的可微同胚. 于是, 当 $d_H(M, M') \to 0$ 时, M 和 M' 是 Lipschitz 可微同胚的, 即 $d_L(M, M') \to 0$.

Gromov 论证的第二步 (即 [GLP] 中关于 8.28 的证明) 是这样的: 在 $\mathscr{C}$ 中给定一个序列 $\{M_i\}$, 由第一收敛定理可在其中取子序列 $\{M_\alpha\}$, 使得 $M_\alpha \xrightarrow{\;d_H\;} M$, 其中 M 是一个内蕴度量空间. 从论证的第一步可知, 对于所有充分大的 α, M_α 是彼此可微同胚的, 且 $d_L(M_\alpha, M_\beta) \to 0$, 故 $M_\alpha \xrightarrow{\;d_L\;} M$, 因此 M 是 $C^{1,1}$-黎曼流形.

日本数学家 A. Katsuda 发表了一篇文章 ([KAT]) 补充了 Gromov 的论证第一步中所需的全部细节. 仍然不清楚的是论证的第二步是否是完全正确的? 特别是, 在 M 上是否存在一个连续的黎曼度量作为 M_α 上的黎曼度量的极限? 因此, Gromov 写出的这个定理引起了大家的兴趣和争论. O. Durumeric 提出的研究报告 ([DU]) 说: 如果第二收敛定理成立, 则在极限流形 M 上的黎曼度量事实上是 C^1 的, 而不只是 C^0 的. 他的证明使用了由 J. Jost-H. Karcher ([JK]) 所构造的调和坐标系. 此外, M. Berger 利用第二收敛定理推广了球定理 (The Sphere Theorem). 球定理说: 如果单连通紧致黎曼流形 M 的截面曲率 K 满足条件 $\dfrac{1}{4} \leqslant K \leqslant 1$, 则 M 或者同胚于 S^n, 或者等距于秩 1 的对称空间 (即 $P_k\boldsymbol{C}$, $P_k\boldsymbol{H}$ 和 Cayley 射影平面, 见第二章 §2, §3 的讨论). Berger 现在的推广定理说: 对于每一个偶整数 n, 存在 $\varepsilon(n) < \dfrac{1}{4}$, 使得当 n 维单连通紧致黎曼流形 M 的截面曲率 K 满足条件 $\varepsilon(n) \leqslant K \leqslant 1$ 时, 它必同胚于 S^n, 或可微同胚于秩 1 的对称空间 (参看 [B]). Berger 定理的关键在于证明: 若 M 上有一系列黎曼度量 g^k, 它们的截面曲率满足条件 $\varepsilon_k \leqslant K_k \leqslant 1$, 其中 $\varepsilon_k \to \dfrac{1}{4}$, 则当 M 的维数为偶数时, 这些流形的体积有下界, 直径有上界. 由第二收敛定理, 就有 $C^{1,1}$-黎曼度量

$g = \lim\limits_{k \to \infty} g^k$. Berger 的证明要求 g 有更强的性质, 即 g 应该有指数映射, 并且可计算弧长的第一变分, 因此 g 应该是 C^1 度量. 根据 Durumeric 的文章, 如果第二收敛定理成立, 则 Berger 的证明是通得过的. 事实上可以直接证明下列比第二收敛定理更强的结果.

定理　任意给定一个序列 $\{M_i\} \subset \mathscr{C}(n, \Lambda, \delta, v)$, 则存在一个子序列 $\{M_j\}$ 及光滑流形 M, 使得对每个 $0 < \alpha < 1$, 在 M 上存在一个 $C^{1,\alpha}$ 黎曼度量满足 $M_j \xrightarrow{d_L} M$.

这个定理目前有两个证明: [GEW3] 和较迟 (但独立) 的 [PE2]. 在下面我们只讨论 [GEW3] 的证明. 在这个定理中虽然 α 不能取 1 的值, 但是不难证明第二收敛定理是这个定理的推论 (见 [GEW3] 的开头的讨论). 事实上, Peters 最近找到例子证明当 $\alpha = 1$ 时这个定理是不成立的 ([PE2]). 我们在这里只给出一个例子, 说明在 $\alpha > 1$ 时, 为什么这个定理一定不成立. 命 M 为带帽的圆柱面 (图 12), M_i 是将它在圆柱面与半球面交界处光滑化所得到的一系列曲面, 则 $M, M_i \in \mathscr{C}$, 并且 $M_i \xrightarrow{d_L} M$. 但是 M 的黎曼度量只能是 $C^{1,1}$ 的. 另一方面, 这个定理显然已经满足了 Berger 的论证的需要. [GEW3] 的证明利用了基于 [JK] 的解析方法, 没有涉及前面所描述的 Gromov 的几何论证.

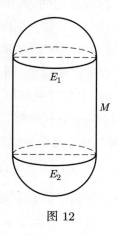

图 12

下面我们分别讨论第一收敛定理证明的想法, 第一收敛定理的意义, 以及 [GEW3] 关于上面的定理的证明.

为第一收敛定理奠基的事实是所谓的**装填性质** (packing property), 即: 对于任意给定的 $\varepsilon > 0$, 必有 $k = k(n, c, \delta, \varepsilon) \in \boldsymbol{Z}^+$, 使得属于 $\mathscr{V}(n, c, \delta)$ 的每

一个流形 M 至多能包含 k 个互不相交的半径为 ε 的测地球. 它的根据是关于体积的 **Bishop-Gromov 不等式**: 设 M 是完备黎曼流形, 它的 Ricci 曲率 $\geqslant (n-1)c, v(x,r)$ 表示 M 中以 x 为中心、以 r 为半径的测地球的体积, 用 $v_c(r)$ 表示常曲率为 c 的单连通空间形式中半径为 r 的测地球的体积, 则 $\dfrac{v(x,r)}{v_c(r)}$ 是 r 的单调下降函数 (参看 [WSY] 的 §11). 设 $y \in M$, 当 $\delta \geqslant \operatorname{diam} M$ 时, $v(M) = v(y,\delta)$. 根据 Bishop-Gromov 不等式, 当 $\varepsilon < \delta$ 时有

$$\frac{v(M)}{v_c(\delta)} = \frac{v(y,\delta)}{v_c(\delta)} \leqslant \frac{v(y,\varepsilon)}{v_c(\varepsilon)},$$

故

$$v(y,\varepsilon) \geqslant \frac{v_c(\varepsilon)}{v_c(\delta)} \cdot v(M). \tag{10}$$

把 k 取成不小于 $\dfrac{v_c(\delta)}{v_c(\varepsilon)}$ 的整数, 则当 $M \in \mathscr{V}(n,c,\delta)$ 时, 在 M 中所包含的互不相交的、半径为 ε 的测地球的个数不会超过 k. 若不然, 设 M 中包含 $k' > k$ 个这样的测地球, 则

$$v(M) \geqslant k' \text{ 个半径为 } \varepsilon \text{ 的测地球的体积之和}$$
$$\geqslant k' \cdot \frac{v_c(\varepsilon)}{v_c(\delta)} \cdot v(M) \geqslant \frac{k'}{k} v(M) > v(M),$$

这是一个矛盾.

对于 $\varepsilon > 0$, 设 $N_\varepsilon(X)$ 表示在 X 中所包含的互不相交的半径为 ε 的球的最大个数, 于是有函数 $N_\varepsilon : \mathscr{I} \to \mathbf{Z}^+$. 很明显, 第一收敛定理是下面的主要引理及 $\mathscr{V}(n,c,\delta)$ 的装填性质的直接推论.

主要引理　设 $\mathscr{A}$ 是 $\mathscr{I}$ 中的子集, 使得对每一个 $\varepsilon > 0$, 函数 N_ε 在 $\mathscr{A}$ 上是有界的, 则 $\mathscr{A}$ 在 $\mathscr{I}$ 中的闭包是紧致的.

主要引理的证明　证明分三个步骤:

(a) 把 $\mathscr{I}$ 中的度量空间序列的 d_H-收敛性归结为在这些空间中适当选择的格的 d_L-收敛性. 具体地说, 假定 $\{X_i\}$ 是紧致度量空间的序列, 使得 $\sup_i\{\operatorname{diam} X_i\} < +\infty$; 若对每一个 $\varepsilon > 0$, 在 X_i 中存在 ε-格 L_i, 使得 $d_L(L_i, L_j) \to 0$, 要证明 $d_H(X_i, X_j) \to 0$. 证明的想法是在 $X_i \coprod X_j$ (非交并集) 上利用 $d_L(L_i, L_j)$ 的最小性质定义一个度量 d^{ij}, 然后利用 d^{ij} 证明 $d_H(X_i, X_j)$ 可以任意地小.

(b) 证明 $\mathscr{A}$ 是预紧的 (precompact), 即对于任意给定的序列 $\{X_i\} \subset \mathscr{A}$, 必能找出它的一个子序列 $\{X_\alpha\}$, 使得该子序列关于 d_H 是 Cauchy 序列. 这里用到

了函数 N_ε 的有界性, 即存在与 i 无关的整数 k, 使得 $N_\varepsilon(X_i) \leqslant k$. 因为 N_ε 在 $\mathscr{A}$ 上只取 $0, 1, \cdots, k$ 这有限多个数值, 故必有某个 k_1, $0 \leqslant k_1 \leqslant k$, 使得在 $\{X_i\}$ 中有无限多个成员 X_j 满足 $N_\varepsilon(X_j) = k_1$. 不妨把这无限多个成员构成的序列仍记作 $\{X_i\}$, 则在每一个 X_i 中能够包含 k_1 个互不相交的 ε-球, 而不能包含多于 k_1 个互不相交的 ε-球. 显然, 这些球的中心构成一个 2ε-格 L_i. 将 (a) 用于 $\{L_i\}$, 则 $d_H(X_i, X_j)$ 可以任意地小, 即 $\{X_i\}$ 是 d_H 意义下的 Cauchy 序列.

(c) 已知集合 $\mathscr{A}$ 中关于 d_H 的一个 Cauchy 序列, 构造它的极限元素. 已知序列 $\{X_i\} \subset \mathscr{A}$. 根据 (b), 在必要时过渡到它的一个子序列, 总可以假定对每一个 n 在 X_i 中存在 $\dfrac{1}{n}$-格 L_i^n, 满足 $d_L(L_i^n, L_j^n) \to 0 (i, j \to \infty)$. 由于对所有的 i, L_i^n 是彼此 Lipschitz 同胚的. 命 $L^n = L_1^n$, 并且把其余的 L_i^n 与 L^n 等同起来, 则从 X_i 在 L^n 上诱导的度量 d_i^n 就成为 L^n 上的度量. 命 $d^n = \lim\limits_{i \to \infty} d_i^n$, 则 (L^n, d^n) 成为度量空间. 不妨设 $L^n \subset L^{n+1} \subset L^{n+2} \subset \cdots$, 命 $\mathscr{L} = \bigcup\limits_n L^n$, 则 d^n 在 $\mathscr{L}$ 上收敛到 d, 于是得到度量空间 $(\mathscr{L}, d)$. 它的完备化记作 $(\overline{\mathscr{L}}, \overline{d})$. 然后再证明 $d_H(X_i, \mathscr{L}) \to 0$ (当 $i \to \infty$), 即 $\mathscr{L}$ 是序列 $\{X_i\}$ 在 d_H 下的极限元素. 最后一点的证明实质上就是前面的步骤 (a). 证毕.

步骤 (c) 中的想法是十分漂亮的, 例如: 设 $Q = [0,1] \times [0,1]$, 命 $L^n = \left\{ \left(\dfrac{i}{n}, \dfrac{j}{n} \right) \right\}_{0 \leqslant i, j \leqslant n}$. 显然 $L^n \xrightarrow{\ d_H\ } Q$. 要从 L^n 得到 Q, 只要取 $\mathscr{L} = \bigcup\limits_n L^n$, 即 $\mathscr{L}$ 是 Q 中全体有理点的集合, 再让 $\mathscr{L}$ 完备化, 于是 $\overline{\mathscr{L}} = Q$. 步骤 (c) 就是上面这个具体例子的推广.

设 $\mathscr{A} = \mathscr{V}(n, c, \delta)$, 则由装填性质可知, 主要引理的条件是成立的. 因此 $\mathscr{V}(n, c, \delta)$ 在 $\mathscr{I}$ 中的闭包是紧致的, 第一收敛定理得证.

第一收敛定理的实质性作用就是被 Gromov 用来证明第二收敛定理. 自然, 根据前面的分析, 我们还不能肯定第二收敛定理是完全正确的. 另外, 第一收敛定理为我们提供了许多有趣的想法. 下面给出两个例子. 设 $\mathscr{V} = \mathscr{V}(n, c, \delta)$, 定义函数 $b_k : \mathscr{V} \to \mathbf{Z}^+$, 使得对任意的 $M \in \mathscr{V}$ 有 $b_k(M) = M$ 的第 k 个 Betti 数. 比较含糊一点说, b_k 应是 $\mathscr{V}$ 上的连续函数. 因为 $\overline{\mathscr{V}}$ 是紧致的, 故 b_k 在 $\overline{\mathscr{V}}$ 上应该是有界的. 当 $k = 1$ 时, Gromov 实际上已经证明了下面的定理: *存在只依赖于 n, c, δ 的正整数 $\varphi(n, c, \delta)$, 只要 $M \in \mathscr{V}$ 就有*

$$b_1(M) \leqslant \varphi(n, c, \delta)$$

(参看 [GLP], 第 5 章). 在本书的第一章已经指出, 当 $c = 0$ 时 (即 Ricci 曲率非负时), $b_1(M)$ 的上界是 n. 换句话说, 不管 δ 是多少, 我们都有 $\varphi(n, 0, \delta) = n$. 一个自然的问题是, 如果 $|c\delta^2|$ 充分地小, 是否仍有 $\varphi(n, c, \delta) = n$? Gromov 的定理也肯定地回答了这个问题. 第二个考虑是关于 $\pi_1(M)$ 的, 其中 $M \in \mathscr{V}$. 因为 $\overline{\mathscr{V}}$ 的紧致性意味着这种流形的拓扑类型的有限性, 从而蕴含着 $\pi_1(M)$ 的可能性是有限的. Gromov 在 [GLP] 的第 5 章定义了一类有限生成群 $G_\alpha (\alpha \in \boldsymbol{R})$, 并且证明了当 n, δ, c, α 固定时, 集合

$$\{\pi_1(M) : M \in \mathscr{V}(n, c, \delta)\} \cap G_\alpha$$

是有限的, 粗略地说, G_α 是由无挠群组成的, 其中每一个元素包含在唯一的一个极大循环群之内, 而任意两个元素生成的子群有熵 $\geqslant \alpha$ 的指数增长 (exponential growth with entropy $\geqslant \alpha$). G_α 是负截面曲率紧致黎曼流形的基本群的抽象. 应该强调的是, Gromov 的上面两个定理的证明与第一收敛定理无关, 但是第一收敛定理暗示了这些想法.

第一收敛定理当然是一个关于 Hausdorff 距离的结果. 如果读者由此得到一个印象, 以为 Hausdorff 距离这个概念太抽象和不实用, 我们得要矫正这个错觉. 利用这个概念, Gromov 在 [GR] 中解决了一个关于无限离散群的增长率的问题. 这是一个辉煌的工作. 最近 Fukaya 在 [F4] 中证明了一个关于 Hausdorff 收敛的定理: 如果 $\{M_i\}$ 是一族 n 维黎曼流形, 而且在 Hausdorff 距离意义下 $M_i \to M$, 其中 M 也是黎曼流形, $\dim M < n$. 那么在适当的曲率、直径的假设之下, 对于所有充分大的 i, 每个 M_i 一定是 M 上的纤维丛, 而纤维是所谓的 infranil 流形. 特别是如果 $\dim M = 0$ (即 M 是一个点), 这个定理就成为 Gromov 的有名的**几乎平坦流形定理** (关于后者参看 [BK]).

现在回去讨论 [GEW3] 所给出的定理的证明. 这个证明需要引进两个技术性的工具, 它们都是很有用的. 第一个工具是所谓取重心的技巧. 参看 [BK], [KAR] 和 [GVK]. 这三篇文章读起来很困难, 我们从直观上作一些解释. 与我们关系密切的中心问题如下: 设 $M, \widetilde{M}$ 是两个紧致黎曼流形, 它们分别由 k 个半径为 r 的测地球所覆盖. 设

$$M = B_1 \cup B_2 \cup \cdots \cup B_k,$$
$$\widetilde{M} = \widetilde{B}_1 \cup \widetilde{B}_2 \cup \cdots \cup \widetilde{B}_k,$$

其中 r 大大小于 $M, \widetilde{M}$ 的单射半径. 对于每一个 i, 我们有可微同胚 $f_i : B_i \to \widetilde{B}_i$. 问题是, 能把这些映射 f_i 粘起来得到光滑映射 $f : M \to \widetilde{M}$ 吗? 能否把这些 f_i 粘起来得到一个光滑同胚 f?

我们称 $\{f_i\}$ 是 C^0-**接近的**, 如果对每一点 $x \in M$ 以及任意两个包含 x 在内的测地球 B_i, B_j 都有

$$d(f_i(x), f_j(x)) < \varepsilon, \tag{11}$$

其中 $\varepsilon \ll r$. 构造映射 f 的粗略的想法是: 如果 $\{f_i\}$ 是 C^0-接近的, 对于 $x \in M$, 设包含 x 的测地球的全体是 $B_{i_1}, \cdots, B_{i_l}$, 则命 $f(x) = \widetilde{x}$, 其中 $\widetilde{x}$ 是 $\{f_{i_1}(x), \cdots, f_{i_l}(x)\}$ 的重心. 但是这种做法不能保证 $\mathrm{d}f$ 是处处非零的. 例如假定只有两个映射 f_1, f_2, 而且当 x 沿某条曲线 γ 运动时 $f_1(x)$ 和 $f_2(x)$ 恰好朝两个相反的方向移动, 因此从直观上看 $f(x)$ 必保持定值, 或 $f \circ \gamma$ 是常值函数, 即 $\mathrm{d}f(\gamma) = 0$. 由此可见, 要排除这种可能性, 单是假定 $\{f_i\}$ 是 C^0-接近是不够的. 我们称 $\{f_i\}$ 是 C^1-**接近**的, 如果 $\{f_i\}$ 是 C^0-接近的, 并且对于任意的 $x \in B_{i_1} \cap \cdots \cap B_{i_l}, \{f_{i_\alpha}(x)\}$ 落在同一个坐标域内, 并且对于充分小的正数 ε_1 有

$$\|f_{i_\alpha} - f_{i_\beta}\|_{C^1} < \varepsilon_1. \tag{12}$$

若假定 $\{f_i\}$ 是 C^1-接近的, 则可以证明上面所定义的 f 是光滑同胚. 证明过程是常规的、单调乏味的. 下面我们把前面的一些说法作确切的叙述.

在 $\boldsymbol{R}^n$ 中的质点组重心的概念是很简单的. 设 p_i 是质量为 m_i 的质点, 则质点组 $\{p_i\}$ 的重心 O 满足方程

$$\sum_i m_i \overrightarrow{OP_i} = 0.$$

重心 O 还可以说成是惯性矩函数 $\tau(x) = \sum_i m_i(d(x, p_i))^2$ 的唯一的最小值点. 设 M 是完备黎曼流形, 并且 M 的单射半径和凸半径都不小于 i_0 (即: 对于任意一点 $x \in M, B(x, i_0)$ 是 M 中的测地凸邻域, 并且映射 $\exp_x^{-1} : B(x, i_0) \to M_x$ 是有意义的). 若 $\{p_i\}$ 是 M 上有限的一组点, 并且每个 p_i 落在某个以 $\dfrac{i_0}{2}$ 为半径的测地球内, 设 $\{\varphi_i\}$ 是一组非负实数, 且 $\sum \varphi_i > 0$. 则点集 $\{p_i\}$ 的以 $\{\varphi_i\}$ 为权的重心 $x_0 \in M$ 是适合下列条件的唯一的一个点:

$$\sum_i \varphi_i \cdot \exp_{x_0}^{-1} p_i = 0. \tag{13}$$

换言之, $\{p_i\}$ 的以 $\{\varphi_i\}$ 为权的重心 x_0 恰好是通过指数映射把 $\{p_i\}$ 拉回到切空间 M_{x_0} 上所得到的点集以 $\{\varphi_i\}$ 为权的重心. 等价地, 重心 x_0 也是函数 $\tau(x) = \sum_i \varphi_i(d(x,p_i))^2$ 的唯一的最小值点. 当然, 重心 x_0 的存在性和唯一性都是需要证明的. 并且还可以证明 x_0 是 $\{p_i\}$ 和 $\{\varphi_i\}$ 的光滑函数.

现在回到 $f_i : B_i \to \widetilde{B}_i$ 的情形. 假定 i_0 是 $M, \widetilde{M}$ 的单射半径、凸半径的一个下界. 假定对每一点 $x \in M$, 所有有定义的像点 $f_i(x)$ 都包含在 $\widetilde{M}$ 中一个半径 $\ll i_0$ 的测地球内. 设 $\{\varphi_i\}$ 是 M 的从属于 $\{B_i\}$ 的单位分解, 即 $\mathrm{supp}\varphi_i \subset B_i$. 对于 $x \in M$, 用 $\widetilde{x}$ 表示点组 $\{f_i(x)\}$ 的、以 $\{\varphi_i(x)\}$ 为权的重心; 由于 $\widetilde{x}$ 是 $\{f_i(x)\}$ 和 $\{\varphi_i(x)\}$ 的光滑函数, 故 $\widetilde{x}$ 是 x 的光滑函数. 命 $f(x) = \widetilde{x}$, 则 f 就是从 M 到 $\widetilde{M}$ 的光滑映射.

若假定 $\{f_i\}$ 是 C^1-接近的, 则 $\{\mathrm{d}f_i(X)\}$ 是彼此接近的, 其中 X 是沿 M 中一条最短测地线的平行向量场. 因而 $\mathrm{d}f(X)$ 与 $\mathrm{d}f_i(X)$ 也是彼此接近的. 特别是当 $X \neq 0$ 时, $\mathrm{d}f(X) \neq 0$, 故 f 是浸入. 因为 $M, \widetilde{M}$ 是紧致的, 故 f 是映上的, 因而 $f : M \to \widetilde{M}$ 是非退化的、映上的 C^∞ 映射.

将上面的 M 和 $\widetilde{M}$ 的位置互换, 设上面的过程所产生的映射为 $g : \widetilde{M} \to M$, 于是 $g \circ f : M \to M$ 是非退化的映上的 C^∞ 映射, 故 $g \circ f$ 是覆盖映射. 由 f, g 的构造可知, $g \circ f$ 和恒同映射是彼此接近的, 故 $g \circ f$ 同伦于恒同映射, 因而 $g \circ f : M \to M$ 是重数为 1 的覆盖映射, 即 $g \circ f$ 是可微同胚, 所以 f 是可微同胚.

第二个工具是在有一定半径的测地球内的调和坐标系的存在性. 在黎曼流形 M 上的局部坐标系 $\{x^1, \cdots, x^n\}$ 称为**调和坐标系**, 如果每一个坐标函数 x^i 是调和函数, 即 $\Delta x^i = 0, \forall i$. 显然, 调和坐标系的存在性是肯定的 (参看 [GEW1], [GEW2]), 问题在于调和坐标系的定义域可能非常之小. Jost 和 Karcher 证明了 (看 [JK]): 若 $M \in \mathscr{C}(n, \Lambda, \delta_0, v_0)$, 则存在 $R_0 = R_0(n, \Lambda, \delta_0, v_0)$, 使得对于任意的 $x \in M$, 在测地球 $B(x, R_0)$ 上有调和坐标系 $\{h^1, \cdots, h^n\}$, 并且当 M 的黎曼度量表成

$$g = \sum_{i,j} g_{ij} \mathrm{d}h^i \mathrm{d}h^j$$

时, 它的度量系数 g_{ij} 满足

$$\|g_{ij}\|_{C^{1,\alpha}} \leqslant c, \tag{14}$$

其中 c 是只依赖 $n, \Lambda, \delta_0, v_0, \alpha(0 < \alpha < 1)$ 的常数. 此外, 如果 f 是 $B(x, R_0)$ 上的调和函数, 则

$$\|f\|_{C^{2,\alpha}} \leqslant c^* \|f\|_{C^0}, \tag{15}$$

其中 c^* 同样只与 $n, \Lambda, \delta_0, v_0, \alpha$ 有关. 关键是证明估计式 (14), (15) 在有固定半径 R_0 的球上成立, 而 R_0 只依赖已知量 $n, \Lambda, \delta_0, v_0$.

现在扼要地叙述 [GEW3] 的证明. 设 $B(x, R)$ 是根据 Jost-Karcher 定理所构造的测地球. 设 $x' \in B(x, R)$, 使得 $h^i(x') = 0, \forall i$. 若集合

$$H(x', R') = \left\{ y \in B(x, R) : \sqrt{\sum_i (h^i(y))^2} < R' \right\}$$

可微同胚于半径为 R' 的欧氏球, 则称它为调和球 (条件是 $\overline{H(x', R')}$ 与 $\partial B(x, R)$ 不相交). R' 称为调和球半径. 能够证明存在实数 $\lambda \in (0, 1)$, 使得当 $H(x', \rho)$ 为调和球时, 相应的测地球 $B(x', \lambda\rho)$ 和 $B(x', \rho/\lambda)$ 满足

$$B(x', \lambda\rho) \subset H(x', \rho) \subset B(x', \rho/\lambda); \tag{16}$$

并且对于每一个 $B(x, R)$, 存在调和球 $H(x', \lambda R) \subset B(x, R)$. 因此在做通常的几何论证时, 我们在实质上能用调和球取代测地球, 好处是有估计式 (14) 和 (15).

设 R 是一个十分小的实数. 在 $\mathscr{C}$ 中给定一个序列 $\{M^k\}$, 用 $Q(k)$ 表示 M^k 中能够包含的互不相交的、半径为 R 的调和球的最大个数. 根据 Bishop-Gromov 的装填性质, 总可以假定

$$Q(K) \equiv Q \in \mathbf{Z}^+ \tag{17}$$

(在必要时, 过渡到 $\{M^k\}$ 的一个子序列). 用 $\{H^k(z_i, R)\}$ 表示 M^k 中互不相交的调和球的极大组. 命 $R_0 = R/(2\lambda^2)$, 则 $\{H^k(z_i, R_0)\}$ 构成了 M^k 的覆盖. 把 $H^k(z_i, R_0)$ 简记作 H_i^k, 则在反复地选取子序列之后可以假定: 对于每一对固定的 i, j, 下面的条件之一成立:

$$H_i^k \cap H_j^k = \varnothing, \quad \forall k,$$

或者

$$H_i^k \cap H_j^k \neq \varnothing, \quad \forall k.$$

把 H_i^k 通过调和坐标与欧氏球 $B(0, R_0)$ 等同起来, 这就给出了 C^∞ 映射

$$f_i : H_i^k \to H_i \equiv H_i^1. \tag{18}$$

现在

$$M^k = H_1^k \cup \cdots \cup H_Q^k,$$

$$M = M^1 = H_1^1 \cup \cdots \cup H_Q^1,$$

利用 (15) 和 (18) 我们可以构造 $C^{2,\alpha}$-可微同胚

$$f^k : M^k \to M.$$

难点在于求得只依赖 $n, \Lambda, \delta_0, v_0, \alpha$ 而不依赖 k 的常数 c_0, 使得对于 M^k 的任意切向量 v 有

$$|\mathrm{d}f^k(v)| \geqslant c_0 |v|. \tag{19}$$

其根据仍然是 (15). 设 g^k 是 M^k 上的黎曼度量. 由 (14) 和 (19) 得到, M 上的度量族 $\{[(f^k)^{-1}]^* g^k\}$ 是 $C^{1,\alpha}$ 有界的, 因此由 Arzela-Ascoli 定理, 它收敛于 $C^{1,\alpha}$-度量 g. 很明显, 其含义就是 $(M^k, g^k) \xrightarrow{d_L} (M, g)$.

在这里我们补充一些一般性的注记. 在上面已经指出, 调和坐标是一个基本的工具, 但是似乎是 De Turck 和 Kazdan 首先指出, 这些坐标是可以用来争取最优可微性的 ([DEK]). 其次, [JK] 的文章比较难念, 但是 Jost 在 [J] 中似乎将 [JK] 的结果说得清楚一点. 最后, 关于 Hausdorff 收敛, 最近有相当大的发展. 一方面有 Cheeger 和 Gromov 的工作, 见 [CG] 以及 Pansu 作的综合报告 [PA], 另一方面有 Fukaya 的许多文章, 我们只录出 [F1] — [F4] 以作参考.

参考文献

[B] M. Berger, Sur les variétés riemanniennes píneées juste au-dessous de $\frac{1}{4}$, *Ann. Inst. Fourier* (Grenoble), **33** (1983), 135—150.

[BK] P. Buser and H Karcher, Gromov's Almost Flat Manifolds, *Astérisque, vol* **81**, Soc. Math. France, 1981.

[C] J. Cheeger, Finiteness theorems for Riemannian manifolds, *Amer J. Math.*, **92** (1970), 61—74.

[CE]　J. Cheeger and D. Ebin, Comparison Theorems in Riemannian Ceometry, North-Holland Amsterdam, 1975.

[CG]　J. Cheeger and M. Gromov. Collapsing Riemannian manifolds and keeping their curvatures bounded I, *J. Diff. Geom.*, **23** (1986), 309—346.

[DEK]　D. De Turck and J. Kazdan, Some regularity theorems in Riemannian geometry, *Ann. Sci. Ec. Norm. Sup.*, **14** (1981), 249—260.

[DU]　O. Durumeric, A generalization of Berger's almost 1/4 pinched theorem I, *Bull. Amer. Math. Soc.*, **12** (1985), 260—264.

[F1]　K. Fukaya, A finiteness theorem for negatively curved manifolds, *J. Diff. Geom.*, **20** (1984), 497—521.

[F2]　——, Theory of convergence of Riemannian orbifolds, *Japan J. Math.*, **12** (1986), 121—160.

[F3]　——, On a compactification of the set of Riemannian manifolds with bounded curvature and diameter, Curvature and Topology of Riemannian Manifolds, Lect. Notes in Math. Vol. 1202, Springer-Verlag, 1986, 89—107.

[F4]　——, Collapsing Riemannian manifolds into ones of lower dimensions. *J. Diff. Ceom.*, **25** (1987), 139—156.

[GEW1]　R. E. Greene and H. Wu, Embeddings of open Riemannian manifolds by harmonic functions, *Ann. Inst. Fourier* (Grenoble), **25** (1975), 215—235.

[GEW2]　——, Whitney's imbedding theorem by solutions of elliptic equations and geometric consequences, Proc. Symp. Pure Math. AMS., 27 (1975), 287—295.

[GEW3]　——, Lipschitz convergence of Riemannian manifolds, *Pacific J. Math.* **62** (1987), 3—16.

[GLP]　M. Gromov, J. Lafontaine and P. Pansu, Structures Métriques Pour Les Variétés Riemanniennes, Cedic Nathan, Paris, 1981.

[GR]　M. Gromov, Groups of polynomial growth and expanding maps, *Publ. Math. IHES.*, **53** (1981), 53—73.

[GVK]　K. Grove and H. Karcher, How to conjugate C^1 close group actions, *Math. Z.*, **132** (1973), 11—20.

[J]　J. Jost, Harmonic mappings between Riemannian manifoids, Proc. Centre for Math. Analysis, Australian Nat. Univ., **4** (1983).

[JK] J. Jost and H. Karcher, Geometrische Methoden zur gewinnung von a-priori-Schranken fur harmonische abbildungen, *Manus. Math.*, **40** (1982), 27—77.

[KAR] H. Karcher, Riemannian center of mass and mollifier smoothing, *Comm. Pure Appl. Math.*, **30** (1977), 509—541.

[KAT] A. Katsuda, Gromov's convergence theorem and its applications, *Nagoya J. Math.*, **100** (1985), 11—48.

[KAU] H. Kaul, Schranken für die Christoffelsymbole, *Manus. Math.*, **19** (1976), 261—273.

[PA] P. Pansu, Effondrement des variétés riemanniennes d'apres J. Cheeger et M. Gromov, Seminaire Bourbaki, 36, 1983/84, no. 618.

[PE1] S. Peters, Cheeger's finiteness theorem for diffeomorphism classes of Riemannian manifolds, *J. Reine Angew. Math.*, **349** (1984), 77—82.

[PE2] ——, Convergence of Riemannian manifolds, *Compositio Math.*, **62** (1987), 3—16.

[S] Y. Shikata, On a distance function on the set of differentiable structures, *Osaka J. Math.*, **3** (1966), 65—79.

[WSY] 伍鸿熙, 沈纯理, 虞言林, 黎曼几何初步, 北京大学出版社, 1989; 高等教育出版社, 2014.

索　引

人 名 索 引

现代数学基础图书清单

序号	书号	书名	作者
1	9787040217179	代数和编码（第三版）	万哲先 编著
2	9787040221749	应用偏微分方程讲义	姜礼尚、孔德兴、陈志浩
3	9787040235975	实分析（第二版）	程民德、邓东皋、龙瑞麟 编著
4	9787040226171	高等概率论及其应用	胡迪鹤 著
5	9787040243079	线性代数与矩阵论（第二版）	许以超 编著
6	9787040244656	矩阵论	詹兴致
7	9787040244618	可靠性统计	茆诗松、汤银才、王玲玲 编著
8	9787040247503	泛函分析第二教程（第二版）	夏道行 等编著
9	9787040253177	无限维空间上的测度和积分 ——抽象调和分析（第二版）	夏道行 著
10	9787040257724	奇异摄动问题中的渐近理论	倪明康、林武忠
11	9787040272611	整体微分几何初步（第三版）	沈一兵 编著
12	9787040263602	数论 I —— Fermat 的梦想和类域论	[日]加藤和也、黑川信重、斋藤毅 著
13	9787040263619	数论 II —— 岩泽理论和自守形式	[日]黑川信重、栗原将人、斋藤毅 著
14	9787040380408	微分方程与数学物理问题（中文校订版）	[瑞典] 纳伊尔·伊布拉基莫夫 著
15	9787040274868	有限群表示论（第二版）	曹锡华、时俭益
16	9787040274318	实变函数论与泛函分析(上册,第二版修订本)	夏道行 等编著
17	9787040272482	实变函数论与泛函分析(下册,第二版修订本)	夏道行 等编著
18	9787040287073	现代极限理论及其在随机结构中的应用	苏淳、冯群强、刘杰 著
19	9787040304480	偏微分方程	孔德兴
20	9787040310696	几何与拓扑的概念导引	古志鸣 编著
21	9787040316117	控制论中的矩阵计算	徐树方 著
22	9787040316988	多项式代数	王东明 等编著
23	9787040319668	矩阵计算六讲	徐树方、钱江 著
24	9787040319583	变分学讲义	张恭庆 编著
25	9787040322811	现代极小曲面讲义	[巴西] F. Xavier、潮小李 编著
26	9787040327113	群表示论	丘维声 编著
27	9787040346756	可靠性数学引论（修订版）	曹晋华、程侃 著
28	9787040343113	复变函数专题选讲	余家荣、路见可 主编
29	9787040357387	次正常算子解析理论	夏道行
30	9787040348347	数论 —— 从同余的观点出发	蔡天新

序号	书号	书名	作者
31	9787040362688	多复变函数论	萧荫堂、陈志华、钟家庆
32	9787040361681	工程数学的新方法	蒋耀林
33	9787040345254	现代芬斯勒几何初步	沈一兵、沈忠民
34	9787040364729	数论基础	潘承洞 著
35	9787040369502	Toeplitz 系统预处理方法	金小庆 著
36	9787040370379	索伯列夫空间	王明新
37	9787040372526	伽罗瓦理论 —— 天才的激情	章璞 著
38	9787040372663	李代数（第二版）	万哲先 编著
39	9787040386516	实分析中的反例	汪林
40	9787040388909	泛函分析中的反例	汪林
41	9787040373783	拓扑线性空间与算子谱理论	刘培德
42	9787040318456	旋量代数与李群、李代数	戴建生 著
43	9787040332605	格论导引	方捷
44	9787040395037	李群讲义	项武义、侯自新、孟道骥
45	9787040395020	古典几何学	项武义、王申怀、潘养廉
46	9787040404586	黎曼几何初步	伍鸿熙、沈纯理、虞言林
47	9787040410570	高等线性代数学	黎景辉、白正简、周国晖
48	9787040413052	实分析与泛函分析（续论）（上册）	匡继昌
49	9787040412857	实分析与泛函分析（续论）（下册）	匡继昌
50	9787040412239	微分动力系统	文兰
51	9787040413502	阶的估计基础	潘承洞、于秀源
52	9787040415131	非线性泛函分析（第三版）	郭大钧
53	9787040414080	代数学（上）（第二版）	莫宗坚、蓝以中、赵春来
54	9787040414202	代数学（下）（修订版）	莫宗坚、蓝以中、赵春来
55	9787040418736	代数编码与密码	许以超、马松雅 编著
56	9787040439137	数学分析中的问题和反例	汪林
57	9787040440485	椭圆型偏微分方程	刘宪高
58	9787040464832	代数数论	黎景辉
59	9787040456134	调和分析	林钦诚
60	9787040468625	紧黎曼曲面引论	伍鸿熙、吕以辇、陈志华
61	9787040476743	拟线性椭圆型方程的现代变分方法	沈尧天、王友军、李周欣

序号	书号	书名	作者
62	9787040479263	非线性泛函分析	袁荣
63	9787040496369	现代调和分析及其应用讲义	苗长兴
64	9787040497595	拓扑空间与线性拓扑空间中的反例	汪林
65	9787040505498	Hilbert 空间上的广义逆算子与 Fredholm 算子	海国君、阿拉坦仓
66	9787040507249	基础代数学讲义	章璞、吴泉水
67.1	9787040507256	代数学方法（第一卷）基础架构	李文威
68	9787040522631	科学计算中的偏微分方程数值解法	张文生
69	9787040534597	非线性分析方法	张恭庆
70	9787040544893	旋量代数与李群、李代数（修订版）	戴建生
71	9787040548846	黎曼几何选讲	伍鸿熙、陈维桓

网上购书： 高教书城 (www.hepmall.com.cn), 高教天猫 (gdjycbs.tmall.com), 京东, 当当, 微店

其他订购办法：

各使用单位可向高等教育出版社电子商务部汇款订购。书款通过银行转账，支付成功后请将购买信息发邮件或传真，以便及时发货。购书免邮费，发票随书寄出（大批量订购图书，发票随后寄出）。

单位地址：北京西城区德外大街4号
电　话：010-58581118
传　真：010-58581113
电子邮箱：gjdzfwb@pub.hep.cn

通过银行转账：

户　　名：高等教育出版社有限公司
开 户 行：交通银行北京马甸支行
银行账号：110060437018010037603